Las voces interiores

Qué nos dicen la historia y la ciencia
sobre cómo nos hablamos a nosotros mismos

CHARLES FERNYHOUGH

Las voces interiores

Qué nos dicen la historia y la ciencia sobre cómo nos hablamos a nosotros mismos

EDICIONES OBELISCO

Si este libro le ha interesado y desea que le mantengamos informado de nuestras publicaciones, escríbanos indicándonos qué temas son de su interés (Astrología, Autoayuda, Ciencias Ocultas, Artes Marciales, Naturismo, Espiritualidad, Tradición...) y gustosamente le complaceremos.

Puede consultar nuestro catálogo en www.edicionesobelisco.com

En las notas, las sugerencias de lecturas adicionales se marcan en **negrita.**

Colección Espiritualidad y Vida interior
LAS VOCES INTERIORES
Charles Fernyhough

1.ª edición: febrero de 2018

Título original: *The Voices Within*

Traducción: *Antonio Cutanda*
Corrección: *M.ª Jesús Rodríguez*
Diseño de cubierta: *Isabel Estrada* sobre una imagen de Shutterstock

Edita: Ediciones Obelisco, S. L.
Collita, 23-25 Pol. Ind. Molí de la Bastida
08191 Rubí - Barcelona
Tel. 93 309 85 25 - Fax 93 309 85 23
E-mail: info@edicionesobelisco.com

ISBN: 978-84-9111-310-2
Depósito legal: B-2.159-2018

Printed in Spain

Impreso en España en los talleres gráficos de Romanyà/Valls S. A.
Verdaguer, 1 - 08786 Capellades (Barcelona)

Para Jim Russell

«No pensamos con palabras, sino con sombras de palabras».[1]

Vladimir Nabokov

1. Vladimir Nabokov, *Strong Opinions*, Londres: Weidenfeld & Nicolson, 1974, p. 30.

1

DIVERTIDAS LONCHAS DE QUESO

Es un día de otoño en la zona oeste de Londres. Voy en un tren de la línea Central del metro, camino a un restaurante donde tengo una cita. Las avalanchas de gente del mediodía todavía no han comenzado, y he conseguido encontrar asiento en uno de esos vagones donde la gente se acomoda en dos filas enfrentadas, lo suficientemente cerca como para echar una ojeada a los titulares de cualquier periódico que pueda estar leyendo alguien en la fila de enfrente. El tren se ha detenido entre dos estaciones y estamos esperando algún tipo de anuncio o aviso. Algunas personas están leyendo novelas de bolsillo, periódicos basura, esos extraños manuales tecnológicos que sólo se estudian con detenimiento en el metro. El resto nos limitamos a mirar fijamente los oscuros tubos coloreados que discurren por las paredes del túnel, al otro lado de las ventanillas del vagón. Holand Park estará todavía a casi medio kilómetro de distancia. No estoy haciendo nada extraño; de hecho, no estoy haciendo nada en absoluto. Es un momento de tranquila quietud en la que uno es débilmente consciente de sí mismo. Soy un hombre normal, en el lado equivocado de los cuarenta, en perfecta salud física y mental. He dormido un poquito más de la cuenta, he desayunado un poquito menos de la cuenta y estoy pensando en la comida en Notting Hill con una agradable sensación de apetito insatisfecho.

De repente, una explosión de risa. Hace un instante, yo era un anónimo pasajero con una tarjeta Oyster, que me permite utilizar distintos transportes urbanos, y ahora he hecho saltar por los aires mi anonimato con una risa que quería pasar desapercibida pero no pudo. Yo vengo con frecuencia a la capital, pero no estoy acostumbrado a que tantas personas que no conozco me miren, y que además lo hagan todas a la vez. Tengo la suficiente presencia de ánimo, y soy lo suficientemente consciente de mi público, como para ponerle riendas a mi risa antes de que un chiste privado se convierta en una situación embarazosa pública. Lo interesante no es tanto de qué me estoy riendo como el hecho de que me esté riendo en sí. No es que haya captado algún chiste de algún otro pasajero o algún retazo divertido de alguna conversación, sino que he hecho algo mucho más mundano. Se podría decir que he tenido la experiencia más normal que una persona pueda tener en el metro. He tenido un pensamiento.

Lo que me provocó la risa aquel día fue un pensamiento en modo alguno notable. No fue uno de esos momentos en los que un pensador alcanza por fin la solución a un importante problema, da a luz una idea que revolucionará su negocio o perfecciona los primeros versos de su mejor poema. Los pensamientos pueden hacer historia, pero normalmente no la hacen. En aquel momento, en el túnel entre las dos estaciones del metro, yo estaba pensando en un relato corto en el que había estado trabajando. Era un relato rural, de gente de pueblo y de desavenencias posagrícolas, y yo quería que mi protagonista, un exagricultor, tuviera un lío extraconyugal. Había estado dándole vueltas a la posibilidad de que tuviera un lío con la mujer que conducía la oficina de Correos móvil, un lío que se consumaría tras las cortinillas de las ventanas de una Ford Transit especialmente equipada. Los amantes se verían los jueves por la tarde, después del despacho semanal de una hora en el pueblo. La puerta estaría cerrada, la radio bidireccional apagada, y se descubrirían el uno al otro sobre el mostrador, atestado de cientos de pequeñas transacciones de cambio. Mientras construía la escena en mi imaginación, veía una brillante furgoneta roja de Correos estacionada en una carretera rural, con todas las ventanillas selladas y cerradas, en silencio para todo aquel que pudiera pasar por allí, hasta que súbitamente comenzaba a balancearse, con el insistente chirrido de los resortes de la suspensión, *mientras los cuerpos en su interior iniciaban las fricciones…*

Fue en ese momento cuando solté la carcajada. Esas palabras vinieron a mi cabeza y me resultaron tremendamente divertidas. No habrían tenido el mismo efecto en ninguna otra persona, porque nadie más había podido oír la frase clave, el remate divertido. Pero mis acompañantes en el vagón sabían que *había* un remate divertido de algún tipo. Ellos no se rieron con mi chiste privado (porque no pudieron oírlo), pero tampoco se rieron de mí por reírme. Comprendieron que yo, como la mayoría de la gente en aquel vagón de metro, estaba ocupado con mis propios pensamientos, y sabían que los pensamientos –pensamientos salvajes, pensamientos mundanos, reflexiones sagradas o profanas– pueden provocar risa de cuando en cuando. Hablar contigo mismo en tu cabeza es una actividad de lo más normal, y la gente normal lo reconoce cuando lo ve. No sólo eso, sino que también reconoce sus cualidades privadas. Tus pensamientos son tuyos y, pase lo que pase ahí, ocurre en una esfera a la cual no se admite a ninguna otra persona.

Nunca deja de sorprenderme esta cualidad de la consciencia. Nuestra experiencia no es sólo convincente y viva para nosotros, es que es así *sólo* para nosotros. Al cabo de un segundo o dos de mi carcajada, me di cuenta de que estaba intentando enviar señales sociales con las cuales pretendía excusar mi comportamiento. Uno no se ríe en voz alta delante de un compartimento de metro casi lleno sin sentir, al menos, un poco de vergüenza. No era mi intención fingir que mi risa no había tenido lugar, quizás encubriéndola con una socorrida tos, pero seguía preocupado por enviar a mi alrededor determinados mensajes: que no estaba loco; que había recuperado el control con rapidez; de hecho, que todo había pasado ya, que el momento de hilaridad había pasado. Me descubrí a mí mismo esbozando una expresión curiosa, una especie de sonrisa con una mezcla de complicidad y vergüenza. Pero con la sonrisa emergió otro pensamiento, una voz en mi cabeza que decía, *No irán a creer que me estoy riendo de ellos, ¿verdad?* La risa es una señal social, pero mi chiste había sido un chiste privado. Yo había roto una de las reglas de la interacción humana, y tenía que declarar de algún modo que reconocía este hecho.

Sin embargo, no tenía por qué haberme molestado. El resto de las personas que había en el vagón lo debieron de comprender, a menos que fueran niños pequeños, venusianos o pacientes psiquiátricos de determinado tipo. Es tan fuerte nuestra convicción en la privacidad de la experiencia interior que sus alternativas –leer la mente, la telepatía y la invasión de pensamiento– suelen ser motivo de risa o de miedo. Las personas extrañas del metro debieron de reconocer rápidamente las ramificaciones de este rasgo del pensamiento, después de todo, habrían tenido necesariamente experiencias similares. Para mí había sido sólo un sorprendente recordatorio de la privacidad de mis pensamientos, al tiempo que me hacía plenamente consciente de su inmediatez *para mí.* Mi cerebro estaba ciertamente activo en ese momento –de lo contrario, no habría conjurado la imagen de la furgoneta de Correos dando saltos–, pero también era *consciente* de este desfile interno de ideas. Eso es lo que te proporciona el hecho de tener un cerebro: un asiento en primera fila para ver un *show* que es exclusivamente para ti.

Fue esa intensa dramatización interior la que me había llevado a soltar aquella carcajada. Aunque gran parte de la actividad mental humana discurre por debajo del umbral de la consciencia, la persona no deja de ser consciente sin embargo de una buena cantidad de actividad mental. Cuando forcejeamos con un problema, recordamos un número de teléfono o rememoramos un encuentro romántico, tenemos la experiencia de hacer esas cosas. Es poco probable que sea una imagen completa o precisa de los mecanismos cognitivos implicados –estamos lejos de ser unos testigos fiables de lo que hace nuestro cerebro–, pero constituye no obstante una experiencia coherente. Utilizando una expresión que gusta a los filósofos, hay «algo que se parece a»[2] ser consciente interiormente de que hay un cerebro en funcionamiento. Estar ocupado con una línea de pensamiento, al igual que bucear en una piscina o dolerse por un ser querido, es una experiencia que tiene unas cualidades particulares.

Pero aún podemos decir otra cosa importante acerca de la experiencia interior.[3] Multitud de libros de divulgación científica han transmitido

---

2. Thomas Nagel, «What is it like to be a bat?», *Philosophical Review,* 83, pp. 435-450, 1974. Existe un animado debate en filosofía de la mente sobre si el pensamiento tiene una fenomenología; si existe «algo que se parece a» para hacerlo. Si deseas un punto de vista a favor de la fenomenología cognitiva, ve a Terence Horgan y John Tienson, «The intentionality of phenomenology and the phenomenology of intentionality», en David J. Chalmers, ed., *Philosophy of Mind: Classical and contemporary readings,* Oxford: Oxford University Press, 2002. Para un punto de vista contrario, véase Peter Carruthers y Bénédicte Veillet, «The case against cognitive phenomenology», en Tim Bayne y Michelle Montague (eds.), *Cognitive Phenomenology,* Oxford: Oxford University Press, 2011.
3. Utilizo el término de «experiencia interior» para referirme a los contenidos de la consciencia, entre los que se encuentran pensamientos, emociones, sensaciones, percepcio-

la idea, con frecuencia de una forma admirablemente clara, de que los científicos sabemos cómo funciona la consciencia. Sin embargo, estas explicaciones tienden a centrarse en la maravilla que supone la experiencia perceptiva y afectiva, dejándonos sorprender, por ejemplo, por la característica fragancia de ese lirio blanco, o por la cantidad de posibilidades emocionales agridulces que pueden emerger con las secuelas de un escándalo familiar. Dicho de otro modo, el tratamiento que le dan a la experiencia mental esos libros de divulgación se centra, normalmente, en las respuestas del cerebro a los acontecimientos del mundo exterior. Sin embargo, cuando nos ponemos a pensar en el propio pensamiento, tenemos que explicar cómo la consciencia puede montar su propio *show*. Cada persona es responsable de sus propios pensamientos, o al menos tenemos la poderosa impresión de serlo. Pensar es algo activo, es algo que *hacemos*. El pensamiento se mueve, crea algo donde previamente no había nada, sin precisar de indicación alguna del mundo exterior. Esto es parte de lo que nos hace diferenciadamente humanos: el hecho de que, sin estimulación externa alguna, una persona en una habitación vacía puede hacerse reír o llorar a sí misma.

¿Cómo se tiene tal tipo de experiencias? La propia cotidianidad del pensamiento puede suponer, paradójicamente, que no pensemos demasiado en cómo funciona. Y, por otra parte, las leyes de la privacidad mental mantienen la experiencia oculta a la vista. Puedes compartir el contenido de tus pensamientos –puedes decirle a alguien *en qué* estás pensando–, pero es más complicado compartir la cualidad de un fenómeno que se supone es exclusivamente para ti. Si pudiéramos escuchar los pensamientos de otra persona, ¿nos encontraríamos con que son como los nuestros? ¿O bien los pensamientos tienen un estilo personal, una atmósfera emocional que es distintiva de la persona que los piensa? ¿Qué hubiera pasado si la gente *hubiera* podido leer mi mente en el metro aquel día? ¿Qué escucharía un espía mental si pudiera escuchar tus pensamientos justo en este momento? El filósofo Ludwig Wittgenstein resaltaba que si un león fuera

---

nes y otras experiencias. Se puede equiparar a términos como «experiencia consciente» y «consciencia fenomenal». Véase **Russell T. Hurlburt y Eric Schwitzgebel, *Describing Inner Experience? Proponent meets skeptic,*** Cambridge, Massachusetts: MIT Press, 2007.

capaz de hablar,[4] no seríamos capaces de comprenderlo. Y yo sospecho que algo similar puede ocurrir con nuestra corriente de consciencia cotidiana. Aunque pudiéramos hacer oír nuestros pensamientos, es probable que las demás personas tuvieran que esforzarse mucho para darles sentido.

Un motivo de esto es que cuando pensamos hacemos uso de las palabras, pero de una manera muy particular. Imagina que yo te preguntara, por ejemplo, en qué idioma piensas. Supongo que no vas a poder responder a esta pregunta con absoluta sinceridad si debes responder por *cada uno* de los pensamientos que tienes, pero sí podrías reconocer que la pregunta tiene sentido. Muchas personas estaremos de acuerdo en que pensar tiene una[5] cualidad lingüística. Si eres bilingüe, puede que incluso tengas la opción de elegir en qué idioma piensas. No obstante, existen variedades de pensamiento cuyas propiedades lingüísticas no siempre son obvias. Cuando estás pensando, hay cosas que no necesitas comunicarte a ti mismo, porque ya las sabes. Te puedes desembarazar directamente del lenguaje, porque el mensaje está dirigido sólo para ti.

Otro motivo de por qué nuestro pensamiento podría no ser inteligible para los demás es que no sólo hay palabras en el proceso. Por ejemplo, en aquellos momentos en el metro, en mi cabeza sonaba una canción de *High School Musical,* que estuvo acompañando al resto de las sensaciones corporales y emocionales. Mientras mis retinas se fijaban en el cableado y los tubos del túnel que había al otro lado de la ventanilla, mi imaginación estaba ocupada conjurando la imagen de la furgoneta de Correos. Algunas de esas sensaciones se conectaron con el pensamiento; las demás no fueron más que un fondo de escritorio mental. La cuestión es que pensar es una experiencia multimedia. El lenguaje juega un papel destacado en el proceso, pero en modo alguno lo constituye todo.

En este libro me pregunto qué aspecto tiene todo lo que ocurre ahí dentro, en tu cabeza. Investigo cómo se siente uno al verse atrapado en

---

4. «Si un león pudiera hablar, no podríamos comprenderlo». Ludwig Wittgenstein, *Philosophical Investigations* (G. E. M. Anscombe, trad.), Oxford: Basil Blackwell, 1958, II xi, p. 223.

5. Como quedará claro en los capítulos que siguen, no estoy afirmando que el lenguaje tenga lo que los filósofos denominarían un papel «constitutivo» en el pensamiento. Es decir, el lenguaje no es *necesario* para pensar; más bien, es una herramienta que muchos seres humanos utilizan durante gran parte de su tiempo.

el flujo de impresiones, ideas y enunciados internos que constituyen la corriente de la consciencia. Sin embargo, no todo lo que pueden hacer la mente y el cerebro podrá ser calificado dentro de este tipo de experiencias. Muchas de las cosas realmente inteligentes que puede hacer un ser humano, como atrapar una pelota de críquet o navegar a través del Pacífico orientándose por las estrellas, se pueden realizar sin tener plena consciencia de cómo se hacen. En cierto modo, «pensar» se refiere simplemente a todo lo que hace nuestra mente consciente (en contraposición a la mente inconsciente). Pero ésa sigue siendo una definición demasiado amplia. No he querido incluir cálculos mentales tan poco glamurosos como contar un puñado de guijarros o rotar una imagen mental, que en gran medida se basan en subsistemas cognitivos altamente automatizados y evolucionados. Uno de los motivos por los cuales no incluyo esos procesos es porque sus puntos de partida y final están claramente definidos. Sin embargo, gran parte de la magia de pensar estriba en que puede no tener utilidad alguna,[6] puede ser circular o puede estar dirigida hacia un objetivo mal definido. En el metro aquel día, yo no sabía hacia dónde iba con la elaboración de mi historia. En ocasiones, pensar es, ciertamente, algo que está «dirigido hacia una meta», como cuando se resuelven ciertos tipos de problemas intelectuales. Pero la corriente de la consciencia también puede ir dando vueltas por ahí sin objetivo alguno. El pensamiento no suele tener un punto de partida obvio, y muchas veces nos exige también que lleguemos a su meta antes de que comprendamos realmente cuál es esa meta.

Éste, por tanto, es el tipo de pensamiento en el que estoy interesado. Es *consciente,* en el sentido en que sabemos lo que estamos pensando, pero también en que posee lo que los filósofos llaman una cualidad fenoménica: que hay algo que se parece a estar haciéndolo. Es *lingüístico* y, como veremos, suele estar más estrechamente ligado al lenguaje de lo que podría parecer en un principio. Sí, hay imágenes implicadas, al igual que otros muchos elementos sensoriales y emocionales, pero no son más que parte del cuadro. Pensar (en palabras o de cualquier otro modo) también es algo *privado:* lo que pensamos es pensado en el contexto de la firme suposición

---

6. Philip N. Johnson-Laird, *The Computer and the Mind: An introduction to cognitive science,* Londres: Fontana, 1988.

de que los demás no pueden percibirlo. Los pensamientos son típicamente *coherentes;* es decir, encajan en cadenas de ideas que, por caótica que sea su forma, están conectadas con lo que ha acaecido antes. Por último, los pensamientos son *activos.* Pensar es algo que hacemos, y normalmente lo reconocemos como obra propia.

No soy la primera persona en interesarse por el papel que las palabras juegan en nuestros procesos mentales. Los filósofos llevan siglos discutiendo si el lenguaje es necesario para el pensamiento (aunque han podido ser a veces un poco vagos acerca de qué entienden exactamente por «pensamiento»),[7] y los investigadores del comportamiento de los animales han llevado a cabo ingeniosos experimentos para averiguar qué tipos de pensamientos pueden utilizar los animales, e incluso si se les puede enseñar algún lenguaje.

Todos estos hallazgos son relevantes para mi investigación, pero mi enfoque es ligeramente diferente. Yo quiero comenzar con un simple hecho en esta cuestión: que cuando pensamos acerca de nuestra propia experiencia de pensar, o cuando le pedimos a otra persona que nos diga cómo la vive ella, nos encontramos con que nuestra cabeza está llena de palabras. Eso no significa que todo el mundo informe de tales corrientes verbales de pensamiento: el hecho de que algunas personas no lo hagan deberá ser explicado. Formular esa pregunta de la forma correcta podría resultar ser muy informativo sobre el vínculo entre lenguaje y pensamiento.

Si pudiéramos leer la mente de otras personas, nos dedicaríamos simplemente a escuchar los pensamientos de las personas que nos rodean. Pero la privacidad mental es la realidad que se nos impone, por lo que tendremos que buscar otras maneras de obtener información. Una cosa que podemos hacer es utilizar las distintas formas en que las personas

7. Ray Jackendoff, *A User's Guide to Thought and Meaning,* Oxford: Oxford University Press, 2012, capítulo 15; Charles Fernyhough, «What do we mean by thinking?», blog post en The Voices Within, *Psychology Today,* 16 de agosto de 2010, www.psychologytoday.com/blog/the-voices-within/20108/what-do-we-mean-thinking. Daniel Kahneman, en su *bestseller Thinking: Fast and slow* (Londres: Penguin, 2012) adopta una definición liberal del «pensamiento» que incluye la cognición no consciente (o Sistema I de acción rápida). Yo utilizo el término de un modo más cercano a los procesos deliberados y sin esfuerzo del Sistema 2 de Kahneman.

comunican sus pensamientos al hablar, escribir, bloguear, tuitear o escribir un mensaje de texto acerca de lo que ocurre en su cabeza. Podemos ver también lo que han escrito diversos autores acerca de su experiencia interna, o lo que los psicólogos han documentado acerca de gente que las describía. La neurociencia nos será de gran ayuda, pues nos ofrecerá una visión de escáner de cómo se forman los pensamientos en el cerebro. Podemos ver, así mismo, cómo se desarrolla el pensamiento en la infancia, y qué ocurre cuando el pensamiento no funciona bien. Sin embargo, mi punto de partida está mucho más cerca de casa. No se trata de intentar retratar algo extraño o poco familiar, como podría ser la consciencia de la mascota de la familia o lo que constituye ser un bebé recién nacido. Yo *sé positivamente* lo que es tener todas esas cosas en la cabeza. Lo que necesito es encontrar la manera de expresarlo en palabras.

Obtienes divertidas lonchas de queso en la Terminal Uno

No es precisamente el pensamiento más trascendental del que me pueda hacer responsable. Lo he elegido al azar para ofrecerlo no como ejemplo de sabiduría que puede transformar la vida de alguien, sino como un ejemplo de la corriente de consciencia de esta mañana. Estaba en mi cabeza cuando me desperté, pero no sé en lo que había estado soñando inmediatamente antes, ni qué conexiones podría tener esa frase. *Obtienes divertidas lonchas de queso en la Terminal Uno.* Eso es todo. Todavía no sé a qué aeropuerto podría estar refiriéndose, o de qué queso se trataba. Pero sé que estaba ahí, como algo que hubiera pronunciado una pequeña voz interior, y que yo lo sentí como real. Afirmo que no tengo ni idea de dónde vino y, sin embargo, lo sé. Vino de mí. Si adopto el papel de psicólogo racional, yo diría que era una de esas frases que habitualmente revolotean por mi mente; simplemente, otra pizca de esa fecundidad mental que mantiene el flujo de la corriente de consciencia.

A Claire también le aparecen de pronto frases en la cabeza. Sus voces mentales le hablan de forma tranquila pero insistente, y le dicen cosas como «Eres un pedazo de mierda» o «Nunca llegarás a ninguna parte». Claire padece una depresión. Está recibiendo terapia cognitiva conductual para detener esos pensamientos verbales intrusivos y no deseados, para documentarlos, examinarlos científicamente y, así, socavarlos hasta que llegue un momento (eso se espera) que desaparezcan.

A Jay también le vienen palabras a la cabeza, pero son diferentes de las de Claire. Normalmente, suenan como si alguien le estuviera hablando realmente. Pueden tener determinado acento o cierto tono de voz. En ocasiones son frases completas y otras veces se trata de declaraciones fragmentadas. Comentan las acciones de Jay y le dan instrucciones para que haga alguna cosa, cosas inofensivas como ir a la tienda a comprar leche. Otras veces, las voces son mucho más difíciles de definir. Jay me ha dicho que sabe cuándo una voz está ahí, aunque no esté hablando; en esas situaciones, no es tanto una voz como una presencia en su cabeza. ¿Cómo que una voz que no habla? Hace unos cuantos años, a Jay le diagnosticaron una enfermedad psiquiátrica, y ahora tiene lo que se conoce como un «historial de recuperación». Jay ha regresado de algo que algunas personas consideran como una enfermedad cerebral degenerativa.[8] Todavía escucha voces, pero ahora vive la situación de un modo diferente. Vive con las voces; ya no les tiene miedo.

Hay una mujer que escucha voces y que ha escrito de forma elocuente acerca de su experiencia, y que ha llegado a comprender sus voces de un modo novedoso. En una charla TED del año 2013,[9] cuyo vídeo se ha visto más de 3 millones de veces en el momento de escribir estas líneas, Eleanor Longden contaba que las voces dentro de su cabeza llegaron a hacerse tan agresivas que empezó a pensar en taladrarse la cabeza para que pudieran salir por el agujero. Varios años después de aquello, la relación de Eleanor con sus voces había cambiado radicalmente, al igual que en el caso de Jay. Aunque de vez en cuando siguen siendo muy perturbadoras, Eleanor las ve ahora como los remanentes de una «guerra civil

---

8. Robert B. Zipursky, Thomas J. Reilly y Robin M. Murray, «The myth of schizophrenia as a progressive brain disease», *Schizophrenia Bulletin,* vol. 39, pp. 1363-1372, 2013.
9. TED es una organización de medios de comunicación que cuelga en Internet charlas en abierto (libre distribución) bajo el eslogan de «ideas dignas de ser difundidas». Se trata de una organización no lucrativa donde convergen tecnología, entretenimiento y diseño (TED) y que cubre tanto temas científicos y empresariales como temas globales en más de cien idiomas. *(N. del T.)*

psíquica»,[10] el resultado de los reiterados traumas de su infancia. Con el apoyo adecuado, parece que muchas personas pueden cambiar la relación que mantienen con sus voces y aprender a vivir con ellas más o menos cómodamente. La suposición de que las voces son siempre una señal de grave deterioro mental es limitante y perjudicial. Ése es el motivo por el cual yo prefiero un término más neutral, el de «audición de voces», en lugar de «alucinación», con sus negativas connotaciones.[11]

Si las experiencias de Jay y de Eleanor son realmente diferentes de mis propias voces mentales, ¿en *qué* se diferencian exactamente? Mis «voces» suelen tener un acento y un tono determinados, son privadas y sólo las oigo yo; y, sin embargo, con mucha frecuencia suenan como si fueran personas de verdad. Pero, en determinado nivel, reconozco como mías esas voces que escucho en mi cabeza, en tanto que Jay las considera como algo ajeno a él. Jay dice que normalmente puede distinguir entre sus pensamientos, que los siente como creaciones propias, y esas otras experiencias, que parecen proceder de alguna otra parte.

En otras ocasiones, la distinción es mucho más imprecisa. Otra persona que escucha voces, Adam, cuya principal voz es la de una personalidad muy diferenciada, autoritaria (tanto que Adam le llama «el Capitán»), me dijo que a veces se siente confuso a la hora de valorar si lo que experimenta son sus propios pensamientos o los de su voz. Yo he oído decir a estas personas que escuchan voces que el comienzo de sus extrañas experiencias fue como sintonizar con una banda sonora que siempre había estado ahí, como si fuera un ruido de fondo de la consciencia; un ruido al que, por algún motivo, la persona comenzó de pronto a prestarle atención.

Uno de los motivos por los cuales las personas que escuchan voces atribuyen sus experiencias a algo externo a ellas es porque las voces dicen cosas que la persona cree que nunca habría dicho. Una mujer me contó que su voz decía cosas tan horribles y desagradables que ella sabía que no podían proceder de ella. Pero también puede suceder todo lo contrario, pues he visto a personas así echarse a reír a carcajadas por algo que su voz

10. Eleanor Longden, *Learning from the Voices in My Head*, TED Books, 2013.

11. Una alucinación se define como una experiencia perceptiva irresistible en ausencia de cualquier estímulo externo.

les acababa de decir en la más absoluta privacidad. Otra de estas personas, intentando explicar por qué creía que su bromista visitante mental no era una creación suya, me dijo, «No puedo ser yo. Yo jamás tendría ocurrencias tan divertidas».

Conviene que comprendamos mejor estas experiencias. Mis pensamientos verbales y las voces de las personas que escuchan voces pueden ser experiencias completamente diferentes, o pueden tener importantes rasgos en común. En determinado nivel, puede que incluso sean una y la misma cosa. Como ocurre siempre en la ciencia de la experiencia humana, las cosas son más complicadas de lo que parecen a primera vista. Conviene que no partamos de la suposición de que un tipo de voz se reduce al otro; de hecho, convendría evitar la agenda de que algo se supone que se reduce a otro algo. Estas experiencias les suceden a las personas, y las personas difieren (no puedo dar por hecho, por ejemplo, que mi propia cháchara mental vaya a ser siquiera remotamente similar a la tuya). En este libro, me intereso en todas esas voces: las amables, las orientadoras, las que dan ánimos y las que dan órdenes, las voces de la moralidad[12] y de la memoria, y las a veces terribles, a veces benéficas voces de aquellas personas que escuchan hablar a otros cuando no hay nadie a su alrededor.

Cuando me planteé este tema en la década de 1990, siendo estudiante de grado en la universidad, ni siquiera me pareció un buen tema de investigación. Investigar algo tan privado y tan inefable como nuestras voces interiores era, podrían haberme advertido mis mayores, algo que nunca me proporcionaría demasiado éxito como investigador. Para empezar, parecía que tendría que depender de una tarea casi imposible, la de la introspección (reflexionar sobre los propios procesos mentales), herramienta de indagación que hacía mucho tiempo ya había perdido el favor como método científico. Otro problema era, y sigue siendo, que la idea de una «voz interior»[13] se suele utilizar de forma vaga y metafórica para referirse a todo tipo de fenómenos, desde las corazonadas y las intuiciones hasta los instintos creativos, y ni siquiera podía contar con

12. Para una discusión acerca de la «voz» de la conciencia.

13. En este libro, me intereso en las experiencias que tienen algo de las propiedades lingüísticas, acústicas y comunicativas de las voces que hablan y se escuchan.

unas definiciones suficientemente robustas, algo realmente necesario para hacer una sólida investigación.

No obstante, había buenas razones para ir en pos de esa presa, y en los últimos años el marco científico ha cambiado de una forma radical. Una de las evidencias que emergen de esta investigación es que las palabras que suenan en nuestra cabeza juegan un papel vital en el pensamiento humano. Desde la psicología se está demostrando que ese discurso interior, tal como lo denominamos en este campo, nos ayuda a regular nuestro propio comportamiento, nos motiva para la acción, evalúa esas acciones e, incluso, nos hace conscientes de nuestro propio yo. Desde la neurociencia se está demostrando que las voces mentales se basan en algunos de los mismos sistemas neuronales que subyacen al discurso externo, encajando así con importantes ideas acerca de cómo se desarrollan. Ahora sabemos que el discurso interno llega bajo diferentes formas y habla en diferentes lenguas, que tiene un acento y un tono emocional, y que corregimos los errores en ese discurso de algunas de las mismas maneras con que corregimos los deslices en el discurso externo. Muchas personas pensamos realmente con palabras, y existen buenas y malas formas de este tipo de pensamiento. Los pensamientos negativos, perpetuados en el discurso interior, tienen un papel importante en la angustia que generan determinados trastornos mentales, pero también pueden convertirse en la clave para su mejoría.

Más allá del laboratorio científico, las preguntas acerca del discurso interior nos vienen fascinando a los seres humanos desde que comenzamos a pensar sobre nuestros propios pensamientos. Una de las cosas que podemos decir acerca del pensamiento es que suele presentársenos como una especie de conversación entre diferentes voces que proponen diferentes puntos de vista. Pero ¿cómo suenan esas voces? ¿Qué lenguaje utilizan? ¿Acaso tu yo pensante habla con frases totalmente gramaticales, o se parece más a escuchar algo escrito en una nota? ¿Hablan suavemente tus pensamientos o levantan la voz? Y, en todo caso, ¿quién escucha cuando tu yo pensante está hablando? ¿Dónde estás «tú» en todo esto? Estas preguntas pueden parecer un tanto extrañas, y sin embargo estas cualidades del pensamiento deben definir lo que significa habitar la propia mente.

Todos estos enigmas se pueden explicar si nos tomamos en serio la idea (tan persuasiva para nuestra introspección) del pensamiento como de una voz, o voces, en la cabeza. Quiero explorar este punto de vista y ponerlo a prueba hasta el límite. De una forma u otra, este enfoque, que yo denomino modelo de Pensamiento Dialógico, ha dado forma a la mayor parte de mi trabajo académico en psicología, y constituirá el foco de atención a lo largo de este libro. Proviene de una teoría particular de la emergencia del pensamiento en la primera infancia, y se sustenta en estudios psicológicos y neurocientíficos sobre la cognición, tanto la normal como la trastornada. Sin embargo, con independencia de lo fuertes que sean las evidencias del modelo, es obvio que existen muchos aspectos de nuestra experiencia interior que no son verbales ni semejan voces. Debido a ello, exploraré si la hipótesis se puede desarrollar y expandir para explicar el pensamiento de aquellas personas que no disponen de un lenguaje en el cual pensar; y también exploraré las evidencias que indican que una buena parte de la experiencia interior es visual y se basa en la imaginería.

Soy afortunado al poder disponer de un amplio repertorio de evidencias en las cuales basar mi trabajo. Algunos aspectos del misterio de las voces mentales han recibido atención durante cientos, incluso miles de años. Los filósofos han forcejeado con peliagudos problemas al preguntarse cómo la mente puede representar el conocimiento, por ejemplo construyendo argumentos relacionados con la posibilidad de que el pensamiento pueda tener lugar en el lenguaje natural. En las investigaciones en psicología se les han planteado tareas de razonamiento a las personas participantes, para después pedirles que hablaran de sus procesos de pensamiento en voz alta con el fin de analizarlos mejor. En las investigaciones neurocientíficas se ha seguido el rastro del discurso interior mediante el registro de las señales eléctricas de los músculos de la articulación de palabras en personas que estaban pensando en silencio, o bien estimulando partes del cerebro y viendo de qué modo afectaban los procesos de lenguaje. Por otra parte, escritores y escritoras vienen llenando sus novelas y sus poemas a través de los siglos con pensamientos verbales, y han representado corrientes de consciencia, líneas de pensamientos y movimientos de la mente, proporcionándonos así evidencias impagables acerca de cómo hacen su trabajo las voces mentales.

En los capítulos que vienen a continuación, me basaré en todas estas fuentes de evidencia. Escucharemos a niños pequeños y ancianos, a deportistas, novelistas, practicantes de meditación, artistas visuales y personas que escuchan voces. ¿Es cierto que los niños pequeños no piensan con palabras? ¿Desaparecen las voces de algunos pacientes psiquiátricos cuando abren la boca? ¿Es posible pensar una cosa en el discurso interior al tiempo que se dice todo lo contrario en voz alta? ¿Qué ocurría en la mente, el cerebro y el cuerpo de Juana de Arco cuando escuchaba una «hermosa, dulce y delicada voz» que la exhortaba a ir a levantar el asedio de Orleans? ¿Cómo puede ser que el discurso interior sea más veloz que el discurso ordinario, sin que le parezca a la persona que piensa que su voz interior va precipitada? ¿Por qué dicen cosas divertidas las voces de las personas que oyen voces? Constataré si las representaciones literarias y otras representaciones artísticas de estos fenómenos están en sintonía con los hechos que nos ofrecen las investigaciones científicas, y si tales tratamientos «objetivos» se pueden comparar con las evidencias de la introspección. Me someteré a mí mismo a un escáner cerebral por resonancia magnética funcional (fMRI) y veré cómo mi cerebro teje pensamientos en su telar encantado.[14] Intentaré describir lo efímeras que son las voces en nuestra cabeza, así como trazar sus trayectorias más pesadas. También detallaré los historiales de varias personas que escuchan voces, intentando captar cómo se siente tal experiencia, cómo se puede manejar y qué nos revela acerca de la naturaleza del yo.

Hacia el final del libro, espero haberte persuadido de varias cosas. Hablar con uno mismo es una parte de la experiencia humana que, aunque en modo alguno es universal, parece jugar múltiples y diferentes papeles en nuestra vida mental. Según una importante teoría, las palabras que escuchamos en la cabeza actúan como una «herramienta» psicológica que nos ayuda a hacer cosas con nuestro pensamiento, del mismo modo que las herramientas del personal de mantenimiento permiten realizar tareas que serían imposibles de otro modo. El discurso interior puede planificar, dirigir, exhortar, preguntar, persuadir, prohibir y reflexionar. Desde jugadores de críquet a poetas, las personas hablan consigo mismas de múltiples maneras y con un amplio rango de propósitos.

Es lógico, por tanto, que la experiencia llegue de muchas formas. A veces, el discurso interior es como el lenguaje hablado en voz alta; otras

14. *Sir* Charles Sherrington, *Man on His Nature,* Cambridge: Cambridge University Press, 1940, p. 225.

veces, es más telegráfico y condensado, una versión abreviada de lo que podría pronunciarse de forma audible. Ha sido recientemente cuando los investigadores han comenzado a tomarse en serio la idea de que el discurso interior puede darse bajo diferentes formas y tamaños, que las distintas formas del discurso interior quizás adapten el pensamiento a diferentes funciones y que las variedades del fenómeno tendrán diferentes fundamentos en el cerebro.

Las múltiples formas y funciones del discurso interior tienen pleno sentido si nos fijamos en cómo emerge este discurso en la infancia. Existen buenas razones para pensar que el discurso interior se desarrolla cuando las conversaciones de los niños con los demás «se sumergen», se interiorizan, para conformar una versión silenciosa de esos intercambios verbales externos. Esto significaría que el pensamiento que desarrollamos a través de las palabras comparte algunos de los rasgos de las conversaciones que mantenemos con los demás, que a su vez se conforman a los estilos de interacción y las normas sociales de nuestra cultura. «Pensar es hablar con uno mismo[15] –escribió el filósofo y novelista español Miguel de Unamuno en la década de 1930–, y hablamos cada uno consigo mismo gracias a haber tenido que hablar los unos con los otros». Intentaré persuadirte de que algunos de los misterios del discurso interior se hacen más comprensibles cuando reconocemos que éste tiene las cualidades del diálogo.

El origen social del discurso interior nos permite comprender también la familiar polifonía de la consciencia humana. Reconocer que el discurso interior es una especie de diálogo nos permite explicar por qué la mente se puede ver atravesada por muchas y diferentes voces, del mismo modo que una obra de ficción contiene las voces de diferentes personajes con distintas perspectivas. Argumentaré que este punto de vista nos permite comprender algunos rasgos importantes de la consciencia humana, incluida la apertura a perspectivas alternativas, que podría ser una de las marcas distintivas de la creatividad. Examinaré esta idea en relación con la obra de artistas verbales y visuales, preguntando si una forma importante de ser creativo es mantener una conversación consigo mismo.

---

15. Miguel de Unamuno, *The Tragic Sense of Life in Men and in Peoples* (J. E. Crawford Flitch, trad.), Londres: Macmillan, 1931, p. 25.

También quiero persuadirte de que esta manera de entender el discurso interior nos permite comprender esas otras voces más inusuales que caracterizan la experiencia humana. El fenómeno de la escucha de voces (alucinaciones verbales auditivas) se vincula normalmente con la esquizofrenia, pero también se ha visto emerger en otros trastornos psiquiátricos y en una minoría significativa de personas mentalmente sanas. Muchos psiquiatras y psicólogos creen que esto es el resultado de un trastorno del discurso interior, en el cual la persona atribuye erróneamente sus pronunciamientos internos al discurso de otra entidad. Un problema que presentan las investigaciones realizadas hasta la fecha es que no se han tomado lo suficientemente en serio el discurso interior como fenómeno. Si comenzamos con un cuadro más preciso de las voces ordinarias en nuestra cabeza, podríamos terminar con una explicación mejor de por qué las personas escuchan voces cuando no hay nadie alrededor.

Sin embargo, existen pocas posibilidades de obtener una comprensión científica decente de tal experiencia si no reconocemos que ésta también adopta muchas y diferentes formas. Desde los místicos medievales hasta los creadores de ficción literaria, seres humanos de todos los siglos han descrito la experiencia de escuchar voces. Todos estos testimonios tienen que ser examinados en el contexto de las vidas, los tiempos y las culturas en las cuales emergieron. Para comprender la escucha de voces tendremos también que explicar la estrecha relación existente entre la escucha de voces y las adversidades en una época temprana de la vida, así como las implicaciones del hecho de que la escucha de voces se relacione con recuerdos de acontecimientos terribles. Hablaré de algunas personas que escuchan voces que creen que sus voces deberían entenderse como mensajes de su pasado que están revelando conflictos emocionales no resueltos, en lugar de entenderlas como pronunciamientos absurdos de un cerebro confuso.

Los investigadores están comenzando a pensar ahora que la escucha de voces implica el sentido de estar en comunicación con otra entidad, con las profundas repercusiones que esto tiene para nuestras teorías respecto a cómo computamos las relaciones sociales, así como para la comprensión del discurso interior ordinario.

Esta manera de comprender las voces interiores no carece de problemas, claro está, y las posibilidades que se abren para futuras investigaciones son intrigantes. Uno de los retos a los que se enfrenta esta visión de las voces mentales es el hecho de que algunas personas no dan cuenta de ningún discurso interior en absoluto. ¿Cómo funciona el pensamiento en tales casos? ¿Cómo se inicia, si no hay un lenguaje previo que lo conforme? ¿Cómo se juntan las palabras con la imaginería mental para crear las intensas y multisensoriales vistas del pensamiento? Parece que las voces de nuestra cabeza pueden tener tanto efectos positivos como negativos, y el estudio de su evolución nos podría aclarar algo acerca de las fuerzas que podrían haber reunido lenguaje y pensamiento durante la emergencia de la consciencia. Las implicaciones para todos los seres humanos serían profundas. ¿Podríamos conseguir algún día que, mediante la mejora y el control de la forma en que nos hablamos interiormente, las enfermedades mentales se convirtieran en un mal recuerdo del pasado? ¿Podemos evolucionar como especie hasta conseguir evitar los pensamientos intrusivos, la irracionalidad y la distractibilidad? Quizás podamos hacerlo, pero entonces la creatividad podría convertirse también en algo del pasado. Una cosa es segura, y es que comprendiendo mejor nuestras voces mentales apreciaremos mejor de qué modo nuestra mente hace lo que hace, y cómo podemos vivir de forma más productiva con los a veces dichosos, a veces displicentes –pero siempre flexibles y creativos–, murmullos de nuestra cabeza.

2

ABRIENDO EL GAS

Cierra los ojos y ten un pensamiento. No importa demasiado en qué pienses; el tema puede ser profundo o mundano, no importa. Eso sí, mantén ese pensamiento, saboréalo. Reprodúcelo en tu mente. Y, ahora, hazte esta pregunta: ¿cómo es pensar ese pensamiento? Todos sabemos cómo son determinados tipos de actividades mentales; soñar, por ejemplo, o hacer una suma utilizando la aritmética mental. Pero ¿qué tipo de actividad es pensar?[1] ¿En qué variedades nos llega? ¿Qué se siente al estar haciendo algo tan normal y, sin embargo, tan notable?

En primer lugar, no espero que hayas tenido dificultades para ocupar tu cabeza durante uno o dos segundos. (Hubiera sido considerablemente más difícil si te hubiera pedido que *vaciaras* la cabeza). Pensar es algo que hacemos en todo momento, no sólo cuando tenemos que tomar una decisión o cuando resolvemos un problema. Incluso cuando tu cerebro se encuentra claramente en un mal momento, tu mente es muy probable que esté haciendo de todo menos guardar silencio.[2] Las evidencias obtenidas en las investigaciones psicológicas confirman lo que nuestra propia

---

1. Ray Jackendoff, *A User's Guide to Thought and Meaning*, Oxford: Oxford University Press, 2012, capítulo 15.
2. En los últimos años ha habido un bum de interés en los procesos mentales que operan cuando una persona no está ocupada en una tarea específica. Véase Jonathan Smallwood y Jonathan W. Schooler, «The science of mind wandering: Empirically navigating the stream of consciousness», *Annual Review of Psychology*, vol. 66, pp. 487-518, 2015.

introspección sugiere: que, durante la mayor parte de nuestra vida despierta, nos vemos transportados por una corriente continua interior de ideas e impresiones que dirigen nuestras acciones, fundamentan nuestros recuerdos y conforman la fibra central de nuestra experiencia.

Ahora, hazte algunas preguntas más acerca del pensamiento que acabas de tener. ¿Sonaba como si una persona estuviera hablando ahí dentro? Si es así, ¿esa persona eras «tú»? ¿Se sentía como si fuera *algo,* o era simplemente el subproducto de un cerebro en actividad, sin cualidad fenoménica alguna que lo distinguiera? ¿Reconocerías ese pensamiento si tuviera lugar de nuevo? ¿Cómo sabes que era tuyo?

Yo creo que todas estas preguntas tienen sentido, pero también que son muy difíciles de responder. Tenemos acceso directo únicamente a nuestros propios pensamientos, pero *sólo* a los nuestros, y eso hace que sean muy difíciles de estudiar. Concretamente, es muy difícil tener la convicción de que los juicios que haces acerca de tu experiencia son fiables, porque no puedes comparar tus juicios con los de ninguna otra persona. En el último capítulo describo algunas de las razones que nos llevan a creer que la experiencia interior de muchas personas contiene multitud de palabras. Pero ¿es realmente así? ¿Cómo respondemos a la pregunta de «realmente», e incluso qué significa la pregunta cuando se trata de indagar acerca de nuestros mundos internos? ¿Cómo vamos a estudiar el contenido de nuestra cabeza?

El enfoque obvio consiste en recurrir al acceso directo que tenemos a nuestra propia experiencia. «¿Por qué –se pregunta Sócrates en el *Teeteto* de Platón– no revisar suave y pacientemente nuestros propios pensamientos, y examinar y ver en qué consisten realmente estas apariciones en nuestro interior?».[3] Por otra parte, el filósofo francés del siglo XVII René Descartes no veía ningún problema en esa idea. Sentado junto al fuego, envuelto en su bata invernal, observó sus propios procesos de pensamiento y vio que su existencia era lo único de lo que no podía dudar. *Cogito ergo sum:*[4] pienso, luego existo. Reflexionar sobre sus propios estados mentales fue el

3. Platón, *Theaetetus,* en *Dialogues of Plato* (Benjamin Jowett, trad.), vol. 3, Cambridge: Cambridge University Press, 1871, 155, p. 376.

4. René Descartes, *Discourse on Method* y *Meditations* (F. F. Sutcliffe, trad.), Harmondsworth: Penguin, 1968.

«primer principio» del método de Descartes. Posteriormente, en 1890, el filósofo y psicólogo estadounidense William James pensó que, aunque la existencia de estados de consciencia era innegable, observarlos en uno mismo era «difícil y falible».[5] Pero, para él, ese tipo de observación aún era posible; en principio, no era diferente de ningún otro método utilizado para describir el mundo. Con un enfoque suficientemente cuidadoso, una persona podía entrenarse para hacerlo mejor. Quien sacó la introspección del sillón de orejas del filósofo para introducirla en el laboratorio científico fue el psicólogo alemán Wilhelm Wundt. Fundador del primer laboratorio científico psicológico, establecido en Leipzig en 1879, Wundt también pasó a la historia como el autor del primer libro de texto de Psicología en el mundo. En sus ideas acerca de la experiencia interior, Wundt distinguía entre dos tipos de introspección.6 En primer lugar, estaba lo que él denominaba «autoobservación» *(Selbstbeobachtung):* el examen casual de los propios procesos mentales en el que puede quedarse atrapado cualquiera que tenga una mente. No hace falta ser Descartes para sentarse junto al fuego y pensar en los propios pensamientos; la cuestión es si eso es hacer buena ciencia. Para Wundt, otra cosa muy diferente era la categoría, una categoría más formal, de la «percepción interior» *(innere Wahrnehmung).* Allá donde sea posible, pensaba Wundt, el método científico requiere que el observador intente mantenerse al margen del proceso de observación, y esto era lo que Wundt tenía en mente para su segundo enfoque, que implicaba la dolorosa separación del observador del objeto que estaba siendo observado. En la técnica de percepción interior de Wundt, el investigador adoptaba realmente una posición de desapego clínico hacia sus propios pensamientos. En sí misma, según Wundt, la percepción interior no era un método científico decente, pero podía serlo mediante un exhaustivo entrenamiento de los participantes.

Y eso es lo que hizo Wundt, entrenar a sus participantes. Los críticos de la introspección han dado a veces la impresión de que la introspección de Leipzig implicaba una reflexión de sillón casual –cartesiana, de hecho– sobre los propios procesos mentales. Pero los introspectores de

5. William James, *Principles of Psychology,* vol. 1, Londres: Macmillan, 1901, p. 191.

6. Wilhelm Wundt, «Selbstbeobachtung und innere Wahrnehmung», *Philosophische Studien,* vol. 4, pp. 292-309, 1888.

Wundt eran profesionales entrenados. Se decía que, con el fin de proporcionar datos para la investigación publicada, un miembro del laboratorio de Wundt tenía que haber realizado no menos de 10.000 «reacciones» introspectivas.[7] En el análisis de William James, la introspección no era diferente de ningún otro tipo de observación: se podía hacer bien o mal. Tenías que ser bueno en eso. El mero hecho de tener las experiencias no era suficiente para garantizar que pudieras tener alguna habilidad para observarlas o describirlas; de otro modo, señalaba James, los bebés serían excelentes introspectores.[8]

Los esfuerzos de Wundt dieron lugar a una nueva metodología para el estudio de la experiencia interna que, en última instancia, atravesó el Atlántico rumbo a América. En las manos de los seguidores de Wundt, entre los cuales se encontraba Edward Titchener, el método introspectivo se fue haciendo más estrecho, más mecanicista, y su debilidad –en particular su dependencia de la no verificable autoobservación– se situó con más claridad en el foco de atención. A mediados del siglo XX, la psicología angloamericana era esclava de las teorías conductistas de John B. Watson y B. F. Skinner, que afirmaban que sólo la medida de comportamientos observables podía garantizar una ciencia de la mente con el suficiente rigor. La introspección parecía haber quedado consignada a la historia. Un problema, dificultad que William James había abordado, era que las introspecciones eran siempre en algún nivel *recuerdos* de las experiencias, en lugar de experiencias en sí mismas, y la memoria es notoriamente falible. Por encima de todo, existía la consciencia creciente de que la experiencia no podía ser descrita sin resultar cambiada por el mero acto de observación. Intentar reflexionar sobre los propios pensamientos era, según una memorable frase de James, como «intentar subir el gas lo suficientemente rápido como para ver qué aspecto tiene la oscuridad».[9] Para muchos, el clavo final en el ataúd de la introspección[10] se remachó con la

---

7. Edwin G. Boring, «A history of introspection», *Psychological Bulletin*, vol. 50, pp. 169-189, 1953.
8. James, *Principles of Psychology*, vol. 1, p. 189.
9. James, *Principles of Psychology*, vol. 1, p. 244.
10. Boring, «A history of introspection»; Kurt Danziger, «The history of introspection reconsidered», *Journal of the History of the Behavioural Sciences*, vol. 16, pp. 241-262, 1980; Richard E. Nisbett y Timothy DeCamp Wilson, «Telling more than we can

revolución cognitiva, que comenzó en la década de 1950 y ganó fuerza a lo largo de las dos décadas posteriores. En 1977, Richard Nisbett y Timothy Wilson revisaron las evidencias sobre la precisión de los informes que hacía la gente acerca de sus procesos cognitivos superiores. Uno de los experimentos que revisaron se había llevado a cabo con personas que habían tenido problemas para conciliar el sueño. A una parte de los participantes se les había dado una pastilla «excitadora»,[11] de la cual les decían que les produciría síntomas físicos y emocionales de insomnio, pero que en realidad era un placebo que no tenía ningún efecto fisiológico. Al otro grupo se les dijo que sus pastillas (fisiológicamente inactivas también) los relajarían. En ambos casos, las pastillas no tenían ingredientes activos, pero las expectativas de los voluntarios acerca de sus efectos se manipularon de maneras bien diferentes.

Los investigadores pasaron entonces a comprobar cómo ambos grupos se las manejaban con el insomnio. Tal como se esperaba, aquellos participantes a los que se les dijo que la pastilla era para mantenerlos despiertos se fueron a la cama antes de lo habitual, dando a entender que su creciente excitación la atribuían al efecto de la pastilla, en lugar de a su propio insomnio. En el grupo al que se les dijo que la pastilla los relajaría se observó el patrón opuesto. La gente de este grupo se fue a la cama después de lo habitual, presumiblemente porque esperaban sentirse relajados y terminaron sintiéndose de todo menos relajados; lo cual les llevó a la conclusión de que debían de estar más excitados de lo acostumbrado. Sin embargo, cuando se les preguntó posteriormente, los participantes hablaron poco de los efectos de las pastillas, atribuyendo el cambio en su patrón de sueño a factores externos, como su rendimiento en un examen o problemas con la novia. Nisbett y Wilson concluyeron que no tenía demasiado sentido pedirles a los participantes del otro grupo, el grupo experimental, que explicaran sus propios procesos cognitivos. A pesar de la minuciosa observación de los instrospeccionistas, el resultado es que, sorprendentemente, no disponemos de demasiada información sobre cómo funciona en realidad nuestra mente.

---

know: Verbal reports on mental processes», *Psychological Review,* vol. 84, pp. 231-259, 1977.

11. Michael D. Storms y Richard E. Nesbit, «Insomnia and the atribution process», *Journal of Personality and Social Psychology,* vol. 2, 319-328, 1970.

Es un bochornoso día de julio en Berlín, y Lara se pregunta si no se tomará otra cerveza.

—Estaba dejando la botella vacía y era como si en mi cabeza oyera, «¿Quiero otra?». Estoy casi convencida de que pensé esas palabras. Y entonces fue cuando sonó el «bip».

Lara es una joven chino-americana de Los Ángeles que se encuentra en Berlín en un viaje de estudios de un año. Para el experimento en el que está tomando parte se le pedido que lleve con ella a todas partes un pequeño dispositivo (del tamaño más o menos de un casete) sujeto a su ropa. A intervalos aleatorios, el dispositivo se activará y emitirá un pitido, un bip, a través del auricular. Ésa es la señal para prestar atención a lo que sea que haya ocurrido en su experiencia interior en el momento inmediatamente anterior al pitido. Lara, entonces, tiene que tomar nota de lo que estuviera ocurriendo, en cualquier formato que le venga bien y siempre en una libreta de notas que se le ha dado para tal fin. Lara ha de tomar notas sobre seis bips y sus correspondientes momentos de experiencia, para luego quitarse el auricular y no seguir con el tema. Al día siguiente va al laboratorio y se le hace una entrevista en detalle acerca de esos seis momentos. El incidente con la cerveza es el correspondiente al tercer bip de su primer día de muestreo. Quien le hace la entrevista acerca de estos flases de la consciencia es Russell Hurlburt, el inventor del método.

—¿Fueron esas palabras exactamente? –pregunta Russ.

—No puedo decir al cien por cien que fueran ésas las palabras exactas –responde Lara–, porque no las transcribí con exactitud… Y en ese momento recuerdo la sensación de beber una cerveza fría y lo mucho que lo disfrutaría, y me pregunto, «¿Quiero otra?».

—Entonces, ¿tuviste el recuerdo de la sensación de beberte una cerveza?

—Sí, y de pensar, «¿Quiero más de esa experiencia?».

—¿Es que querías más cerveza –pregunta Russ– o que estabas teniendo el recuerdo de haber disfrutado previamente de una cerveza fría?

—Yo creo que son las dos cosas, porque yo me estaba formulando a mí misma esa pregunta, y empecé a recordar aquello, supongo que con el fin de responder a la pregunta.

¿Cuáles fueron las palabras exactas de la experiencia de Lara en aquel momento? Lara no puede recordarlo.

—A partir de ahora –dice Russ–, tomarás nota de las palabras exactas, porque revisten importancia. Si estamos interesados en cómo nos hablamos a nosotros mismos en la cabeza (junto con todas las demás cosas que ocurren ahí), las palabras exactas son muy importantes.

Y Russ añade:

—¿Esas palabras venían en forma de voz? ¿O bien las leías, o las veías...?

—Sí, era una voz..., mi propia voz.

—De acuerdo. ¿Y era como si tú las estuvieses pronunciando, o como si las estuvieses escuchando, o...?

—Um... Supongo que era como si *yo* las estuviese pronunciando. Pero diciéndomelo a mí misma, de la forma en que alguien haría una pregunta. El caso es... ahora que estoy respondiendo a estas preguntas... El caso es que me preocupa que lo que estoy diciendo acerca de esos momentos pudiera cambiar porque estoy pensando más acerca de ellos, ¿entiendes?

Hurlburt es uno de los científicos que están replanteándose la introspección.[12] Un hombre de elevada estatura, con cerca de setenta años, con el cabello gris y gafas, Russ comenzó como ingeniero, trabajando para una empresa que hacía armas nucleares; pero lo que de verdad quería hacer era tocar la trompeta. Era la época de la guerra de Vietnam, y Russ recibió un número preliminar que le situaba en la lista de posible reclutamiento, de modo que se presentó voluntario para formar parte de la banda del Ejército en Washington D. C. Allí, sus habilidades como trompetista tuvieron, indirectamente, un efecto decisivo en su carrera. Terminó aceptando un empleo como trompetista intérprete del «Taps», el sonido de trompeta ceremonial que se interpreta durante los funerales militares (algo parecido al «Last Post» del Ejército británico). Su cometido era esperar en el Cementerio Militar de Arlington a que llegara un funeral y a que sonaran las salvas para a continuación interpretar «Taps» sobre el féretro de aquella pobre víctima de la guerra. Después, se retiraba lo más discretamente posible hasta su automóvil, que estaba bajo unos árboles cercanos, y esperaba –ataviado con todas sus galas militares– hasta el siguiente funeral, que muchas veces podía tardar más de dos horas.

12. Entrevista con Russell Hurlburt, 2 de julio de 2013.

Aquello le supuso poder disponer de mucho tiempo, que Russ ocupó llenando su auto de libros de la Biblioteca del condado de Arlington. Se leyó todo aquello que un ingeniero no suele tener ocasión de leer: literatura, poesía, historia y, en particular, psicología. Al cabo de unos meses se había devorado toda la colección de psicología de la biblioteca.

«Lo que descubrí fue que todos los libros de psicología comenzaban diciendo, "Voy a contarte algo interesante acerca de las personas", y luego, cuando me terminaba el libro, yo decía "Bien, no he aprendido nada que realmente me pareciera interesante; he aprendido teoría, pero no he aprendido nada de las personas"». Lo que Russ quería era algo que hablara de la experiencia cotidiana de las personas. «Yo pensaba que sólo con que se pudiera hacer una muestra aleatoria de estas cosas, eso ya estaría bien [...]. Recuerdo que iba en la camioneta, conduciendo por el desierto o por las calles de alguna ciudad y me decía, "Sé cómo hacer un dispositivo de bips, un bíper". Y cuando llegué a la Universidad de Dakota del Sur, que es donde me gradué, el director dijo, "¿Qué quieres hacer, Russ?". Y yo le dije, "Quiero hacer una muestra aleatoria de pensamientos, y he pensado en la manera de hacerlo mientras venía hacia aquí en la camioneta"».

El orientador escolar de grado se quedó impresionado con la idea de Russ, pero pensó que el bíper parecía técnicamente irrealizable. De modo que Russ le propuso un trato: si él era capaz de hacer el bíper, ellos renunciarían al requisito de que obtuviera un máster en Psicología (pues él ya tenía uno en Ingeniería) y le permitirían entrar directamente en el programa de doctorado. En el otoño de 1973, Russ creó el bíper y ganó la apuesta, y comenzó a utilizar su nueva tecnología para explorar los pensamientos de sus participantes, al principio a través de unos breves cuestionarios y de los complejos análisis estadísticos que se necesitaban para dar sentido a la montaña de datos resultante. Pero con el tiempo se dio cuenta de que este método no decía nada que fuera más interesante acerca de la mente o de las personas de lo que había visto en las investigaciones que, en otro tiempo, había criticado, de modo que comenzó a centrarse más en la naturaleza cualitativa de los informes: las descripciones que sus participantes hacían de sus procesos de pensamiento y lo que los hacía distintivos de esa persona.

Durante los últimos cuarenta años, Russ ha sido miembro del profesorado de la Universidad de Nevada, Las Vegas (UNLV). Se ha pasado su carrera refinando y poniendo a prueba este método para examinar la experiencia interna, al cual llama Muestreo de Experiencia Descriptiva (MED).[13] Cuando llegó a la UNLV, estuvo llevando consigo el bíper del MED durante todo un año mientras averiguaba qué hacer con él. Debido a su conspicuo auricular, sus colegas en el campus pensaban que estaba sordo, aunque muchos eran demasiado corteses como para preguntárselo. Aún hoy en día, algunas personas en el campus tienen la tendencia a hablar en voz alta en su presencia.

Para Lara, el día de hoy no es más que el inicio del proceso. No se le va a dar demasiado bien describir sus momentos MED el primer día, porque a nadie se le da bien hacerlo el primer día. De hecho, afirma Russ, la gente suele ser bastante mala a la hora de hacer informes de su propia experiencia mental, a tal punto que en la investigación se prescinde directamente de los informes del primer día. Pero Lara conseguirá hacerlo mejor. El MED es lo que Russ llama un proceso iterativo: trata de entrenar al encuestado y al entrevistador para describir «la singular experiencia interior del sujeto con una fidelidad cada vez mayor». Eso no se puede hacer sin entrenamiento ni sin aprender de los errores. A la gente se le suele dar mejor ocultar sus experiencias, dice Russ, que describirlas con precisión.

Russ también propone que el MED sortee muchos de los problemas que han acuciado a la empresa de la introspección. Para empezar, Russ no tiene otra agenda como investigador que la de explorar los fenómenos tal como ocurren, sea como sea que ocurran. Es decir, no va a la entrevista del MED armado con una teoría. Tampoco el MED anticipa las categorías de interés, aunque sí encuentra tipos concretos de experiencias que aparecen una y otra vez: imágenes visuales, sensaciones corporales, discurso interior, etc. Hurlburt denomina a este último «el habla interior», para resaltar su naturaleza activa. Pero no está interesado específicamente en el discurso interior de la forma en la que estoy yo, un hecho que probablemente me convierta en un practicante del método algo menos que ideal.

13. Russell T. Hurlburt y Christopher L. Heavey, «Telling what we know: Describing inner experience», *Trends in Cognitive Sciences*, vol. 5, pp. 400-403, 2001; Russell T. Hurlburt y Eric Schwitzgebel, ***Describing Inner Experience? Proponent meets skeptic***, Cambridge, Massachusetts: MIT Press, 2007.

Por encima de todo, el MED está inspirado en el método filosófico conocido como fenomenología. *Fenomenología* significa literalmente el «estudio de cómo se nos aparecen las cosas» y, por una curiosa paradoja, fue también una de las fuerzas de la filosofía del siglo XX que ayudó a hundir el barco de la introspección. Cuando Russ no quedó satisfecho con los resultados cuantitativos que estaba obteniendo con el bíper, se sumergió en las obras de Husserl y Heidegger, aprendiendo de paso alemán para poder estudiar sus escritos con más profundidad. Para Russ, la lección más importante de la fenomenología es lo que se conoce como «entrecruzamiento de presuposiciones»: la capacidad del investigador para dejar de lado sus concepciones previas acerca de cómo van a ser las cosas y observar cómo son en realidad. Si quieres averiguar qué está pasando en la cabeza de otra persona, no conviene que des por supuesto que lo sabes antes de comenzar. Esto es particularmente importante cuando tienes interés en un fenómeno específico como el discurso interior. Si tú comienzas dando por hecho que las personas se hablan a sí mismas en todo momento, tus datos probablemente reflejarán esa presuposición.

A lo largo de los años que lleva trabajando en esto, Russ no considera que el MED sea el método perfecto. En primer lugar, porque los informes del MED están siempre filtrados por la memoria –un problema que William James ya anticipó en 1890– y porque sus momentos de consciencia se reconstruyen después del acontecimiento. Éstas son algunas de las razones por las que Russ está tan interesado en los detalles del pensamiento de Lara acerca de la cerveza. Lara ha observado que no está segura de cómo fue el pensamiento; da la impresión de que el proceso de pensar en profundidad acerca de la experiencia está haciendo que las dudas emerjan.

—Eso es normal –dice Russ tranquilizando a Lara–. Haremos el trabajo lo mejor que podamos. No esperamos que seas perfecta, porque no esperamos que eso sea posible. Sólo intentamos hacerlo lo mejor posible.

Yo le pregunto a Lara por las palabras que compusieron el pensamiento.

—¿Fue «¿Me voy a tomar otra *CERVEZA?*» o «¿Voy a pedir OTRA?».

—Yo diría *otra* –dice Lara–, decididamente *otra.*

Éstos son los tipos de detalles en los que nos centraremos durante las próximas semanas. Lara decide que va a tomar más notas en el momento en que suene el bip, y que va a ser más específica en los instantes de consciencia que está describiendo. Como participante –una de nuestras primeras participantes para este estudio–, Lara es inteligente y está muy implicada con la investigación, pues está deseando darle un empujón y hacer que funcione. Uno no se puede meter en esto de forma casual o motivado a medias, pues supone un importante esfuerzo. Para Lara, los momentos que se le pide que describa son muy fugaces, tan lejanos a lo que ella normalmente consideraría que es el centro de su pensamiento que le resulta muy difícil hablar de ello.

—¿Sabes lo que ocurre cuando te despiertas en mitad de un sueño y te olvidas del sueño de inmediato? Pues es así –anima Russ a Lara para que insista.

Será más fácil. Nunca será perfecto, pero estará tan cerca de la perfección como pueda llegar la ciencia en estos momentos.

Esa noche, regreso a mi hotel y transcribo las anotaciones de la entrevista. Una tormenta se cierne sobre Dahlem, el frondoso suburbio donde se encuentra el Instituto Max Planck de Desarrollo Humano, donde estamos llevando a cabo el estudio. Aparte de cuando escribo ficción, nunca he dedicado tanto tiempo a volcar sobre el papel los detalles de la experiencia de otra persona. Le mando a Russ las notas por correo electrónico, y Russ me responde con rapidez, señalándome los errores que he cometido, aquellos puntos en los que mis expectativas sobre lo que la experiencia de Lara *debía* haber sido se han interpuesto y han quitado precisión al informe. El entrecruzamiento de presuposiciones lo es todo. Tienes que aprender a hacer estos detallados informes sobre tu propia experiencia, y también tienes que aprender a manejar aquellos otros informes que la gente te presenta.

Parece un montón de trabajo, pero después hay mucho más en juego. Los críticos de la introspección no han desaparecido. Un conductista podría decir que atisbar el interior de la mente es excesivamente falible, muy poco científico, y que deberíamos pasar por alto absolutamente pensamientos y sentimientos en favor de aquellos acontecimientos con los cuales podemos ser «objetivos». Un introspeccionista respondería que una ciencia de la mente que no presta atención a la experiencia subjetiva está vacía y carece de significado, y que no cumple con las expectativas de lo que se supone que podría hacer.

Este problema se hace aún más agudo con la aparición de nuevas técnicas que prometen quitarle definitivamente la capucha al cerebro. El campo de la neurociencia cognitiva, que combina los métodos de la psicología con las técnicas para el estudio de los sistemas neuronales (a través del escáner, la estimulación eléctrica o el estudio de los daños cerebrales), ha comenzado a ofrecer la posibilidad de encontrar un relato unificado de la mente y el cerebro. Pero todavía necesitamos saber qué está ocurriendo ahí dentro. Los seres humanos no experimentan la activación de su córtex visual o la modulación de la amígdala de la acción hipocámpica; los seres humanos experimentan imágenes visuales y recuerdos emocionales. Si vamos a tener una ciencia integrada de la mente, necesitamos una forma de acceder a todas esas experiencias. Necesitamos el MED, o algo parecido a eso.

Además, resulta que la crítica a la introspección atribuida a Nisbett y Wilson yerra el tiro en gran medida. Recuerda que en su artículo de 1977 hubo muchos ejemplos de personas que no fueron capaces de ofrecer un informe fiable respecto a por qué habían tomado determinadas decisiones. A la gente se le puede dar realmente mal hacer informes sobre las *causas* de su comportamiento, pero eso no significa que no puedan hacer buenos informes al hablar de su propia *experiencia.* De hecho, al revisar los estudios existentes, Nisbett y Wilson dejaron la puerta abierta para futuros métodos que pudieran abordar la tarea de recoger datos sobre la experiencia interna con el suficiente cuidado. «Los estudios no bastan –escribieron– para demostrar que las personas *no puedan nunca* ser precisas respecto a los procesos implicados».[14] Si un método fuera capaz de traer al primer plano un momento de experiencia sin interferir con él, para asegurar que los participantes prestan una cuidadosa atención a lo que está ocurriendo en su cabeza en ese momento, para ayudarles a reflexionar mejor sobre esa experiencia, etc., podríamos estar en el buen camino. Para Hurlburt, ésa es una descripción bastante buena del MED.

Sin embargo, el método no carece de críticas.[15] Desde la ciencia cognitiva acusan que el MED es pesado y laborioso, y que es imposible generalizar a partir de un único participante en el MED hasta algo que pudiera convertirse en teoría psicológica. Los filósofos sostienen que Hurlburt confía demasiado en su capacidad para extraer de la ecuación sus

14. Nisbett y Wilson, «Telling more than we can know», p. 246.
15. Eric Schwitzgebel, «Eric's Reflections», en Hurlburt y Schwitzgebel, *Describing Inner Experience?,* pp. 221-250.

propios presupuestos acerca de la experiencia, o para evitar darle forma, a través del interrogatorio, a los mismos procesos que él espera describir. En respuesta a esto, Russ señala que tomarse su método en serio significa aceptar que con frecuencia nos equivocamos en nuestros juicios respecto a lo que ocurre en nuestra cabeza. En contraste con el investigador típico en psicología, obsesionado con establecer la validez de sus medidas, Russ considera que su método establece un lenguaje compartido para la exploración de las idiosincrasias del mundo interior de un participante, en lugar de embutir las variadas experiencias de las personas dentro de unas categorías preexistentes. «Es como los exploradores y los guerreros –me dice Russ–. Los exploradores te dicen dónde hay que ir, y entonces los guerreros van allí. Los necesitas a ambos para ganar la batalla, y justo en estos momentos no hay demasiados exploradores buenos en psicología».

Lo que yo siento es que el MED es una técnica valiosa que precisa ser combinada con otras técnicas con diferentes fortalezas y debilidades. (En realidad, estamos en Berlín para llevar a cabo la primera integración del método MED con técnicas de neuroimagen; dentro de unos cuantos días, Lara será sometida a escáner con ese fin). Como se mostrará en los siguientes capítulos, las voces de nuestra cabeza se han investigado mediante muchas y diferentes técnicas, algunas tan directas como el MED, aunque también se han utilizado técnicas indirectas. Además sospecho que el MED podría subestimar la cantidad de discurso interior que realmente tiene lugar en la mente, en parte porque establece el exigente requisito de que los participantes den cuenta exactamente de las palabras que había en su cabeza, y en parte debido a los presupuestos culturales relativos a qué puede ser el discurso interior.

Durante el transcurso de mi estancia en Berlín, tengo ocasión de realizar yo mismo algunas entrevistas, y me descubro intentando entrecruzar mis presuposiciones –consiguiéndolo a veces– acerca de la experiencia de las personas con las que hablo. Y cuando entrevisto a Russ para este libro, soy consciente de ser especialmente cuidadoso en la elección de mis palabras. ¿Qué efectos ha tenido en el creador del MED toda esta atención hasta los más mínimos detalles de la experiencia humana? Aparte de aquel año en que llevó consigo el bíper casi de continuo, Russ ha evitado utilizar personalmente el bíper, preocupado ante la posibilidad de que su propia experiencia pudiera colorear sus expectativas de aquello de lo que podrían informar los demás. En otros aspectos, el método que Russ ha estado desarrollando durante los últimos cuarenta y tantos años ha terminado alcanzando la mayor parte de los aspectos de su vida. Russ ha desarrollado una manera de interactuar con la gente que es reflexiva, sensible, cuidadosa y sin prejuicios; aunque dice no saber si él es así como consecuencia de tantos años haciendo el MED o si el MED está reflejando simplemente las cualidades de su creador. En cualquier caso, Russ es una persona ejemplar escuchando a los demás, y haciendo preguntas es extraordinariamente cuidadoso. «El entrecruzamiento de presuposiciones ha arraigado profundamente en mí –me dice–. El método y yo estamos estrechamente entrelazados».

¿Y qué efectos ha tenido el MED en aquellas personas que han participado en los estudios? El hecho de prestar una estrecha atención a los detalles de las experiencia internas de otras personas te lleva a cambiar tu punto de vista sobre la colorida pompa de la vida mental humana. Como investigador formado en el MED que se ha pasado muchas horas escuchando a las personas describir sus pensamientos y sentimientos con minucioso detalle, he obtenido un placer similar al que obtengo leyendo obras de ficción. Una de las tareas con las que más disfrutan los novelistas y los escritores de relatos cortos es la de recrear una consciencia en sus páginas; y cuando observas a un gran escritor documentando las minucias de la experiencia de otra persona, parte de esa misma atención se contagia.

Para aquellas personas que están documentando su experiencia, los efectos pueden ser incluso más profundos. El MED puede ofrecer demostraciones sorprendentes cuando ves cómo quedan anuladas tus ideas preconcebidas respecto a tu propia experiencia mental.[16] Un ejemplo de ello es otra de nuestras participantes, Ruth. Aunque el proceso le pareció extenuante, Ruth dijo que el mero hecho de haber participado en una investigación MED la había hecho más consciente del instante, pero que entonces también conocía mejor su mente. Echando la vista atrás a sus bips se dio cuenta de que, normalmente, era mucho más alegre de lo que creía, y que disfrutaba con cosas sencillas –como el ir y venir de dos petirrojos que ya le resultaban familiares en su jardín– hasta un punto que

16. Hurlburt y Schwitzgebel, *Describing Inner Experience?*

no había reconocido con anterioridad. El propio Russ lleva casi cuatro décadas observando el efecto que este método tiene en las personas. «La respuesta más habitual de las personas que se han sumergido en este método es, "He aprendido más acerca de mí mismo de lo que haya podido aprender nunca antes confesándome con mi mujer, con el camarero del bar o con mi psicoanalista, con el que llevo cinco años de terapia". Y eso, de por sí, es ya digno de destacar, dado que lo único que intentábamos era obtener una imagen altamente fiel de 25 milisegundos de su experiencia». Russ dice que a algunas personas el MED «les ha cambiado realmente la vida».

Al mismo tiempo, métodos como éste presentan un enorme desafío para aquellas personas que desean estudiar la experiencia humana científicamente. ¿Qué significa decir que alguien como Ruth puede comenzar con una idea errónea acerca de su propia experiencia? En el caso del discurso interior, Russ ha visto muchos casos en los que las personas comienzan el MED con la idea preconcebida de que tienen la cabeza llena de palabras (yo mismo comenzaría probablemente con la misma impresión), para darse cuenta posteriormente de que su experiencia no es en realidad demasiado verbal en modo alguno. ¿Cómo puede ser que yo estuviera «equivocado» respecto a lo que sucede en mi cabeza? Un punto de vista alternativo, el hecho de que yo no pueda saber *algo* con certeza en relación con lo que sucede en mi experiencia, parece igualmente estrafalario; y, sin embargo, ésa es la conclusión a la que han llegado algunos críticos de la introspección. Una cosa es segura: si queremos desarrollar una ciencia de las voces en nuestra cabeza, vamos a necesitar de algo como la minuciosa atención del MED para analizar nuestros fugaces momentos de experiencia cotidiana.

3

EN EL INTERIOR DEL CHARLATÁN

Nick Marshall es capaz de leer la mente de las mujeres. Habiéndose electrocutado en un estrafalario accidente (secador de pelo, bañera) en su apartamento de Chicago, Nick (interpretado por Mel Gibson) recupera la consciencia con la extraña habilidad de sintonizar con los pensamientos de las mujeres que le rodean. La película es *¿En qué piensan las mujeres?*, y la historia trata de lo que sucede cuando se rompen las leyes de la privacidad mental. Para un ejecutivo publicitario arrogante y chauvinista como Nick, leer la mente de las mujeres puede resultar bastante práctico. No sólo le da un empujón a su ya impresionante éxito con las mujeres, sino que le permite también robarle las mejores ideas a su jefa y pasárselas como si fueran propias. Nos encontramos en el mundo de las comedias románticas de Hollywood, y la historia del desafío moral de Nick y su gradual humanización está llena de amables recordatorios acerca de los valores que no vale la pena arriesgar para tener éxito en la profesión. Robar es ya un error en sí mismo, pero hay algo especialmente repugnante en el hecho de intentar sobresalir con pensamientos que su propietaria ni siquiera sabe que le han robado.

Al igual que en otras representaciones del arte de la telepatía, *¿En qué piensan las mujeres?* nos permite ver en qué medida nuestra cordura depende del hecho de que nuestras mentes permanezcan mutuamente selladas. La primera vez que le vemos hacer uso de sus nuevos poderes, Nick está recobrando la consciencia en su apartamento después de haberse electrocutado con el secador. La mujer que limpia su apartamento le ha descubierto inconsciente en el suelo y está pensando que quizás esté muerto. Pero Nick escucha sus pensamientos como si los hubiera pronunciado en voz alta, en lugar de permanecer privados, como había ocurrido hasta entonces. En este particular mundo de ficción, pensar es una especie de parloteo; una cháchara que, en circunstancias normales, sólo la persona que piensa podría escuchar. Nick escucha el flujo de pensamientos de la otra persona como una voz con determinadas cualidades; una voz que combina las palabras para crear significados del mismo modo que lo hace el lenguaje hablado.

Banda sonora aparte, una película es una creación intensamente visual, y no habría nada que pudiera impedir a los directores de cine representar los pensamientos mediante imágenes visuales, como miniclips de película, por ejemplo, desplegándose en el espacio por encima de la cabeza de un personaje. Pero no es así como normalmente se hace, sea en las películas o en otros medios de comunicación. Mira bien en el interior de los bocadillos o burbujas de pensamientos de los cómics o de las novelas gráficas y verás los procesos de pensamiento de los personajes representados como enunciados lingüísticos. El pensamiento es una voz, se nos dice, la voz del yo. Es un monólogo silencioso que sería comprensible para cualquier persona que hablara nuestro mismo idioma si se pronunciara en voz alta.

Con el paso de los días, Nick termina por ir más allá del horror inicial y acepta su capacidad para leer las mentes de las mujeres. Hay una divertida escena en la que, ansioso por reunir más evidencias que le confirmen la horrible sospecha de sus nuevos poderes, Nick intenta escuchar las ondas cerebrales de sus dos secretarias, que son unas cabezas huecas, y no escucha nada más que silencio. En otra memorable escena, Nick no consigue comprender lo que su jefa, Darcy, le está diciendo porque sus palabras se entremezclan con su propio pensamiento, también audible para Nick. El pensamiento es lingüístico, pero lo que pensamos no es lo mismo que lo que decimos. La voz de la consciencia de Darcy está diciendo algo diferente a lo que dice su voz social. Pero es inequívocamente una voz. Cuando Darcy telefonea a Nick en mitad de la noche, pero se contiene y no le dice nada al hombre del que se está enamorando, Nick tiene la extraordinaria experiencia de reconocerla por el sonido de sus pensamientos.

Aparte de en el tema de la política de género, ¿En qué piensan las mujeres? comete también algunos errores en lo relativo a la experiencia interna. Cuando escuchamos los pensamientos de la mujer de la limpieza hispana en una de las primeras escenas, su pensamiento nos llega en inglés, cuando sería más plausible que estuviera reflexionando en su lengua materna. Se ve también a dos mujeres sordas que están conversando con las manos, y sus pensamientos los escucha Nick en inglés, cuando lo más probable es que estas mujeres piensen en su propio lenguaje de signos. En realidad, tanto la sordera como otros trastornos, donde la comunicación verbal ordinaria no opera, nos plantean un reto a la hora de comprender las relaciones entre el discurso, el lenguaje y el pensamiento, como veremos luego al hablar de las evidencias obtenidas con las voces interiores de las personas sordas.

Si nos alejamos de artes mayores y menores y miramos cómo han descrito los expertos el proceso de pensamiento, nos encontraremos con ulteriores aseveraciones respecto a su estrecha vinculación con la charla silenciosa. «Para muchos de nosotros –escribe el filósofo Ray Jackendoff–, el incesante comentario a duras penas se detiene». Otros filósofos, como Ludwig Wittgenstein y Peter Carruthers, proponen que el lenguaje ordinario es nada menos que el vehículo de nuestros pensamientos. Pero quizás el punto de vista más radical acerca de la ubicuidad del discurso interior[1] proceda de un psicólogo. «Somos una especie habladora[2] –escribió Bernard Baars en 1997–. El deseo de hablarnos a nosotros mismos es extraordinariamente convincente, como podemos ver fácilmente al intentar detener la voz interior el máximo tiempo posible [...]. El discurso interior es uno de los hechos básicos de la naturaleza humana». En otra ocasión, Baars escribe con una autoridad casi científica sobre la aparente

1. Ray Jackendoff, *A User's Guide to Thought and Meaning,* Oxford: Oxford University Press, 2012, p. 82; Ludwig Wittgenstein, *Philosophical Investigations* (G. E. M. Anscombe, trad.), Oxford: Basil Blackwell, 1958, I 329, p. 107; Peter Carruthers, *Language, Thought, and Consciousness,* Cambridge: Cambridge University Press, 1996, p. 51. Obsérvese que estos filósofos reflexionan sobre la relación entre pensamientos y lenguaje, no hacen afirmaciones empíricas sobre la frecuencia del discurso interior.
2. Bernard J. Baars, *In the Theater of Consciousness: The workspace of the mind,* Oxford: Oxford University Press, 1997, p. 75; Bernard J. Baars, «How brain reveals mind: Neural studies support the fundamental role of conscious experience», *Journal of Consciousness Studies,* vol. 10, pp. 100-114, 2003.

ubicuidad del discurso interior: «Los seres humanos se hablan a sí mismos casi a cada instante de su vida despierta [...]. El discurso abierto nos lleva quizás un décimo de nuestro tiempo de vigilia; pero el discurso interior prosigue en todo momento».

Sin embargo, estos puntos de vista han conseguido un apoyo empírico relativamente limitado.[3] Mientras que algunas personas dicen, al igual que Baars, que su voz interior habla constantemente, otras informan de que tienen unas voces interiores bastante menos activas. En un estudio realizado con una serie de personas que yacían tranquilamente, sin hacer nada, durante unos cuantos minutos en un escáner de imágenes por resonancia magnética (IRM) (el llamado paradigma del «estado de reposo»),[4] los investigadores descubrieron que más del 90 por 100 de los participantes experimentaba algún tipo de lenguaje durante aquel período, pero que sólo para el 17 por 100 aquél era el modo de pensamiento dominante. Aparte del escáner cerebral, el método MED de Russ Hurlburt demuestra que los momentos bip de algunas personas contienen elevadas proporciones de discurso interior (94 por 100 en el caso de una de las participantes MED), mientras que en otras no aparece ningún discurso interno. Obteniendo un promedio a partir de dos estudios, Hurlburt y sus colaboradores llegaron a la conclusión de que en torno al 23 por 100 de los momentos bip contenía discurso interior, una cifra que no deja ver la considerable variación existente entre las personas.[5]

3. En un estudio en el que se utilizó una versión del muestreo de la experiencia se demostró que el discurso interior tenía lugar en alrededor de las tres cuartas partes de las muestras aleatorias: Eric Klinger y W. Miles Cox, «Dimensions of thought flow in everyday life», *Imagination, Cognition and Personality,* vol. 7, 1970, pp. 105-128. Este estudio ha sido criticado por Hurlburt y sus colegas por utilizar unos métodos inadecuados para investigar la experiencia interior: **Russell T. Hurlburt, Christopher L. Heavey y Jason M. Kelsey, «Toward a phenomenology of inner speaking»,** *Consciousness and Cognition,* vol. 22, pp. 1477-1494, 2013.

4. Pascal Delamillieure *et al.,* «The resting state questionnaire: An instrospective questionnaire for evaluation of inner experience during the conscious resting state», *Brain Research Bulletin,* vol. 81, pp. 565-573, 2010. *Véanse* los capítulos 11 y 12 para más información sobre el discurso interior en el estado de reposo.

5. Popularmente, se diferencia entre pensadores «verbales» y «visuales», pero las investigaciones en este campo no han medido cuánto discurso interior utilizan las personas realmente en estas dos categorías. Véase, por ejemplo, Alan Richardson, «Verbalizer-visualizer: A cognitive style dimensión», *Journal of Mentaladobe* 109-125, 1977.

Pero, como veremos, existen razones para mostrar cierto escepticismo respecto a tales cifras. Y no lo es menos por el hecho de que se basen esencialmente en la introspección, que se ha observado ya que es problemática en diversos aspectos. En concreto, cuando le preguntas a alguien cuánto discurso interior procesa en su pensamiento, lo que haces es pedirle que eche la mente atrás sobre un particular período de tiempo, lo cual significa que las debilidades de la memoria van a entrar también en juego. Incluso el MED, con sus cuidadosamente evocadas instantáneas de experiencia interior, está sujeto a los caprichos del recuerdo. Por otra parte, hemos de tener en cuenta también las enormes variaciones existentes entre las personas en lo relativo a la propia palabrería de sus pensamientos. Hay personas que no utilizan para nada el discurso interior, y ninguna teoría acerca de su función necesita dar cuenta del hecho de que en el cráneo de algunas personas no hay discurso interior que valga.

Las evidencias sugieren, no obstante, que el discurso interior es una parte importante de nuestra vida mental. Entre un cuarto y un quinto de nuestros instantes de vigilia son muchos instantes de vigilia, muchísima autoconversación. ¿Qué hacen en nuestra cabeza tantas palabras? Preguntando cuándo y cómo se sumerge la gente en esta corriente interna de palabras podríamos empezar a aclarar qué ganamos con tanta palabrería mental.

Michael habla consigo mismo en su cabeza. Su jornada laboral implica grandes dosis de espera, salpicada por instantes de extraordinaria concentración. Lo que hace le exige una capacidad casi preternatural para integrar pensamiento y acción en movimientos naturales tan veloces como los reflejos instintivos de una persona normal. Michael es un jugador de críquet profesional, y habla consigo mismo mientras espera a que le lancen la pelota. «Supongo que no hablo en voz alta –me dice cuando nos encontramos, después de un día de entrenamiento en la cancha–. Pero en mi cabeza estoy diciendo, "Sólo unos pequeños movimientos con el pie trasero, lo voy a cruzar un poquito". Y entonces intentó decirme, "De acuerdo, mira a la pelota", casi hasta hacer desaparecer todo pensamiento que intente inmiscuirse».

Hace ya tiempo que se observó que este tipo de charla interior es un rasgo característico de la ejecución deportiva. En un estudio ya clásico de 1974, el escritor y entrenador W. Timothy Gallwey llevó la atención de sus lectores hacia un escenario que él creía que podía observarse sin demasiadas complicaciones en una cancha de tenis:

> La mayoría de los jugadores hablan consigo mismos en la cancha en todo momento. «Sube a por la pelota», «Mantenle el revés», «No pierdas de vista la pelota», «Dobla las rodillas». Las órdenes son interminables. Para algunos, es como escuchar una grabación de la última clase reproduciéndose en el interior de su cabeza. Después, tras golpear a la bola, otro pensamiento cruza la mente; un pensamiento que podría expresarse como sigue: «¡Eres un burro! ¡Seguro que tu abuela jugaría mejor que tú!».[6]

Por duro que pueda ser, tanto para los burros como para las abuelas, Gallwey analizaba esta charla mental en los términos de una relación entre dos yoes, el que «habla» y el que «hace». Tú hablas y el cuerpo escucha. La observación de Gallwey incide sobre una distinción que veremos surgir en cualquier discusión acerca de por qué nos hablamos a nosotros mismos: una separación entre yo mismo como el que habla y yo mismo como el que escucha. Si realmente nos hablamos *a* nosotros mismos, entonces el lenguaje debe de tener algunas de las propiedades de una conversación entre diferentes partes de lo que somos.

Es ésta una idea cuyo pedigrí en el pensamiento occidental se remonta al menos hasta Platón. «Me refiero a la conversación que el alma mantiene consigo misma al considerar algo –escribe Platón en el *Teeteto*–. Hablo de lo que apenas comprendo; pero el alma, cuando piensa, se me antoja que está hablándose o haciéndose preguntas a sí misma y respondiéndolas, afirmando o negando».[7] Para William James, a finales del siglo XIX, escuchar un pensamiento verbal a medida que se despliega[8] era una parte crucial del hecho de ser capaz de «sentir su significado a medida que pasa». El yo habla y el yo escucha, y con ello comprende lo que se está pensando. El filósofo estadounidense Charles Sanders Peirce,

6. W. Timothy Gallwey, *The Inner Game of Tennis,* Nueva York: Random House, 1974, p. 9.
7. Platón, *Theaetetus,* en *Dialogues of Plato* (Benjamin Jowett, trad.), vol. 3, Cambridge: Cambridge University Press, 1871, 190, p. 416.
8. William James, *Principles of Psychology,* vol. 1, Londres: Macmillan, 1901, p. 281.

más o menos en la misma época de James, concebía el pensamiento como un diálogo entre diferentes aspectos del yo,[9] en el que se incluiría un «yo crítico» o «Mi» que cuestiona al «yo presente» o «Yo» respecto a lo que está haciendo. Para el filósofo y psicólogo George Herbert Mead, el pensamiento implicaba una conversación entre un yo construido socialmente y un «otro» interiorizado,[10] un interlocutor interno abstracto que puede adoptar diferentes actitudes sobre lo que el yo está haciendo.

El yo que habla en la cancha de tenis está representando algo que todas estas visiones del pensamiento tienen en común. El pensamiento que te llama «burro» procede de una parte del yo que puede adoptar una distancia crítica con respecto a lo que se está poniendo en acción. Cuando te hablas a ti misma, te sales de ti misma por un instante y adoptas algo de perspectiva sobre lo que estás haciendo. En la charla deportiva, estas afirmaciones pueden hacerse tanto en voz alta como en silencio. En sus informes, Gallwey destaca dos tipos principales de autoconversación[11] en la cancha de tenis. Uno de ellos parece tener una función cognitiva, por tratarse de exhortaciones al yo para que mire la pelota y mantenga el revés del oponente; con ellas, parece que lo que se pretende es utilizar las palabras para regular las propias acciones. La segunda función es motivacional, y es la típica cuando un jugador se azuza a sí mismo después de un mal golpe. «¡Vaya mierda!», podemos escucharles. «Cálmate».

Ambos tipos de autoconversación parecen ser importantes en la ejecución deportiva. En una entrevista realizada en el año 2013, el campeón de Wimbledon Andy Murray afirmó que él nunca se había hablado a sí mismo en voz alta, ni en la cancha ni fuera; pero que, sin embargo, todo eso había cambiado después de dejar escapar una ventaja de dos sets

---

9. Charles Sanders Peirce, *Collected Papers of Charles Sanders Peirce* (C. Hartshorne y P. Weiss, eds.), vol. 4, 1933, p. 6; Margaret S. Archer, *Structure Agency and the Internal Conversation,* Cambridge: Cambridge University Press, 2003.

10. George Herbert Mead, *Mind, Self, and Society: From the standpoint of a social behaviorist,* Chicago: University of Chicago Press, 1934.

11. Este término se utiliza mucho en psicología deportiva, pero ha recibido críticas por no establecer distinción alguna entre el discurso externo (audible) y su homólogo encubierto: Adam Winsler, «Still talking to ourselves after all these years: A review of current research on private Speech», en **Adam Winsler, Charles Fernyhough e Ignacio Montero (eds.)** ***Private speech, executive functioning, and the development of verbal self-regulation,*** Cambridge: Cambridge University Press, 2009.

en una final en Flushing Meadows contra Novak Djokovic, el entonces número dos mundial. Entonces, Murray se tomó un breve descanso para ir al baño y se dio a sí mismo un discurso delante del espejo. «Sabía que tenía que cambiar lo que estaba ocurriendo dentro de mí –contó al *Times* de Londres–, de modo que me puse a hablar, en voz alta: "No estás perdiendo este partido", me dije a mí mismo. "NO estás perdiendo este partido". Comencé de manera tentativa, pero mi voz resonó con más fuerza. "No vas a dejar que se te escape el partido. NO vas a dejar que se te escape... Da todo lo que tienes. No te dejes nada ahí fuera." Al principio, me sentí un poco raro, pero sentí que algo había cambiado en mi interior, y me sorprendí con mi respuesta. Sabía que podía ganar». Murray seguía hablando consigo mismo cuando volvió a la cancha, rompió el servicio de Djokovic y se puso con ventaja de tres juegos en el quinto set. Siguió así hasta ganar el US Open, convirtiéndose en el primer británico varón en ganar un Grand Slam en setenta y seis años.

Tan importante es la autocharla en los círculos de entrenadores deportivos que se ha estudiado bastante a fondo, tanto en su forma silenciosa como en voz alta. En psicología deportiva se han investigado las charlas motivacionales personales en deportes tan diversos como el bádminton, el esquí y la lucha.[12] Pero el uso eficaz de la autoconversación no se basa sólo en la psicología positiva y en los tópicos para dirigirse uno a sí mismo. De hecho, en una revisión reciente de la literatura académica se señalaba la existencia de resultados contradictorios en las autoconversaciones positivas, es decir, aquéllas en las que el deportista se dice cosas agradables. Por ejemplo, entre los saltadores que competían por un puesto en el equipo canadiense para los Juegos Panamericanos, los que informaron haber utilizado una autoconversación positiva, como la de elogiarse a sí mismos, obtuvieron peores resultados. En el salto de competición, al menos, parece que no conviene darse cariño en exceso.

Una perspectiva más brillante de la autoconversación nos la proporcionan aquellos estudios experimentales en los que se manipulan las con-

---

12. James Hardy, «Speaking clearly: A critical review of the self-talk literature», *Psychology of Sport and Exercise,* vol. 7, pp. 81-97, 2006; James Hardy, Craig R. Hall y Lew Hardy, «Quantifying athlete self-talk», *Journal of Sports Sciences,* vol. 23, pp. 905-917, 2005; Winsler, «Still talking to ourselves after all these years».

diciones del desempeño de la persona para ver el efecto que esto tiene, en vez de pedirle simplemente que informe de lo que hace en su práctica deportiva habitual. El típico juego de pub de los dardos no se suele estudiar en laboratorio,[13] pero hubo un estudio que hizo justo eso, pedir a unos voluntarios que lanzaran los dardos mientras utilizaban diferentes formas de autoconversación silenciosa. Los resultados indicaron que los jugadores se desempeñaban mejor cuando se hablaban positivamente (diciendo «Puedes hacerlo» antes de cada lanzamiento) que cuando lo hacían de forma negativa («No puedes hacerlo»). Dejando aparte la valencia (positiva o negativa) de la autoconversación, lo que sí parece cierto es que los deportistas de éxito se hablan más a sí mismos. Ése fue el caso, al menos, en un análisis realizado con gimnastas[14] en su fase de calificación para el equipo olímpico de Estados Unidos. Por otra parte, las observaciones realizadas con los jugadores de tenis en particular nos ofrecen razones para pensar que la valencia de la autoconversación pueda estar relacionada con el hecho de que la conversación sea en silencio o en voz alta. Como supongo que no te habrá pasado desapercibido, gracias a la cobertura televisiva, gran parte de esa charla de cancha suele ser bastante negativa. Cabe la posibilidad de que jugadores como Murray guarden para sí las palabras de ánimo, y que sólo expresen abiertamente las broncas y los reproches, ante la alarma de recogepelotas y jueces de línea. Sin embargo, convendrá recordar que, en la mayor parte de las investigaciones sobre la autoconversación en el deporte, no se establecían distinciones entre el discurso abierto (en voz alta) y el encubierto (silencioso), lo cual significa que la hipótesis de que toda charla positiva se guarda en el interior ha sido hasta el momento muy difícil de corroborar.[15]

Entre la larga lista de deportes en los que se ha estudiado la autoconversación, el críquet constituye un caso particularmente interesante. El bateador ha de ser capaz de reaccionar ante la velocidad, la trayectoria y el rebote de una pelota de críquet que va hacia él a una velocidad de más de ciento cincuenta kilómetros por hora. (Algo similar ocurre en el

---

13. Judy L. Van Raalte *et al.*, «Cork! The effects of positive and negative self-talk on dart throwing performance», *Journal of Sport Behavior*, vol. 18, pp. 50-57, 1995.
14. Michael J. Mahoney y Marshall Avener, «Psychology of the elite athlete: An exploratory study», *Cognitive Therapy and Research*, vol. 1, pp. 135-141, 1977.
15. En el próximo capítulo volveremos sobre la distinción entre la autoconversación interna y la externa.

béisbol, aunque en este caso la cosa se simplifica un poco por el hecho de que la pelota no golpea en el suelo antes de llegarle al bateador). Las investigaciones en psicología estiman que un bateador que se enfrente a un lanzador rápido no tiene ninguna oportunidad de reaccionar de forma consciente.[16] La pelota va tan rápido que el receptor tiene que cultivar reacciones instintivas para poder intuir su trayectoria y su distancia con el tiempo suficiente como para golpearla con éxito. Saber lo que hay que hacer en décimas de segundo una vez el lanzador envía la pelota no conlleva, por tanto, un pensamiento ordinario; no hay tiempo para tales lujos.

Esto hace que mantener la atención en ese par de segundos cruciales en los que se lanza la pelota sea esencial para poder golpearle a la bola y evitar que te derriben los palos del *wicket*. Expresándolo con más precisión, batear requiere que seas capaz de *desplazar* la atención con rapidez y de forma efectiva. Unos cuantos segundos antes del lanzamiento, normalmente verás a la bateadora lanzando rápidos vistazos por todo el terreno de juego, en todas direcciones. No es que esté aburrida, que esté despistada o que esté buscando algo más interesante en qué entretenerse; lo que está haciendo es dimensionar el campo, comprobando dónde se encuentra el resto de las jugadoras rivales y calibrando por dónde intentar enviar la bola para realizar sus carreras y evitar ser eliminada. Un segundo o dos más tarde tiene que estrechar considerablemente su foco de atención, yendo desde la totalidad del campo (ya es demasiado tarde como para preocuparse de eso ahora) hasta ese trozo de corcho forrado de brillante cuero que está en la mano de la lanzadora. Es ese desplazamiento de la atención, desde lo más amplio a lo más pequeño, lo que hace que batear sea tan difícil. De ser consciente de todo, a tener que desplazar tu consciencia repentinamente a esa cosa que puede mandarte de vuelta al pabellón.

Ahí es donde la autoconversación puede ser de gran ayuda. Para la autoconversación en el deporte se han propuesto multitud de posibles

---

16. Peter McLeod, «Visual reaction time and high-speed ball games», *Perception*, vol. 16, pp. 49-59, 1987; Michael F. Land y Peter McLeod, «From eye movements to actions: How batsmen hit the ball», *Nature Neuroscience*, vol. 3, pp. 1340-1345, 2000; John McCrone, «Shots fastre than the speed of thought», *Independent*, 23 de octubre de 2011; Frank Partnoy, *Wait: The useful art of procrastination*, Londres: Profile Books, 2012, capítulo 2.

funciones, pero una de las más importantes podría ser su capacidad para controlar la atención. Yo no soy un deportista, pero sí que conduzco mi automóvil, y con frecuencia me hablo a mí mismo al volante para concentrar mi atención en una dirección o en otra. Al aproximarme a una rotonda o una plaza, por ejemplo, a lo mejor me digo «Mira a la derecha», para ceder el paso al tráfico que viene desde esa dirección.[17] Y es más probable que lo haga si acabo de regresar a Gran Bretaña de un viaje al extranjero, donde es fácil es que haya tenido que conducir por el otro lado de la calzada. No puedo demostrarlo científicamente, pero esas palabras parecen ayudarme a mantener enfocada mi atención.

Así pues, es muy posible que, para prepararse mentalmente para un nuevo lanzamiento, nos funcionen mejor las palabras. Sin embargo, si le preguntas a un jugador de críquet cómo, cuándo y por qué se habla a sí mismo, quizás no llegues muy lejos. Como afirma Russ Hurlburt, cualquiera de esas preguntas es probable que evoque generalizaciones prefabricadas acerca de cómo *cree* la persona que funciona su propia mente, en lugar de hacer realmente un muestreo de su experiencia (motivo por el cual Russ es sumamente escéptico con los cuestionarios). Intentando obtener una imagen más cercana a la realidad de cómo utilizan los bateadores la autoconversación,[18] un estudio reciente adoptó un enfoque innovador. En la investigación participaron cinco bateadores profesiona-

---

17. Siendo el autor británico, es evidente que el sentido del tráfico en una rotonda circula en dirección contraria al de los países hispanohablantes. *(N. del T.)*

18. Adam Miles y Rich Neil, «The use of self-talk during elite cricket batting performance», *Psychology of Sport and Exercise,* vol. 14, pp. 874-881, 2013. Sobre la inventiva de este estudio, conviene no leer demasiado acerca de sus hallazgos. En primer lugar, en los informes de los participantes se hizo una reconstrucción de lo que les había pasado por la cabeza durante una semana antes de los acontecimientos, dejándoles así expuestos a los caprichos de la memoria. No hubo forma de determinar objetivamente lo que se dijo o pensó fuera de la cancha, ni si en los informes de los bateadores pudiera haber cierta cantidad de reconstrucción idealizada. Y tampoco podemos extraer conclusión causal alguna acerca de lo que tales pronunciamientos estaban logrando. Aunque las palabras se dijeran tal como se describieron, no hay forma de saber si fueron efectivas en el control de la atención, la acción o la motivación. Por último, como gran parte de las investigaciones en este campo (y, de hecho, como en la mayoría de los estudios de autoconversación realizados con cuestionarios en general), los investigadores no diferenciaron entre discurso abierto y encubierto (silencioso).

les de un único club inglés, y para cada bateador se preparó un DVD con grabaciones en vídeo de seis puntos críticos que tienen lugar en cada entrada para batear: dirigirse a batear, enfrentarse a la primera pelota, hacer un mal golpeo, cuando los oponentes cambian de lanzador, premeditar hacia dónde va a enviar el golpe y ser eliminado. Al cabo de una semana del partido, cada bateador observó el DVD en compañía de uno de los investigadores (que era también un jugador de críquet de élite) con el fin de comentar cada uno de los episodios de aquella entrada. En concreto, al jugador se le pedía que rememorara e informara de lo que se estaba diciendo a sí mismo en cada uno de aquellos puntos críticos.

Los resultados ofrecen un cuadro de discurso autodirigido que cumple un amplio rango de funciones. Uno de los jugadores informó que, mientras se dirigía a batear, se concentraba en conseguir un ritmo de bateo y en olvidarse de lo que pusiera en el marcador. Otro intentó situarse en el marco mental adecuado para sus entradas a través de una sencilla afirmación para darse confianza: «Tengo la oportunidad de ganar un partido de críquet». Ante esa crítica primera bola, uno de los participantes miró a su alrededor los huecos que había entre los oponentes en el campo y se dijo a sí mismo, «[Tengo una] carrera al alcance de mis piernas». Como te puede decir cualquier jugador de críquet, salir de la marca de forma rápida y segura supone reducir considerablemente el nerviosismo previo a una entrada.

Sin embargo, las cosas rara vez discurren agradablemente durante demasiado tiempo. Batear es una actividad implacable: un solo error y te vas a la calle. Todos los bateadores de este estudio señalaron que su autoconversación alcanzaba el punto álgido después de dar un mal golpe. El patrón habitual consistía en hacerse duros reproches seguidos por una cucharada de azúcar. Un jugador dijo que la autoconversación le resultaba particularmente útil cuando atravesaba una mala racha en sus entradas, en tanto que otro simplemente se recordaba a sí mismo que jugase bien. Exhortaciones tales como «relájate» y «aguanta» eran habituales cuando las cosas no iban bien. A medida que el partido avanzaba y la requerida tasa de carreras y puntos iba creciendo (se trataba de partidos con un número limitado de lanzamientos), los jugadores comenzaban a decirse cosas que les permitieran premeditar hacia dónde mandarían la pelota. En el caso de un jugador, particularizar simplemente las posiciones de los jugadores contrarios le permitió instintivamente realizar buenos bateos. Por último, todos los jugadores recurrieron al lenguaje para hacerse reproches a sí mismos tras ser eliminados, pero también para aprender la lección de cara a la próxima entrada.

En resumen, los informes de los jugadores apuntaban a una variada narrativa de autoconversación que comenzaba antes de las entradas y que se prolongaba hasta después de la eliminación, y que era especialmente prevalente cuando las cosas iban mal. En cuanto al desplazamiento de la atención, uno de los participantes comentó que se decía la palabra «bola» a sí mismo cuando desplazaba la atención desde el campo hasta la pelota. Si tienes la oportunidad de presenciar un partido de críquet por televisión, quizás veas algo así en acción. Observa por ejemplo a Eoin Morgan, de Inglaterra, bateando en el orden medio, y verás con toda claridad cómo dice «Watch the ball» (Mira la pelota) antes de cada lanzamiento. Parece que a Morgan le resulta útil darle un uso cognitivo a esas palabras mediante las cuales dirige su comportamiento, estrechando su atención hasta la pelota en ese momento crítico.

La descripción que hace Michael de su propia autoconversación corrobora los hallazgos del estudio anterior. Cuando Michael está en forma, la cháchara mental se reduce en intensidad, pero también se hace más específica y, por tanto, más útil. Después de un mal bateo, Michael responde ante lo que ha hecho con palabras: «Quizás me diga "Venga" o me maldiga un poco, o puedo decirme "Mira la pelota" [...]. Es algo así como un recordatorio emocional de lo que acabo de hacer, para añadir diciéndome a mí mismo que vuelva adonde debería estar». Nuestra reunión tiene lugar poco después de haber conseguido su máxima puntuación en el críquet de primera clase, un *big hundred* en una competición de cuatro días en el County Championship, la liga nacional de primera clase en Inglaterra. Le pregunto si su charla interior sufre alguna alteración a medida que se acerca a un logro como ése. «Probablemente deje de decirme cosas, pero lo que me diría sería un tanto diferente a medida que se desarrolla el ritmo de las entradas, de manera que, cuando entro en los noventa, sé que puede introducirse en la cabeza alguna ansiedad distinta o cualquier otra cosa». Le pregunto si alguna vez oye la voz de algún entrenador en particular dentro de su cabeza dándole consejos. «No. No es el cliché ése de las películas en el que escuchas algo con la voz exacta de alguien, pero sí que pueden surgir consejos que la gente me ha dado alguna vez [...]. Decididamente, no escucho una voz específica en mi cabeza o a un entrenador en concreto. Quizás me viene a la cabeza un momento o un recuerdo, que luego llevo a la situación del partido».

El relato de Michael parece confirmar la descripción que hace Gallwey de «el que habla» y «el que hace» en la cancha de tenis. Ese entrenador interior puede ser más una combinación de diferentes experiencias durante los entrenamientos que una voz específica; y, de hecho, los diferentes tipos de interlocutor interno parecen ser una evidencia en todas estas descripciones de la charla interior: el crítico duro, el amigo tranquilizador, el sabio consejero, etc. Hasta fechas recientes, pocos habían sido los intentos científicos por hacer una descripción de tan diversos interlocutores interiores.[19] Pero eso cambió con un estudio de Malgorzata Puchalska-Wasyl, de la Universidad Católica Juan Pablo II de Lublin, Polonia. Centrándose en las conversaciones internas cotidianas en lugar de en el rendimiento deportivo, esta investigadora pidió a un grupo de estudiantes que describieran al interlocutor interior con el que más solían conversar, utilizando para ello una lista de verificación de términos emocionales. Estos resultados se sometieron luego a un análisis estadístico que agrupó las descripciones que eran similares en clústeres o racimos. Del análisis emergieron cuatro categorías distintas de voces interiores: la Amiga o Amigo Fiel (asociado con la fortaleza personal, las relaciones íntimas y los sentimientos positivos); el Progenitor Ambivalente (combinando fortaleza, amor y crítica cariñosa); el Rival Orgulloso (que era distante y estaba orientado al éxito); y el Optimista Tranquilo (un interlocutor relajado y asociado a emociones positivas y autosuficientes). Un punto débil de este estudio inicial fue que no tenía en cuenta toda la diversidad de voces interiores con las que los participantes se enzarzaban, por lo que se hizo un segundo estudio con voluntarios a los que se les pedía que describieran a sus dos interlocutores más habituales junto con otros dos que representaran emociones diferentes. Las tres primeras categorías volvieron a emerger de los análisis estadísticos, pero esta vez

19. Malgorzata M. Puchalska-Wasyl, «Self-talk: Conversation with oneself? On the types of internal interlocutors», *The Journal of Psychology: Interdisciplinary and Applied*, vol. 149, pp. 443-460, 2015.

el Optimista Tranquilo fue reemplazado por una categoría a la que se le puso el nombre de Niño Indefenso, y que se caracterizaba por emociones negativas y distanciamiento social.

Si adoptamos alguno de estos papeles para que nos dé consejo, consuelo o coraje, lo que parece que importa más es cómo nos dirigimos a la parte del yo que está escuchando. En su charla motivacional delante del espejo, Andy Murray[20] se dirigía a sí mismo como si fuese otra persona, dedicando sus exhortaciones a un «tú», en lugar de a un «yo». Cuando se les da instrucciones a las personas para que se refieran a sí mismas por sus propios nombres o a través del pronombre de la segunda persona del singular, éstas parecen distanciarse del yo de un modo que no conseguirían si se refirieran a sí mismas como «yo» o «mí». Este hecho se puso a prueba experimentalmente en una serie de estudios dirigidos por Ethan Kross en la Universidad de Michigan, en la localidad de Ann Arbor, que investigó los efectos de referirse a uno mismo en primera persona[21] cuando se prepara para realizar ciertas tareas y cuando las está ejecutando. En una de las tareas, diseñada para generar ansiedad social, se les daba a los participantes un tiempo limitado (cinco minutos) para prepararse para dar una charla en público; concretamente, debían intentar persuadir a un comité de «expertos» (en realidad, cómplices del experimentador) de que el participante estaba cualificado para dar un buen rendimiento en su empleo soñado. Comparadas con aquellas personas a las que se les pidió que prepararan la tarea refiriéndose a lo que «yo» debería hacer, los voluntarios a los que no se les había dicho que se refirieran a sí mismos en primera persona se desempeñaron mejor en la charla, tuvieron sentimientos más positivos respecto a su ejecución y le dieron menos vueltas a la cabeza posteriormente. Evitar referencias en primera persona parecía dar a los participantes una distancia del yo que les permitía regular su comportamiento de forma más eficaz, y en particular les permitía tratar exitosamente emociones tales como la ansiedad social.

20. «I talked myself into being a winner, reveals Murray», *The Times,* 30 de marzo de 2013.

21. Ethan Kross *et al.,* «Self-talk as a regulatory mechanism: How you do it matters», *Journal of Personality and Social Psychology,* vol. 106, pp. 304-324, 2014.

Parece claro que los beneficios de cierto tipo de charla interior no se limitan sólo al deporte. Un detalle que emerge de todos estos estudios es que se pueden conseguir muchas cosas hablándose uno a sí mismo. Para un deportista, la autoconversación puede cumplir un papel importante en la regulación de la acción y de la excitación al estimularse a sí mismo y dirigir su atención bajo unas desafiantes condiciones de ejecución. Para el resto, el discurso autodirigido nos puede permitir obtener diferentes perspectivas de nosotros mismos y cierto distanciamiento crítico de aquello que estamos haciendo. ¿Cómo puede ser que unas frágiles palabras –o incluso el silencio– puedan tener tal influjo? Para comprender de qué modo generan tal poder las palabras que oímos en nuestra cabeza, tendremos que preguntarnos cómo llegan ahí.

4

DOS VAGONES

—¡Voy a hacer una vía de tren! Voy a hacer una vía de tren, papá.

Es una niña pequeña jugando con sus juguetes. Está sentada en la alfombra de su dormitorio, junto a una bolsa grande llena de pequeñas piezas de plástico de color azul y púrpura. Son los componentes de un juego de construcción llamado Happy Street (Calle Feliz), que se pueden ensamblar y reensamblar para hacer una ciudad de juguete con sus tiendas, su aeropuerto y su comisaría de policía. Nos hemos divertido durante horas planificando ciudades en las que las ancianas van a toda velocidad en vehículos de emergencia y los bollos en la panadería están siempre frescos y brillantes.

—¿Qué estoy haciendo? Voy a hacer una vía de tren y voy a poner vagones sobre ella.

Ha ensamblado unas cuantas curvas de vía férrea y una intersección, y ahora puede crear un poco de movimiento.

—Ahora necesito algunos vagones.

Se incorpora sobre las rodillas y alcanza la bolsa, que es enorme, el doble de grande que ella. Rebuscar en esa bolsa es como hacer una incursión en el saco de Santa Claus. Ella saca otra pieza de carretera e intenta ensamblarla en su creciente creación, pero los pequeños enganches de plástico son a veces difíciles de encajar.

—Voy a hacer una vía de tren y a poner vagones sobre ella. *Dos vagones.*

El último comentario sugiere un añadido a lo que ya había. Pero en realidad no ha elegido ningún vagón todavía, pues simplemente está construyendo la vía. El pensamiento respecto a la necesidad de dos vagones es sólo eso: un pensamiento.

—Esta terca pieza. –Intenta ensamblar las piezas de nuevo, y esta vez los enganches se alinean–. ¡Ya está!

Ahora se vuelve de nuevo a la bolsa levantando el dedo índice. Su expresión es autoritaria, como si fuera una maestra, como si estuviera intentando mantener a raya una clase de niños difíciles.

—Una pieza más...

En cierto modo, lo que mi hija Athena está haciendo no es muy distinto de lo que Michael dice que hace al batear. La diferencia es que ella no es una deportista profesional, ni siquiera una mujer adulta. Mi hija tiene dos años. Si está utilizando un tipo similar de autoconversación, lo cierto es que ha comenzado muy pronto.

Al igual que en el caso de un deportista, la autoconversación de Athena parece cumplir diferentes funciones. Es autorreguladora, en el sentido en que Athena planea lo que va a hacer antes de hacerlo. Expresa el pensamiento *dos vagones* antes de que haya ni un sólo vagón en escena. Del mismo modo que el bateador planifica sus entradas mientras se adentra en el campo, o bien extrae lecciones para el siguiente partido después de ser eliminado, una niña pequeña piensa las cosas a través de palabras, unas palabras que ciertamente conforman y dirigen su comportamiento.

El discurso de Athena parece tener también un papel destacado a la hora de regular sus emociones. Cuando las cosas se ponen mal, Athena se da a sí misma una charla motivacional. «Esta terca pieza», se dice a sí misma, cuando está intentando unir dos secciones de la vía y no lo consigue. Y, cuando lo consigue, se felicita fugazmente, «¡Ya está!».

A los dos años, los niños suelen ser ya unos expertos en el lenguaje, y lo utilizan con mucha frecuencia para dirigir su comportamiento. Observando cómo se establece la autoconversación en la primera etapa de la vida descubriremos mucho acerca de dónde proceden las voces de nuestra cabeza y en qué se convierten. De hecho, podemos obtener pistas muy importantes acerca de qué es en realidad la charla interior.

Lev también se habla a sí mismo.[1]

---

1. Jean Piaget, *The Language and Thought of the Child* (Marjorie y Ruth Gabain, trad.), Londres: Kegan Paul, Trench, Trubner & Co., 1959 (obra original publicada en 1926), p. 14.

—Quiero hacer ese dibujo de allí... Quiero dibujar algo, sí. Voy a necesitar un gran trozo de papel para hacerlo.

Estamos en Ginebra, en la década de 1920. Lev es uno de los niños de la Maison des Petits de l'Institut Rousseau, la sección de preescolar del Instituto Rousseau, que desde 1921 hasta 1925 está dirigida por el legendario psicólogo evolutivo Jean Piaget. Piaget está interesado en constatar que los monólogos de Lev, y de otros niños como él, no parecen utilizar el lenguaje con un propósito social. En palabras de Piaget, «Lev es un chico al que se le ve muy ensimismado». Piaget nos dice que, a los seis años de edad, Lev todavía no es cognitivamente capaz de tener en cuenta la perspectiva de la persona con la que podría estar intentando comunicarse.

Piaget considera que esta especie de discurso es una evidencia del *egocentrismo* del pequeño; es decir, de su tendencia a arraigarse en su propio punto de vista. Lev hace intentos por decir algo a otras personas, pero no lo consigue debido a que no puede adaptar sus expresiones verbales a lo que la otra persona piensa, sabe o cree. «En tales casos –escribe Piaget–, el discurso no comunica los pensamientos del que habla, sino que sirve para acompañar, reforzar o suplementar su acción».[2] Las palabras del niño no le dan forma a la actividad ni le sirven de ánimo ni estímulo; simplemente, acompañan lo que está sucediendo.

Al mismo tiempo, en Moscú,[3] otro psicólogo está observando a diversos niños que se hablan a sí mismos. Lev Vygotsky contempla también a los niños inmersos en sus actividades; pero, a diferencia de Piaget, no entiende tales expresiones verbales como meros acompañamientos de la conducta. Más bien, lo que los ginebrinos denominarían «discurso egocéntrico» sería para Vygotsky un medio para hacer posible determinado tipo de comportamientos.

En primer lugar, Vygotsky observa que los niños se hablan a sí mismos más cuando se enfrentan a algún obstáculo en su actividad. (Uno de

2. Piaget, *The Language and Thought of the Child,* p. 16.
3. L. S. Vygotsky, ***Thinking and Speech*, en *The Collected Works of L. S. Vygotsky*, vol. 1** (Robert W. Rieber y Aaron S. Carton, eds.; Norris Minick, trad.), Nueva York: Plenum, 1987 (obra original publicada en 1934), p. 70. La etiqueta de «discurso egocéntrico» de Piaget ha sido reemplazada normalmente por el término «discurso privado», que tiene una menor carga teórica: John H. Flavell, «Le langage privé», *Bulletin de Psychologie,* vol. 19, pp. 698-701, 1966.

los trucos utilizados en el experimento consiste en que el niño no pueda disponer del lápiz de color exacto que necesita para determinada tarea de colorear). Si el discurso privado no cumpliera función alguna, no se vería afectado por las dificultades de la tarea. De hecho, los niños de Vygotsky utilizan en realidad su discurso privado para planificar una solución al problema. Uno de los niños, al ver que el lápiz de color azul ha desaparecido, se dice a sí mismo, «¿Dónde está el lápiz? Necesito un lápiz azul ya. Nada. Pues lo que voy a hacer es colorear con rojo y ponerle un poco de agua; así será más oscuro y se parecerá al azul».

Vygotsky hizo otras muchas observaciones que parecían indicar que las charlas internas en la infancia cumplen con un papel funcional. Un niño de cinco años estaba dibujando un tranvía cuando se le rompió el lápiz. «Roto», dijo calladamente; y a continuación dejó el lápiz, tomó un pincel y pintó un tranvía roto que estaba siendo reparado después de un accidente. Este niño estaba utilizando su lenguaje para cambiar el curso de su actividad. Estaba pensando en voz alta.

Superficialmente, existen muchas visiones diferentes de la autoconversación infantil. Piaget consideraba a aquel niño pequeño como egocéntrico, demasiado «arraigado en su propio punto de vista»[4] como para entablar interacciones sociales plenas. Para Vygotsky, sin embargo, la historia era muy diferente. Desde su punto de vista, el niño se hallaba inmerso en relaciones sociales desde el primer día de vida. La llegada del lenguaje le ofrecía el medio para comunicarse con los demás, y los diálogos resultantes constituían la base de sus posteriores conversaciones privadas consigo mismo y, en última instancia, de su discurso interior.

Me he pasado gran parte de mi carrera como psicólogo pensando en la importancia de los escritos de Vygotsky en relación con el discurso social, privado e interior, y creo que constituyen el mejor relato del que disponemos para explicar de dónde vienen las voces de nuestra cabeza, por qué tienen las cualidades que tienen y por qué hablarse uno a sí mismo en voz alta sigue siendo algo de gran valor incluso en la edad adulta. Dicho esto, Vygotsky dejó muchos cabos sueltos en su teoría. Tuvo una

4. Jean Piaget y Bärbel Inhelder, *The Child's Conception of Space* (F. J. Lagndon y J. L. Lunzer, trad.), Londres: Routledge & Kegan Paul, 1956 (obra original publicada en 1948).

carrera ciertamente breve como psicólogo, debido a su temprano fallecimiento por tuberculosis a la edad de 37 años. Hay puntos en los que sus escritos acerca del lenguaje y el pensamiento son ambiguos y oscuros. Pero muchas de sus ideas han sido corroboradas por las investigaciones, por estudios que observan lo que los niños se dicen a sí mismos mientras juegan y hacen tareas, y por investigaciones acerca del discurso interior silencioso de los adultos.

De vuelta al dormitorio de Athena, sigo filmando con la videocámara cómo construye su vía férrea. No estoy del todo seguro de que Athena sepa que estoy allí. Al mismo tiempo, sospecho que mi presencia cataliza de algún modo su discurso, aunque no me esté hablando a mí. Si yo no estuviera presente, supongo que estaría hablando menos. De hecho, esto es lo que Vygotsky descubrió: cuando se junta a los niños con otros niños que hablan un idioma diferente, la proporción de discurso privado en relación con el discurso social se reduce significativamente. De forma similar, en una de sus observaciones, Vygotsky puso a un grupo de niños jugando en una habitación contigua a una sala en la que ensayaba una ruidosa orquesta,[5] y la proporción de discurso privado descendió así mismo drásticamente.

Pero yo estoy aquí y, en cierto modo, Athena lo sabe. El discurso privado tiene lo que un primitivo estudio científico denominó como naturaleza «parasocial»;[6] es decir, ocurre más cuando se tiene la sensación de que hay una audiencia. Esto tiene sentido si entendemos el discurso privado como un intento de secuestrar palabras que, en otros contextos, controlarían el comportamiento de los demás, utilizándolas en cambio para controlar el comportamiento del yo. No es que Athena esté intentando comunicarse pero que no pueda hacerlo; es que está intentando comunicarse exclusivamente consigo misma. El motivo de que estas verbalizaciones no estén dirigidas a mí no es porque ella carezca de la sofisticación cognitiva necesaria como para tener en cuenta mi perspectiva; lo que ocurre es que esas verbalizaciones nunca pretendieron estar dirigidas a mí. Sí, mi presencia podría estimularlas, pero son para ella sola.

---

5. Vygotsky, *Thinking and Speech.*
6. Lawrence Kohlberg, Judy Yaeger y Else Hjertholm, «Private speech: Four studies and a review of theories», *Child Development,* vol. 39, pp. 691-736, 1968.

Esa transición del discurso social al privado se me ha hecho patente. Al principio de este episodio de planificación urbana, Athena utilizó realmente mi nombre; dijo «papá». Pero luego pareció olvidarse rápidamente de mi presencia. Cuando analizamos el discurso privado en los niños[7] –un proceso de trabajo intensivo que supone horas de visualización y rebobinado de grabaciones de vídeo–, codificamos las verbalizaciones como sociales si, entre otras cosas, mencionan claramente el nombre de la persona. Para que las califiquemos como privadas debe haber una ausencia total de pistas que nos indiquen que la verbalización iba dirigida a otra persona. Esto nos ofrece información acerca de cuánto discurso social y cuánto discurso privado utilizan los niños. Entonces podemos utilizar esa información para poner a prueba determinadas ideas de Vygotsky sobre la forma y las funciones de la charla autodirigida.

Para comenzar, si Vygotsky tenía razón en que los niños utilizan el discurso privado como «herramienta psicológica»[8] para regular su comportamiento, deberíamos encontrar evidencias de que este uso es realmente eficaz. Es decir, los niños que utilizan el discurso privado mientras llevan a cabo una tarea deberían hacer esa tarea mejor que otros, al menos si el discurso es relevante para lo que están haciendo. En psicología se ha puesto a prueba este aspecto de la teoría de Vygotsky dándoles a los niños una tarea, analizando su discurso privado mientras la llevan a cabo e investigando si su ejecución guarda correlación con el uso del discurso privado. Al menos algunos estudios han apoyado la idea de que los niños obtienen beneficios cognitivos del uso del discurso privado.[9] Por ejemplo, en un estudio con niños y niñas de 5 y 6 años les dimos una tarea denominada la Torre de Londres, que implicaba llevar de aquí para allá pelotas de colores entre palos de diferentes longitudes. Lo práctico de la

7. Adam Winsler, Charles Fernyhough, Erin M. McClaren y Erin Way, «Private Speech Coding Manual», manuscrito no publicado, George Mason University, Fairfax, Virginia, 2004.

8. ***L. S. Vygotsky, Mind in Society: The development of higher psychological processes*** (M. Cole, V. John Steiner, S. Scribner y E. Souberman, eds.), Cambridge, Massachusetts: Harvard University Press, 1978 (obra original publicada en 1930, 1933 y 1935).

9. Charles Fernyhough y Emma Fradley, «Private speech on an executive task: Relations with task difficulty and task performance», *Cognitive Development,* vol. 20, pp. 103-120, 2005.

Torre de Londres a este respecto es que las pelotas se pueden disponer de tal modo que compongan puzles de dificultad variable. En línea con las predicciones de Vygotsky sobre el valor funcional de la autoconversación, descubrimos que los niños que utilizaban más discurso privado autorregulador resolvían los puzles con mayor rapidez. También descubrimos las relaciones pronosticadas entre el discurso privado y las tareas difíciles. Los niños hablan menos con los puzles fáciles (presumiblemente porque son tan fáciles que no necesitan recurrir a la autorregulación verbal), hablan más con los puzles de dificultad intermedia y menos de nuevo con los puzles más difíciles (presumiblemente porque tales puzles eran tan complicados que el niño no era capaz de ponerse manos a la obra con una solución, y por tanto el discurso autorregulatorio carecía de sentido).

Esto en cuanto a la función del discurso privado. Pero, ¿qué podemos decir de su forma? Vygotsky no creía que la interiorización del discurso fuera debida simplemente a que el discurso autorregulatorio se fuera haciendo progresivamente más silencioso hasta hacerse completamente silencioso o subvocal (tal como pensaba, por ejemplo, un contemporáneo suyo, el conductista John B. Watson). Más bien, Vygotsky pensaba que el discurso que se interioriza se transforma fundamentalmente en ese proceso. Una transformación particularmente importante es que el lenguaje se abrevia. A la hora de dirigir su comportamiento, los niños no necesitan utilizar frases completas. Athena no se dice a sí misma, «Necesito dos vagones para mi vía de tren». Lo abrevia diciendo, «Dos vagones». En contraste con Piaget, cuya teoría afirma que el lenguaje de los niños debería hacerse más inteligible a medida que se adapta a quien escucha, la teoría de Vygotsky predice que el discurso privado se contrae y se abrevia gradualmente,[10] haciéndolo menos, y no más, inteligible para quien escucha desde fuera. Estas transformaciones del lenguaje son particularmente importantes si nos fijamos en el discurso privado de Athena, que Vygotsky creía que se desarrolla a partir de los enunciados autorreguladores que la niña dice en voz alta.

10. Paul P. Goudena, «The problem of abbreviation and internalization of private speech», en R. M. Díaz y L. E. Berk (eds.), *Private Speech: From social interaction to self-regulation,* Hove: Lawrence Erlbaum Associates, 1992; A. D. Pellegrini, «The development of pre-schoolers' private speech», *Journal of Pragmatics,* vol. 5, pp. 445-458, 1981.

Pero, al mismo tiempo, el discurso privado conserva importantes rasgos del discurso social del cual se deriva. Si el discurso privado es una forma parcialmente interiorizada de diálogo social, cabría esperar que mostrara alguna de las cualidades de «toma y daca» de la conversación. Concretamente, cabría esperar que las niñas se formularan preguntas a sí mismas y que luego las respondieran. Y ése parece ser el caso en la conversación de Athena consigo misma acerca de la vía del tren. «¿Qué estoy haciendo? –se pregunta a sí misma– Voy a hacer una vía de tren y voy a poner vagones sobre ella». Del mismo modo que la charla interior de los adultos parece reflejar normalmente una conversación con el yo, esta cualidad dialógica parece dominar también el discurso privado infantil.[11] Allí donde, con anterioridad, los niños hacían una pregunta a su cuidador y esperaban una respuesta, en el discurso privado suelen responderse por sí solas.

En las investigaciones se han descubierto normalmente apoyos bastante sólidos a los diferentes aspectos de la teoría de Vygotsky, pero existen muchas lagunas, así como un par de aspectos en los que sus escritos sobre el discurso privado ofrecen una impresión ligeramente errónea. Aunque Vygotsky sostenía que el discurso privado se hace en última instancia «subterráneo» para conformar el discurso interior del adulto, también es evidente (y no sólo por la autoconversación de los deportistas) que las personas siguen hablándose a sí mismas durante su etapa adulta.[12] El discurso privado –la contraparte en voz alta del discurso interior– parece tener otras funciones adicionales que van más allá de la autorregulación, tal como la práctica de una segunda lengua, la elaboración de recuerdos autobiográficos y la creación de mundos de fantasía. Es decir, si los niños se pasan tanto tiempo hablándose a sí mismos en voz alta no es exclusivamente porque les ayude a resolver problemas.

---

11. **Charles Fernyhough, «Dialogic thinking»**, en Adam Winsler, Charles Fernyhough e Ignacio Montero (eds.), *Private Speech, Executive Functioning, and the Development of Verbal Self-regulation,* Cambridge: Cambridge University Press, 2009; Peter Feigenbaum, «Development of the syntactic and discourse structures of private speech», en R. M. Díaz y L. E. Berk (eds.), *Private Speech: From social interaction to self-regulation,* Hove: Lawrence Erlbaum Associates, 1992; Kohlberg *et al.,* «Private speech».
12. Robert M. Duncan y J. Allan Cheyne, «Private speech in young adults: Task difficulty, self-regulation, and psychological predication», *Cognitive Development,* vol. 16, pp. 889-906, 2002.

Supongamos por el momento que Vygotsky hubiera estado bastante acertado en su planteamiento del discurso privado. ¿Deberíamos asumir que también tenía razón en la versión de que tal discurso se va silenciando e interiorizando?; dicho de otro modo, ¿qué se convierte en lo que conocemos como discurso interior? De una cosa no se sigue necesariamente la otra, pues Vygotsky podría haberse equivocado al afirmar que el discurso interior se desarrolla a partir del discurso privado. Como siempre, la no observabilidad de la conversación interior silenciosa, y su consecuente resistencia al estudio empírico, hace que ésta sea una pregunta difícil de responder.

Y no sólo porque tengamos que tratar con algunas ideas contraintuitivas. Si Vygotsky tenía razón, al discurso privado le debería llevar tiempo desarrollarse (de hecho, las evidencias sugieren que alcanza su punto culminante entre los tres y los ocho años). El discurso interior debería retrasarse aún más. ¿Significa esto que los niños pequeños no experimentan el flujo de la conversación interna que impregna la vida despierta de muchos adultos? Gran parte de nuestro pensamiento parece estar hecho de palabras; ¿deberíamos llegar a la conclusión de que el pensamiento del niño pequeño es muy diferente?

Abordar esta pregunta nos lleva directamente al núcleo de lo que hay de especial en la teoría de Vygotsky. El pensamiento de los niños pequeños probablemente difiere del pensamiento adulto en múltiples maneras, ¿pero hay algo específico relacionado con el uso de las palabras en su pensamiento? Una de las pistas nos llega de las investigaciones sobre la memoria de trabajo. El papel de este sistema cognitivo consiste en mantener información en la consciencia el tiempo suficiente –una cuestión de segundos– como para que pueda utilizarse en la planificación de acciones o en la realización de otras operaciones mentales. El modelo dominante de la memoria de trabajo, que surge de la obra de los psicólogos ingleses Alan Baddeley y Graham Hitch, propone que una parte clave de este sistema lo constituye el bucle fonológico, un componente que tiene por especialidad almacenar información relacionada con el sonido. No debería de sorprender por tanto el hecho de que este sistema debe estar también en funcionamiento para que se pueda producir tanto el discurso interno como el externo; dicho de otro modo, es una parte esencial del equipamiento humano para el pensamiento verbal. Existe otro componente aparte de éste que es responsable de la manipulación de información visual y espacial, pero en la mayoría de las tareas de memoria a corto plazo recurrimos al bucle fonológico. Cuando tenemos algo que recordar, los seres humanos adultos solemos ensayar la información verbalmente hasta que llega el momento de recordarla. Es una estrategia eficaz, y la tienes que haber utilizado cada vez que hayas estado dando vueltas por el supermercado susurrándote los últimos productos de la compra que te quedan por recoger.

Debido a su dependencia de las palabras, esta especie de ensayo es muy susceptible a determinados rasgos de tales palabras como, por ejemplo, si suenan de forma similar o no. Las palabras que tienen un sonido similar (como *casa, cosa* y *caso*) son más fáciles de confundir si las ensayas verbalmente, y cometeremos seguramente más errores al recordar listas con tales palabras de los que cometeremos cuando ensayemos con palabras que no se parecen entre sí, incluso cuando esas palabras se presenten visualmente. A esto se le ha denominado el *efecto de similitud fonológica,*[13] que refleja el hecho de que utilizamos un código fonológico (o basado en sonidos) para guardar la información en la memoria. Si a los niños les lleva tiempo comenzar a utilizar palabras en su pensamiento, también llevará tiempo que se muestre este efecto.

Y eso es exactamente lo que muestran las investigaciones. Los niños de menos de seis o siete años no muestran el efecto de similitud fonológica,[14] lo cual sugiere que no recodifican la información de manera automática en un código verbal para el almacenaje a corto plazo. Evidentemente, es posible que el ensayo verbal sea un caso especial, y que los niños comiencen a pensar con palabras antes de que se den cuenta de que las palabras tienen esta práctica función en la memoria a corto plazo.

13. Alan D. Baddeley, «Short-term memory for word sequences as a function of acoustic, semantic and formal similarity», *Quarterly Journal of Experimental Psychology,* vol. 18, pp. 362-365, 1966.

14. Por ejemplo, Sue Palmer, «Working memory: A developmental study of phonological recoding», *Memory,* vol. 8, pp. 179-193, 2000. Para un estudio que cuestiona las pretensiones de un cambio cualitativo en las estrategias de memoria a corto plazo, véase Christopher Jarrold y Rebecca Citroën, «Reevaluating key evidence for the development of rehearsal: Phonological similarity effects in children are subject to proportional scaling artifacts», *Developmental Psychology,* vol. 49, pp. 837-847, 2013.

Nosotros comprobamos esta posibilidad observando a un grupo de niños ensayar un material que se presentaba visualmente al mismo tiempo que se estudiaba su discurso privado. Un alumno mío de grado, Abdulrahman Al-Namlah, estuvo investigando con niños en edad escolar de entre cuatro y ocho años, pertenecientes a dos escuelas, una de Reino Unido y otra de Arabia Saudí.[15] El discurso privado de los niños se evaluó sobre la Torre de Londres (la tarea a realizar con pelotas y palos), y también se les dio una tarea aparte de memoria a corto plazo para poner a prueba la fortaleza de su efecto de similitud fonológica. Tal como se esperaba, los niños de menos de seis años no mostraron el efecto –su memoria no era sensible al sonido de las palabras que tenían que recordar–, en tanto que los niños de más de seis años tenían más dificultades con palabras que tenían un sonido parecido. Lo más interesante fue que la susceptibilidad de los niños al efecto estaba relacionada con la cantidad de discurso privado autorregulado que utilizaban en la tarea de la Torre de Londres. Los niños que parecían regular su resolución del puzle a través de palabras era más probable que utilizaran ensayo verbal para su memoria a corto plazo. Estos hallazgos sugieren que la memoria no es un caso especial. Más bien indican que, cuando los niños le pillan el truco al uso de las palabras a la hora de pensar, esto comienza a afectar a otros aspectos de su cognición.

Otra manera de explorar esta pregunta es viendo si las interferencias con el discurso interior de los niños entorpece su rendimiento. El argumento vendría a ser el siguiente: se podría esperar que viéramos el efecto de la interferencia sólo si los niños confían en el pensamiento verbal para resolver la tarea. Esto es lo que una de mis alumnas de grado, Jane Lidstone, se propuso investigar utilizando un método para bloquear el discurso interno conocido como *supresión articulatoria,*[16] que implica la repetición de una palabra inocua (como *columpio)* en voz alta mientras se realiza la

15. Abdulrahman S. Al-Namlah, Charles Fernyhough y Elizabeth Meins, «Sociocultural influences on the development of verbal mediation: Private speech and phonological recoding in Saudi Arabian and British samples», *Developmental Psychology,* vol. 42, pp. 117-131, 2006.

16. Jane S. M. Lidstone, Elizabeth Meins y Charles Fernyhough, «The roles of private speech and inner speech in planning in middle childhood. Evidence from a dual task paradigm», *Journal of Experimental Child Psychology,* vol. 107, pp. 438-451, 2010.

prueba. La hipótesis dice que la supresión articulatoria bloquea el componente del bucle fonológico de la memoria de trabajo, que se considera esencial para el discurso interior. Pedir a los participantes que practiquen la supresión articulatoria mientras están realizando una tarea cognitiva aparte, y evaluar si esto afecta al rendimiento en esa tarea, es una buena manera de averiguar cuántas personas confían en el discurso interior en determinados contextos. Si no podemos medir directamente el discurso interior, para luego ver lo que ocurre cuando intentamos bloquearlo, podemos utilizar el método de evaluar indirectamente su funcionamiento.

Jane optó por la tarea de la Torre de Londres porque es una tarea de planificación clásica, y la planificación (junto con otras de las denominadas funciones «ejecutivas») se ha planteado como una función particularmente importante del discurso autodirigido. Jane quería determinar si los niños que normalmente producen más discurso privado autorregulatorio se desempeñarían peor en la Torre de Londres si no podían hablarse a sí mismos mientras realizaban la tarea. Utilizando la supresión articulatoria estándar, Jane les pidió a los niños que repitieran una palabra en voz alta para sí mismos mientras pensaban en el puzle. Se les pidió que imaginaran que movían las pelotas de un lado al otro en su cabeza y que le dijeran a la experimentadora con cuántos movimientos creían que podrían resolver el puzle. Luego, se les pidió que demostraran su solución llevando las pelotas allí realmente. Lo que se buscaba con esto era animar a los niños a que planificaran, en vez de simplemente lanzarse a llevar pelotas de cualquier modo.

Los resultados apoyaron la teoría de Vygotsky. En circunstancias de supresión articulatoria, el desempeño de los niños en esta situación fue menor que el que mostraron en circunstancias de control, en las que simplemente se les pedía que se tocaran un pie. Interpretamos estos resultados como una evidencia de que tanto el discurso privado como el interior se utilizan normalmente en el componente de planificación, y que el bloqueo de ambos tipos de discurso tiene su correspondiente efecto en la planificación. Es más, los niños que utilizaban más el discurso privado autorregulatorio en las circunstancias de control eran más susceptibles a la supresión articulatoria. Da la impresión de que ciertos niños confían más en el pensamiento verbal, de tal modo que se ven negativamente afectados cuando se les niega esa oportunidad.

Claro está que existe otra forma más de averiguar si los niños piensan en palabras, y no es otra que preguntárselo. Como hemos visto, pedir a los adultos que reflexionen sobre su propia experiencia ya es bastante difícil, por lo que no debe extrañar que los problemas se hagan más complejos cuando se trabaja con niños, pues éstos pueden carecer de las habilidades lingüísticas necesarias para ofrecer un informe detallado de lo que está pasando en sus cabezas. Ha habido algunos intentos de llevar a cabo muestreos de experiencia al estilo MED con niños.[17] De hecho, Russ Hurlburt ha utilizado su método con algunos niños, entre los cuales estaba un chico de nueve años que dio cuenta de un momento de experiencia en el que tuvo la imagen de un agujero en el patio trasero de su casa en el que había juguetes. Siguiendo el estilo MED habitual, Russ sondeó al muchacho suavemente para averiguar si eso era algo que había visto realmente en el patio trasero, y el muchacho respondió, «Sí, pero todavía no había puesto todos mis juguetes allí. Si el bip hubiera sonado unos minutos más tarde me habría dado tiempo de poner todo los juguetes en el agujero». Hurlburt llegó a la conclusión de que la creación de imágenes mentales podría ser una habilidad que mejora en fluidez y rapidez con la edad y con la práctica. En cualquier caso, sus observaciones sugieren que debemos tener cuidado a la hora de dar por hecho que la experiencia interior de los niños es como la nuestra.

En otras investigaciones se ha utilizado un método de carácter más experimental para determinar lo que los niños comprenden y lo que no acerca del discurso interior.[18] John Flavell, el eminente psicólogo evolutivo de la Universidad de Stanford, se ha pasado los últimos veinte años

---

17. Russell T. Hurlburt y Eric Schwitzgebel, *Describing Inner Experience? Proponent meets skeptic,* Cambridge, Massachusetts: MIT Press, 2007, box 5.8, p. 111.

18. John H. Flavell, Frances L. Green y Eleanor R. Flavell, «Children's understanding of the stream of consciousness», *Child Development,* vol. 64, pp. 387-398, 1993; Charles Fernyhough, «What can we say about the inner experience of the young child? (Commentary on Carruthers)», *Behavioral and Brain Sciences,* vol. 32, pp. 143-144, 2009; John H. Flavell, Frances L. Green, Eleanor R. Flavell y James B. Grossman, «The development of children's knowledge about inner speech», *Child Development,* vol. 68, pp. 39-47. Obsérvese que en estos estudios se suponía que los niños se hallaban en una edad en la cual ya poseían los mecanismos para el discurso interior, incluido el bucle fonológico, pero que podrían haber optado por no utilizarlos, o quizás no supieran hacerlo.

preguntando a los niños qué cosas comprenden de la experiencia interior. En una de las tareas, se le preguntaba a un niño qué estaba pasando por la cabeza de una experimentadora mientras estaba sentada en silencio, mirando por la ventana. Los niños de tres años de edad dijeron en su mayoría que esa persona no pensaba en nada, que su mente estaba vacía, en tanto que los niños de cuatro años reconocían la continuidad del pensamiento, aunque la persona no estuviera ocupada en algo en concreto. El mismo Flavell interpreta estos hallazgos concluyendo que los niños de tres años no son conscientes de su propia corriente de consciencia y que, debido a que todavía tienen dificultades para la introspección, no pueden dar cuenta aún del alboroto mental interior. Sin embargo, una explicación alternativa sería que estos niños pequeños simplemente no tienen una corriente de consciencia como la de los adultos; o, más concretamente, que todavía no han interiorizado el discurso externo para formar así discurso interno. No piensan con palabras, de modo que, cuando se les pide que reflexionen sobre la experiencia interior de alguien que no se halla ocupado en actividad alguna, llegan a la conclusión de que la mente de esa persona debe estar vacía.

En otros estudios, Flavell preguntó específicamente sobre el discurso interior. En uno de ellos trabajaron con niños de entre 4 y 7 años que observaban a un adulto llevando a cabo una tarea para la cual sería de esperar el uso del discurso interior; por ejemplo, intentar recordar los artículos que faltan en la lista de la compra. A cada niño se le hacían preguntas como «¿Esa persona está pensando nada más, ahí en su cabeza, o se está diciendo cosas a sí misma en la cabeza?». Los niños de 6 y 7 años reconocieron que lo más probable es que la persona estuviera enzarzada en su discurso interior, en tanto que los niños de 4 años no solían dar esta respuesta. En un segundo experimento, se les dio a los niños una tarea diseñada específicamente para evocar el discurso interior, tal como pensar en silencio cómo sonaba su propio nombre. El 40 por 100 de los niños de 4 años y el 55 por 100 de los niños de 5 admitieron haber recurrido al discurso interior, en lugar de a un método visual, para obtener la respuesta; unas cifras que fueron significativamente inferiores a las obtenidas con adultos.

A partir de estos resultados, tampoco aquí queda del todo claro si el problema de los niños estriba en la reflexión sobre su propia experiencia interna o si los niños de esta edad carecen simplemente de un discurso interior espontáneo. La respuesta, probablemente, debe tener un poco de todo. Pero si fuera cierto que los niños carecen de discurso interior, las implicaciones tendrían un largo recorrido. Nadie debería concluir a partir de esto que los niños no piensan, sino que parece que carecen de un modo de pensamiento que, sin embargo, es dominante en la consciencia de muchos adultos. Ésa es una de las razones que nos llevan a concluir que la mente de un niño pequeño es, para nosotros los adultos, un lugar extraño.[19]

El lenguaje, por tanto, no es el que le proporciona pensamiento a los niños, sino que más bien transforma las capacidades intelectuales ya presentes antes de la aparición del lenguaje, sean las que sean. Vygotsky, influenciado sin duda por el fervor intelectual de la naciente Unión Soviética, describió esto como una «revolución en desarrollo». En la novela de Edward St. Aubyn de 2005, *Leche materna,*[20] Robert, un niño de 5 años, siente nostalgia de la época anterior a esta revolución interior. Observando a su hermano Thomas, que es un bebé inmerso en su dichosa ausencia del mundo, recuerda un período anterior a aquél en el que su cabeza se llenó de lenguaje. «Había quedado tan atrapado en la construcción de frases que casi había olvidado los bárbaros días en que el pensamiento era como una salpicadura de colores sobre una página en blanco».[21] Incluso a la tierna edad de cinco años, el pensamiento de Robert se había visto completamente transformado por las palabras. «Echando la vista atrás, aún podía verlo; viviendo en lo que ahora sentiría como pausas; cuando abres por vez primera las cortinas y ves todo el paisaje cubierto de nieve y tomas una bocanada de aire y la aguantas en tu pecho antes de soltarlo. No podía recuperarlo del todo, pero quizás podría demorarse todavía un poco en aquel descenso cuesta abajo, quizás podría sentarse un poco y contemplar el paisaje».

19. Charles Fernyhough, *The Baby in the Mirror: A child's world from birth to three,* Londres: Granta Books, 2008.
20. Publicada en castellano por Literatura Random House, Barcelona, 2014. *(N. del T.)*
21. Edward St Aubyn, *Mother's Milk,* Londres: Picador, 2006, p. 64.

5

UNA HISTORIA NATURAL DEL PENSAMIENTO

—Me acuerdo de hablar conmigo mismo, y en aquel momento fue como si estuviera teniendo un minidebate en mi interior [...]. No es como estoy hablando ahora, a este ritmo y tal, sino que era como una conversación dentro del mismo espacio de tiempo en el que ves esas imágenes. Es como un... ¡zas!... y simplemente sabes que has tenido esa conversación.

Jordan es otro de nuestros participantes MED. Es un estudiante de Arte de Londres que se halla en Berlín temporalmente por estudios. Por primera vez, soy yo el que lleva la entrevista, consciente de que Russ me ha confiado transitoriamente este método, que ha estado funcionando bien durante cuatro décadas. Jordan tiene unos chispeantes ojos castaños, barba y cabello largo. Va vestido del modo adecuado para el bochornoso verano de Berlín, con una camiseta negra y unos pantalones cortos.

Éste es el tercer bip del segundo día de muestreo MED de Jordan. En el momento del bip, Jordan iba caminando por la calle y estaba pensando en un doguillo negro que veía en la distancia. Emergió una imagen de un amigo suyo y su novia, y de la discusión que habían tenido ante la idea de la pareja de comprarse uno de esos perros. Jordan les había dicho lo que pensaba: que tener un doguillo era una crueldad, debido a la forma en que se los cría para que tengan el hocico corto, cosa que les genera problemas respiratorios durante toda su vida. Aquello desencadenó una conversación interior acerca de lo correcto o erróneo de tener uno de esos perros.

—Entonces, ¿el diálogo no se desarrolló en la misma cantidad de tiempo que le hubiera llevado desarrollarse en tiempo real?

—No.

—¿Se desarrolló en menos tiempo o en más tiempo?

—Menos. Es mucho más rápido.

Cuando la gente informa de su discurso interior, suelen comentar este curioso detalle. Una de las participantes de Russ,[1] Melanie (sujeto de todo un libro académico sobre el método MED), estaba describiendo en cierta ocasión un bip en el cual había estado pensando en un regalo que le habían hecho en la universidad, una silla, junto con un extraño documento que le permitía designar qué persona de su familia terminaría heredando la silla con el tiempo. El momento de consciencia anterior al bip era el de aquella extraña conjunción de recibir un regalo y, simultáneamente, tener que pensar quién lo recibiría algún día como legado suyo.

Russ estaba llevando a cabo esta entrevista junto con el filósofo Eric Schwitzgebel, un notable escéptico del MED y de otros métodos introspectivos. En un punto concreto de la entrevista, Eric señaló que Melanie parecía haber tenido una cadena tremendamente larga de pensamientos (en una voz que ella designaba como su «voz del pensamiento interior») en un tiempo relativamente corto. ¿Acaso la voz llevaba un ritmo regular, como el de una voz externa, o bien estaba acelerada, o comprimida de algún modo?

—Estaba comprimida –observó Melanie–. Yo no diría que se comprimió en un instante; le llevó un poco más de tiempo. Pero era significativamente más rápida de lo que normalmente hubiera precisado para decir todo eso en voz alta.

En aquel punto, Eric aceleró intencionadamente su voz normal.

—¿Entonces sería como si alguien hablara tan rápido como yo ahora? ¿O era algo un tanto diferente, diferente al ritmo que puede llevar un discurso?

—Creo que diría que era algo un tanto diferente, porque cuando estaba en mi cabeza no parecía en modo alguno comprimido. No lo sentía como algo precipitado o embutido en un espacio de tiempo pequeño, como ocurre cuando alguien habla muy rápido.

1. *Melanie* Russell T. Hurlburt y Eric Schwitzgebel, *Describing Inner Experience? Proponent meets skeptic,* Cambridge, Massachusetts: MIT Press, 2007, pp. 66-68.

«¿Puede ser –escribió Schwitzgebel posteriormente, en sus comentarios sobre este episodio– que el discurso interior se comprima temporalmente en la mayoría de las personas, pero que sólo una minoría de sujetos [MED] se dé cuenta del hecho porque el discurso no parece precipitarse?».

Esta conclusión tendría perfecto sentido si reflexionamos sobre cómo se desarrolla el discurso interior. Vygotsky decía que el lenguaje se transforma cuando se interioriza, lo cual explicaría por qué el discurso privado de Athena tenía esa cualidad abreviada, en forma de notas. Vygotsky pensaba que tal abreviación podía suceder de distintas maneras. En su forma más sencilla, la abreviación podía suponer un recorte en la sintaxis (recuerda que Athena dijo «Dos vagones», en vez de algo así como «Necesito dos vagones»). Sin embargo, operan aquí también otras transformaciones más complejas.[2] Vygotsky explicaba que, en el discurso interior, una única palabra podía llegar a adoptar un significado especial, idiosincrático, que podía reemplazar así a su significado más convencional; o que bien podía fundirse con otra palabra para formar un híbrido con múltiples significados, o que podía incluso reemplazar todo un discurso (Vygotsky pone como ejemplo los títulos literarios, como ocurre con la palabra *Hamlet,* que es capaz de reemplazar a toda la obra en la mente del lector).

Así pues, el discurso interior es mucho más que un discurso externo sin mover los labios. En ocasiones, es telescópico, como una versión de lo que podríamos decirnos en voz alta, pero en forma de notas; en otras ocasiones, su condensación tiene más el aspecto de una compresión de significado. Una de nuestras participantes MED, Ruth, describió algo parecido a esto cuando nos habló de un pensamiento que había tenido en relación con un dinero que su hermana le debía: *Tengo que mirar todos los recibos para calcular el total.* El discurso interior parecía tener lugar con su propia voz natural, pero de algún modo parecía estar desarrollándose con más rapidez que en el discurso ordinario. «Era una voz normal –nos dijo Ruth–, pero un tanto comprimida».

Si la condensación del discurso interior pudiera explicar el ritmo paradójico del pensamiento verbal de Ruth, también podría explicar los

2. L. S. Vygotsky, *Thinking and Speech,* en *The Collected Works of L. S. Vygotsky,* vol. 1 (Robert W. Rieber y Aaron S. Carton, eds.; Norris Minick, trad.), Nueva York: Plenum, capítulo 7, 1987 (obra original publicada en 1934).

resultados de un trabajo científico en el que se llegó a la conclusión de que el discurso interior pasa por nuestra mente alrededor de diez veces más rápido que el discurso ordinario.[3] El psicólogo Rodney Korba, del College of Wooster, en Ohio, pedía a los participantes en su experimento que resolvieran una serie de problemas en silencio, de cabeza, al tiempo que él medía la actividad eléctrica de los músculos articulatorios (de la boca y la garganta) responsables de la producción de la palabra de viva voz. Korba pidió a las personas que le dijeran lo que creían que se habían dicho a sí mismas mientras resolvían el problema, y comparó el tiempo que les llevó el discurso interior con el tiempo que llevaría reproducir aquel pensamiento en voz alta. El discurso interno de los participantes se desarrolló diez veces más rápido que la tasa estimada de discurso externo, permitiendo así a Korba concluir que la tasa de discurso interior típico supera las 4000 palabras por minuto.

Dadas las ventajas obvias de tal eficiencia mental, bien puede ser que el discurso interior condensado sea la norma en la autoconversación. Sin embargo, en otras ocasiones, el discurso interior puede parecernos una conversación en toda regla, donde ambas partes del diálogo se despliegan con todo detalle, casi como si estuviéramos teniendo un debate con nosotros mismos de viva voz. En uno de los estudios MED de Hurlburt se cuenta que un participante, Benjamin, se hallaba cenando en un restaurante cuando se fijó en una atractiva mujer. Su discurso interior vino a ser algo parecido a esto: «¿Por qué traes a mi atención a esta mujer?».[4] La respuesta llegó con una voz flemática: «Porque es bonita». Ante lo cual el yo, sin dejarse impresionar, respondió: «Uh-huh» (en un tono que venía a decir *¡menuda mierda!*).

Creo que la distinción entre estos dos tipos de discurso interior –lo que he denominado discurso interior *condensado* y discurso interior *expandido*– es ciertamente importante, y por motivos que quedarán suficientemente claros. Para Vygotsky, la transición desde el pensamiento

3. Rodney J. Korba, «The rate of inner speech», *Perceptual and Motor Skills,* vol. 71, pp. 1043-1052, 1990.
4. J. Y. Kang, «Inner Experience of Individuals Suffering from Bipolar Disorder», tesis de máster no publicada, Universidad de Nevada, Las Vegas, 2013. Citado en Russell T. Hurlburt, Christopher L. Heavey y Jason M. Kelsey, «Toward a phenomenology of inner speaking», *Consciousness and Cognition,* vol. 22, pp. 1477-1494, 2013.

verbal comprimido hasta el discurso en toda regla era como «una nube que se cierne y derrama a borbotones una lluvia de palabras».[5] Al menos, su teoría debería hacernos sospechar que la voz que oímos en nuestra cabeza es sólo una parte del fenómeno. Si hablarte a ti mismo puede tener distintas funciones, es probable que adopte también diferentes formas. Y el proceso de interiorización durante la infancia significaría, incluso en la edad adulta, un cambio en la naturaleza del discurso interior, en función de lo contraído o expandido que esté.

Hasta la fecha, no sabemos mucho acerca de las variaciones del discurso interior en estos aspectos. Un enfoque para averiguar en qué consiste tal experiencia estriba en pedirle a la gente que, simplemente, te diga algo al respecto. Un método bastante utilizado para conseguir que los participantes den cuenta de sus creencias, experiencias, pensamientos, sentimientos y actitudes es utilizar lo que en psicología se denomina un *instrumento de autoinforme,* una lista de descripciones sobre un fenómeno en concreto que los participantes pueden optar por ratificar o no, en función de lo que mejor encaje con su experiencia.

Ése fue el método utilizado en la primera investigación sistemática sobre las variedades del discurso interior. Mi alumno de grado Simon McCarthy-Jones y yo presentamos una lista de afirmaciones sobre distintas variedades posibles de discurso interior a una muestra de estudiantes, y les pedimos que dijeran en qué medida se les aplicaba cada variedad o elemento. Por ejemplo, uno de los sujetos decía, «Pienso para mí mismo con palabras, utilizando frases breves y palabras aisladas, en lugar de frases completas», cosa que, según nuestra opinión, sintetizaba la experiencia del discurso interior condensado. Los datos se sometieron después a una técnica estadística conocida como análisis factorial, que demostró que los elementos de los que daban cuenta los propios estudiantes captaban las cuatro cualidades principales del discurso interior.

Denominamos a estos factores *dialógico, condensado, otras personas* y *evaluativo.* Como su nombre sugiere, el primer factor guarda relación con todas aquellas personas que sienten que su discurso interior adopta la forma de una conversación entre diferentes puntos de vista. El segundo factor capta la cualidad de compresión o abreviación del discurso interior.

---

5. Vygotsky, *Thinking and Speech,* p. 281.

El tercer factor se relaciona con la tendencia en una minoría de personas (alrededor de un cuarto de las respuestas) de decir que las voces de otras personas caracterizan su discurso interior (un elemento con una gran carga en este factor fue «Escucho las voces de otras personas incordiándome en la cabeza»). El último factor se relaciona con aquellas personas que dicen que su discurso interior cumple un papel a la hora de evaluar o motivar lo que hacen. Tales personas, por ejemplo, podrían ratificar el elemento «Evalúo mi comportamiento utilizando para ello mi discurso interior. Por ejemplo, me digo a mí misma, "Eso estuvo bien", o bien "Eso fue una estupidez"».

En otro estudio, abordamos algunos de los problemas relacionados con la calidad de la autoconversación silenciosa que planteaba la investigación de la Universidad de Michigan de la que se ha hablado antes. Recuerda que referirse a uno mismo por el propio nombre o con el pronombre de la segunda persona les proporcionaba a los participantes de Michigan la ventaja de controlar mejor sus emociones y regular mejor su comportamiento durante una tarea estresante. Dicho esto, hay que mencionar también que los investigadores de Ann Arbor no midieron realmente el discurso interior. Lo que hicieron fue dar instrucciones a los voluntarios para que utilizaran diferentes tipos de discurso, y luego hicieron algunas comprobaciones para ver si habían obedecido las instrucciones. Aparte de las poco naturales limitaciones de una tarea experimental, ¿hasta qué punto es habitual una perspectiva personal como ésta en el discurso interior?

Un grupo de nosotros, situado en la Universidad Macquarie de Sydney, en Australia, llevó a cabo un estudio en el cual entrevistamos respecto a su discurso interior a personas ordinarias y a pacientes diagnosticados de esquizofrenia,[6] y encontramos que no había diferencias entre los dos grupos en cuanto al uso del propio nombre a la hora de dirigirse a sí mismos (alrededor de la mitad de los participantes informaron en este sentido), ni en cuanto a referirse a uno mismo desde la segunda persona del singular

6. Robin Langdon, Simon R. Jones, Emily Connaughton y Charles Fernyhough, «The phenomenology of inner speech: Comparison of schizophrenia patients with auditory verbal hallucinations and healthy controls», *Psychological Medicine,* vol. 39, pp. 655-663, 2009.

(también aquí, alrededor de la mitad de los participantes emplearon este tipo de autoconversación). Estas formas del discurso interior basadas en el «distanciamiento» se vieron superadas por el uso de la primera persona del singular, que se vio como algo menos adaptativo en la investigación de Michigan; en torno a tres cuartas partes de los participantes de ambos grupos dijeron que tendían a referirse a sí mismos como «yo» en su discurso interior. Sin embargo, es bastante posible que se utilicen todas estas formas en diferentes momentos, claro está, y es probable que la primera, la segunda y la tercera formas personales figuren en la experiencia interna cotidiana de las personas. En una encuesta posterior, presentamos a alrededor de 1500 personas diversas afirmaciones relacionadas con la autoconversación interna, entre las cuales se incluía el uso de la segunda persona («tú»). Alrededor de la mitad de los participantes dijeron que se referían a sí mismos de esta manera (en su mayor parte entre los valores de «*con frecuencia*» y «*en todo momento*»), sugiriendo un amplio uso de lo que los investigadores de Michigan veían como una forma de discurso interior psicológicamente más saludable.

La idea de que el discurso interior se manifiesta de diferentes maneras está sustentada también por el trabajo de Russ Hurlburt con el MED. En un artículo del año 2013, Hurlburt y sus colegas revisaron cerca de cuarenta años de hallazgos del MED sobre la charla interior,[7] y ofrecieron una imagen de la experiencia interior de una enorme variedad. La autoconversación interna, al igual que hablar en voz alta, puede transmitir emociones tan variadas como la curiosidad, la indignación, el interés y el aburrimiento, y puede emerger con diversos concomitantes corporales, pues hay personas que la experimentan como algo que emerge desde su torso o pecho, en tanto que otras lo sienten como si emanara de la cabeza, en ocasiones incluso desde partes concretas del cráneo (la frente, la parte trasera o la sección lateral). El discurso interior puede ir dirigido al yo, a otro individuo o puede no ir dirigido a nadie en concreto; y (sustentando los hallazgos de nuestro cuestionario) puede incluso tener lugar con la voz de otra persona. Un participante escuchó en cierta ocasión a un amigo

---

7. Hurlburt *et al.*, «Toward a phenomenology of inner speaking». Recuerda que Hurlburt y sus colegas se refieren a ciertas formas de discurso interior como «inner speaking» (habla interior), para resaltar su naturaleza activa.

decir, realmente, «Vamos al gimnasio antes de cenar» y, al mismo tiempo, su propio discurso interior repitió esas mismas palabras, pero con la voz del amigo. Es decir, experimentaba dos corrientes superpuestas de «Vamos al gimnasio antes de cenar», separadas por una distancia de alrededor de medio segundo. La primera la decía su amigo en voz alta; la segunda era una afirmación, con similares características vocales, generada en su propio discurso interior.

Pero la variedad no termina aquí. Las observaciones con el MED demuestran que las personas pueden hablarse a sí mismas casi al mismo tiempo que están hablando de viva voz, y pueden a veces estar pensando algo diferente a lo que la voz externa está diciendo. Remedando al personaje de Darcy en la película ¿En qué piensan las mujeres?, una de las participantes estaba planeando una comida con sus amigas y pensando «Vamos al Burger King», mientras esperaba su turno en la conversación. Sin embargo, lo que salió de su boca inmediatamente después fue «Vamos al KFC». En el instante del bip, la joven no se sorprendió de haber dicho algo diferente a lo que estaba pensando; fue unos segundos más tarde cuando se dio cuenta (ciertamente impactada) de la discrepancia.

En otros aspectos, el MED nos pinta un cuadro del discurso interior diferente del que nos presenta la teoría de Vygotsky. Como hemos visto, las investigaciones de Hurlburt sugieren que el discurso interior está lejos de ser ese fenómeno ubicuo que plantean algunos investigadores, ya que sólo un 23 por 100 de los momentos muestreados evidencian un discurso interior. Y lo que es más, los datos de Hurlburt apuntan a que la abreviación de las afirmaciones internas no es tan habitual como afirma la teoría de Vygotsky, aunque existen razones para pensar que el MED podría subestimar la frecuencia del discurso interior,[8] tanto en su forma condensada como dialógica. El trabajo de Hurlburt nos advierte que sería arriesgado afirmar que las personas se hablan a sí mismas en todo momento, pues parece que hay personas que no lo hacen así en absoluto. Cada uno de los métodos que utilizan los científicos para estudiar el discurso interior

8. Ben Alderson-Day y Charles Fernyhough, «More than one voice: Investigating the phenomenological properties of inner speech requires a variety of methods. Commentary on Hurlburt, Heavey and Kelsey (2013), Toward a phenomenology of inner speaking», *Consciousness and Cognition,* vol. 24, pp. 113-114, 2014.

tiene sus limitaciones, por lo que llegar a una comprensión plena del fenómeno nos va a exigir que vayamos más allá de los informes personales falibles para centrar nuestra atención en los procesos psicológicos que lo subyacen. Si queremos tener una imagen más clara de lo que es el discurso interior como experiencia, una posibilidad sería explorar cómo se relaciona con el resto de los tipos de lenguaje que generamos.

Algo que, decididamente, todos hacemos (a menos que tengamos alguna dificultad específica para producir lenguaje hablado) es discurso externo. ¿Cuál es la relación entre las voces que escuchamos en nuestra cabeza y todo aquello que decimos en voz alta? ¿Tenía razón Vygotsky al suponer que las transformaciones que acompañan a la interiorización significan que las dos formas de discurso son fundamentalmente diferentes? Si el discurso interior procede realmente del discurso externo, el estudio de la relación existente entre ambos debería darnos amplia información en ambas direcciones.

Sin embargo, en primer lugar, tenemos que volver a los conductistas. El punto de vista de John B. Watson era que el discurso interior es, simplemente, discurso externo menos la mayor parte de la actividad muscular que produce las ondas sonoras desde la lengua, los labios y los músculos articulatorios. «Los procesos de pensamiento –escribió Watson– son en realidad hábitos motores en la laringe».[9] Pensar es hablar con el volumen bajado. Vygotsky, en cambio, pensaba que el discurso interior se transforma a medida que se interioriza. Comparte algunos rasgos con el discurso externo, pero en modo alguno es meramente una versión silenciosa de aquél.

En cierto nivel, el punto de vista de Watson se puede refutar sin muchas dificultades. Las personas que no pueden mover los músculos no pierden la capacidad para pensar de repente, como se demostró en un estudio de anestesiología en 1947, en el que se paralizó (temporalmente) a un participante con curare, que es un veneno para el sistema nervioso.[10] Una versión más plausible del punto de vista watsoniano, denominada la

9. John B. Watson, «Psychology as the behaviorist views it», *Psychological Review,* vol. 20, pp. 158-177, 1913, p. 174.

10. Scott M. Smith, Hugh O. Brown, James E. P. Toman y Louis S. Goodman, «The lack of cerebral effects of *d*-tubocurarine», *Anesthesiology,* vol. 8, pp. 1-14, 1947.

hipótesis de estimulación motriz, sostiene que el discurso interior es similar en algunos aspectos al discurso externo porque se planifica esencialmente de la misma manera, aunque no llega a la fase final de pronunciación. Dicho de otra manera, cuando tienes un pensamiento, tu cerebro hace todo lo que hay que hacer para que digas ese pensamiento en voz alta, menos darle la orden a los músculos para que lo pronuncies de viva voz.

Esto nos proporciona, en el campo de la psicología, una interesante hipótesis con la cual trabajar. Si la hipótesis de estimulación motriz es correcta,[11] el discurso interior debería resonar con las mismas cualidades de tono, timbre y acento que el discurso externo ordinario. Por ejemplo, si hablas con acento galés, tu discurso interior debería tener la misma cualidad. Por otra parte, si algo profundo cambia a medida que el discurso interior «se sumerge», las diferencias podrían terminar superando a las similitudes.

Hasta el momento, las evidencias estiran de la verdad en ambas direcciones. Existen atisbos que indican que la idea de la estimulación motriz podría ser correcta en cuanto a las similitudes existentes entre el discurso interno y el externo. En un estudio reciente, dirigido por Ruth Filik y Emma Barber, de la Universidad de Nottingham, se pidió a los participantes que leyeran quintillas jocosas en silencio,[12] para sí mismos. Por ejemplo:

> There was a young runner from Bath
> Who stumbled and fell on the path;
> She didn't get picked,
> As the coach was quite strict,
> So he gave the position to Kath.[13]

11. La hipótesis de estimulación motriz del discurso interior enlaza con un grupo más amplio de teorías de «simulación incorporada» que sostienen que procesos tales como la comprensión de la palabra y la imaginería mental representan esencialmente acciones o percepciones atenuadas. Si se desea ver un resumen reciente, véase Benjamin K. Bergen, *Louder than Words: The new science of how the mind makes meaning,* Nueva York: Basic Books, 2012.
12. Ruth Filik y Emma Barber, «Inner speech during silent reading reflects the reader's regional accent», *PLoS ONE,* vol. 6, e25782, 2011. Véase también Charles Fernyhough, «Life in the chatterbox», *New Scientist,* 1 de junio de 2013.
13. Había una joven corredora de Bath / que tropezó y se cayó en el camino. / Y no fue escogida / porque el entrenador era bastante estricto, / de modo que le dio el puesto a Kath. *(N. del T.)*

Otra de estas quintillas decía:

> There was an old lady from Bath
> Who waved to her son down the path;
> He opened the gates,
> And bumped into his mates,
> Who were Gerry, and Simon, and Garth.[14]

Estas quintillas lo son en tanto en cuanto el último verso rima con el primero y el segundo. Trastoca esa rima y ya no tendrás una quintilla. Pero que dos palabras rimen o no quizás dependa a su vez del acento con que las pronuncies. Curiosamente, algunos de los participantes tenían acento inglés del norte, con vocales cortas, de tal modo que la pronunciación de «Bath» rima con «Kath», en tanto que otros pronunciaban las vocales largas propias del acento del sur, rimando así «Bath» con «Garth». Haciendo un rastreo de los movimientos de los ojos de los voluntarios, las investigadoras demostraron que la lectura se veía trastocada cuando la palabra final de la quintilla no rimaba en el acento de ese voluntario; por ejemplo, cuando un participante del sur leía «Bath» y «Kath».

Estos hallazgos apoyan la idea de que el discurso interior tiene ciertamente acento y, presumiblemente, otras cualidades de nuestra voz cuando hablamos. Como los estudios del MED de Hurlburt han demostrado, el discurso interior comparte muchas de las propiedades del discurso externo.[15] Los pronunciamientos internos son normalmente con la propia voz de la persona, con su ritmo, cadencia, tono, etc. Por otra parte, las personas que tartamudean informan frecuentemente que su discurso interior

---

14. Había una anciana dama de Bath / que saludó con la mano a su hijo al final del camino. / Él abrió las puertas / y tropezó con sus colegas, / que eran Gerry, Simon y Garth. *(N. del T.)*

15. Véase, por ejemplo, la descripción de Melanie de su voz del «pensamiento interior»: Hurlburt y Schwitzgebel, *Describing Inner Experience?,* box 4.2, p. 62; **Ben Alderson-Day y Charles Fernyhough, «Inner speech: Development, cognitive functions, phenomenology, and neurobiology»**, *Psychological Bulletin,* vol. 141, pp. 931-965, 2015.

es completamente fluido,[16] indicando que sea lo que sea que dificulta su discurso en voz alta no se encuentra ahí en la versión interna.

Otra forma de poner a prueba si el discurso interior tiene la misma riqueza que el externo es dándole a los participantes algún material que sea difícil de pronunciar, como un trabalenguas. La clave de los trabalenguas se halla en que juntan fonemas (unidades básicas de sonido) similares y, por tanto, de fácil intercambio entre sí, como te pueden asegurar el triste Tristán, que trota tras tres tristes trineos. Ciertamente, todos tropezamos con los trabalenguas cuando los pronunciamos en voz alta pero, ¿tenemos el mismo problema cuando los recitamos en el discurso interior?

Esa idea se puso a prueba en un esmerado estudio realizado por Gary Oppenheim y Gary Dell, de la Universidad de Illinois en Urbana-Champaign. Estos investigadores comenzaron identificando dos tipos de errores que pueden tener lugar en el lenguaje:[17] los errores léxicos y los errores fonémicos. Los errores léxicos tienen lugar cuando se intercambian palabras enteras, como en «El Señor es mi pasta, nada me gasto», en lugar de «El Señor es mi pastor, nada me falta», o «La dentadura de Franco» por «La dictadura de Franco». En cambio, los errores fonémicos implican el intercambio de sonidos individuales del discurso hablado (como decir *losa* por *rosa).* Ambos tipos de errores tienen lugar en el discurso hablado; pero ¿afectan del mismo modo al discurso interno? Si la hipótesis de estimulación motriz es correcta, ambos tipos de errores deberían aparecer tanto en el discurso interno como en el externo. Si el discurso interior es menos rico que el externo en el nivel de los sonidos individuales del discurso –quizás debido a los procesos de condensación y abreviación que sugería Vygotsky–, cabría esperar que las personas mostraran ciertos tipos de errores léxicos, pero no errores fonémicos, en su discurso interior.

16. R. Netsell y E. Ashley, «The rate of inner speech in persons who stutter», *Proceedings of the International Motor Speech Conference,* 2010.

17. Gary M. Oppenheim y Gary S. Dell, «Inner speech slips exhibit lexical bias, but not the phonemic similarity effect», *Cognition,* vol. 106, pp. 528-537, 2008; Martin Corley, Paul H. Brocklehurst y H. Susannah Moat, «Error biases in inner and overt speech: Evidence from tongue twisters», *Journal of Experimental Psychology Learning, Memory, and Cognition,* vol. 37, pp. 162-175, 2011; Gary M. Oppenheim y Gary S. Dell, «Motor movement matters: The flexible abstractness of inner speech», *Memory & Cognition,* vol. 38, pp. 1147-1160, 2010. Para más información, véase Alderson-Day y Fernyhough, «Inner speech».

Los investigadores de Illinois sometieron esto a prueba dando a los participantes trabalenguas de cuatro palabras (tales como podrían ser en castellano *losa, rusa, rosa, lusa)* para que los recitaran, bien en voz alta o bien en el discurso interno, deteniéndose para informar de cualquier error que pudieran cometer (por ejemplo, diciendo *losa* en lugar de *rosa).* Los trabalenguas se habían generado con sumo cuidado para permitir a los investigadores manipular las similitudes léxicas (de palabra) y fonémicas (de sonido). Los resultados demostraron que ambos tipos de error tenían lugar en el discurso externo, pero que sólo había errores léxicos en el discurso interno. Oppenheim y Dell concluyeron que el discurso interior se empobrece con respecto al externo, exhibiendo menos riqueza en el nivel de los sonidos individuales del discurso. Sigue sin responderse, sin embargo, a la pregunta de si esto se debió a que el discurso interno que se produjo carecía de estos rasgos o si se debió a algún mecanismo de «escucha» interna que pudiera no ser sensible a estas cualidades.

Otro grupo de investigadores, dirigido por Martin Corley, de la Universidad de Edimburgo, pensó que podría hacer algo respecto a esto último. Argumentaron que un motivo por el cual los errores por similitud fonémica podrían no aparecer en el discurso interior sería porque quizás fueran difíciles de advertir por parte de los participantes. Para comprobar esta idea, repitieron el experimento de Illinois, pero lo hicieron de tal modo que a los participantes les resultaba más difícil detectar sus errores durante el discurso en voz alta al hacerlo coincidir con ruido rosa –una forma de ruido blanco–. Este cambio anuló las diferencias entre el discurso externo y el interno. En todas las circunstancias, el recitado del discurso interior mostró los característicos errores de similitud fonémica (el error *rosa-losa)*, en agudo contraste con los hallazgos de Oppenheim y Dell.

En los círculos de investigación todavía se está deliberando si el discurso interior muestra el mismo rango de propiedades lingüísticas que el discurso externo. El problema es que en todos estos experimentos se utilizaron escenarios artificiales para la generación de discurso encubierto, escenarios que es poco probable que estimulen el tipo de discurso interior espontáneo que llena nuestros pensamientos cotidianos. Otro detalle que preocupa es que en varios de los estudios en este campo se requería de los participantes que leyeran el material de una pantalla; y, como demostraremos en el próximo capítulo, puede suceder que el tipo de discurso interior que se deriva de una lectura silenciosa sea un caso aparte, especial. Tenemos que intentar captar las cualidades del discurso interior de un modo más natural, y eso significa ser más cuidadosos en la forma en que pedimos a la gente que lo genere en laboratorio.

Podemos utilizar otra ruta para comprender la relación existente entre el discurso interior y el exterior. Con las nuevas técnicas de neuroimágenes, como las fMRI (imágenes por resonancia magnética funcional), tenemos la oportunidad de ver lo que sucede en el cerebro cuando se generan las diferentes formas de lenguaje. Si el discurso interior no es más que discurso externo sin la articulación, debería haber un considerable solapamiento en las regiones cerebrales que se activan, mostrándose diferencias únicamente en aquellas zonas relacionadas con los procesos articulatorios (que sería de esperar que no operaran en el discurso interior). Sin embargo, si el discurso interior cambia de naturaleza al interiorizarse, se podría ver cómo cobran vida regiones cerebrales diferentes.

Resulta que tengo una cabeza grande, si la mides de delante atrás, de tal modo que los técnicos tienen que quitar una capa de relleno. Sin embargo, hay más relleno en torno a mis orejas, para asegurarse de que mi cráneo queda absolutamente inmóvil. Los pequeños auriculares rosados me los han apretado tanto hacia dentro que tengo la sensación de que se están tocando entre sí en mitad de la cabeza. Me he quitado los zapatos, pero no es que me encuentre en una sesión de yoga ni en una clase de meditación. Hoy estamos haciendo un ensayo piloto de un método nuevo para observar el discurso interior en un escáner de fMRI. Esencialmente, me voy a convertir en conejillo de Indias para averiguar si nuestro nuevo experimento funciona o no, para que podamos aplicarlo posteriormente con otros voluntarios.

Hoy es un día especial por muchos motivos. Es la primera vez que voy a posar mis ojos sobre mi propio cerebro; la primera vez que alguien lo ve, de hecho, lo cual es digno de reseñar, dado que ha estado haciendo su trabajo sin quejarse durante cuarenta y tantos años. Es la primera oportunidad que tengo de pasar por un proceso del que tanto he leído en artículos académicos y en las noticias. Que te escaneen el cerebro es algo imposible de representar a través de ningún medio ordinario; no puedes situar una cámara ahí y ponerte a filmar, porque las cámaras contienen metal, y el imán que hace funcionar este escáner es lo suficientemente potente como para chupar todas las monedas que hayan quedado escondidas en un sofá. Nunca verás un *selfie* de alguien en el momento en que está tomando parte en un experimento con neuroimágenes. Si quieres saber qué se siente, tendrás que pasar por el proceso tú mismo.

La primera vez que lo haces, la emoción dominante es de ansiedad. Aún después de haberme preguntado a mí mismo insistentemente si llevo algo metálico en el interior de mi cuerpo, la duda permanece: me hicieron un implante, una mejora o un remiendo sin mi conocimiento y, ahora, ese pedacito de metal fatal se está calentando, están tirando de él tres Teslas dignos de un campo magnético y no tardará en atravesar mi piel como un arpón. Parece que se me emborrona la visión; ¿puede ser que haya algo de metal en mis lentes de contacto? Tengo una extraña sensación cuando el técnico le da la vuelta al espejo y veo los archivos del ordenador (que los experimentadores están manipulando en el PC de la sala contigua) que se introducen en el proyector. Es como si alguien estuviera trasteando con el *software* de mi propio cerebro. Puedo verme la frente en el espejo, por detrás de la jaula que cubre mi rostro. Parece todo muy de ciencia ficción. ¿Adónde ha ido ese chico? ¿Por qué nadie me dice nada? ¿Acaso han encontrado algo horrible? ¿Se habrán ido todos al pub? Se oyen bips y estampidos. No es para nada relajante. De hecho, es como una pesadilla de *La guerra de las galaxias.* Oyendo todos estos ruidos en la carcasa que me aprisiona me siento como si me hubiera despertado en el interior de R2D2 durante alguna recreación friki de la batalla de Endor.

Ponte la mano en el lado izquierdo del cráneo,[18] allí donde hay una ligera abolladura, justo por encima y por delante del oído. Las yemas de los dedos estarán tocando la ubicación de una parte del cerebro, el giro frontal inferior, del que se sabe que es esencial en la producción del lenguaje. Una lesión en esta zona trae consigo un tipo de problema particular en la generación del lenguaje conocido como la afasia de Broca (por el neuropsicólogo que la describió por vez primera, Pierre Paul Broca). La

18. Una buena forma de captar la disposición tridimensional de estas regiones cerebrales es a través de un atlas cerebral *online* o de una *app* para *smartphone.* 3D Brain es una buena *app* para *smartphone.*

mayoría de las investigaciones con fMRI que han observado el discurso interior dan cuenta de la activación de esta zona cerebral cuando la persona está ensayando frases en silencio, y la zona de Broca es la primera de nuestra lista de las zonas cerebrales que cabría esperar que se activen.

Más importante aún, nuestro diseño nos permite explorar también las diferencias de activación entre dos tipos de discurso interior. Uno de los problemas que presentan los estudios de neuroimagen existentes es que han tratado el discurso interior como una única cosa, y no han prestado suficiente atención a sus distintas formas. Si Vygotsky tiene razón en lo relativo a cómo se desarrolla el discurso interior, éste debería tener durante la mayor parte del tiempo una estructura dialógica (como hemos visto, ése es el punto de vista que respaldan los informes de los participantes cuando hablan de su propia experiencia). Lo cual nos lleva a preguntarnos: ¿qué ocurre cuando se le pide a la gente que está en el escáner que haga algo parecido a un discurso interior espontáneo ordinario?

Dirigiendo la investigación se halla Ben Alderson-Day, un investigador de posdoctorado de nuestro proyecto Hearing the Voice (Escuchando la Voz), en la Universidad de Durham. «Queremos ver lo que ocurre cuando la gente entabla diálogos o conversaciones en la cabeza[19] –explica–, y de qué forma podría eso diferir de formas más sencillas de discurso interior». La tarea a realizar supone dos condiciones o circunstancias diferentes. En cada una de ellas se me pide que imagine un argumento que suponga algún tipo de lenguaje: por ejemplo, ir de visita a mi antigua escuela, o ir a una entrevista de trabajo. En una de las condiciones, yo tengo que generar un monólogo interior (en el ejemplo de la escuela, tengo que imaginar que les doy una charla a los actuales alumnos). En la otra condición, el argumento es el mismo, pero esta vez se me pide un diálogo (en vez de dar una charla, tengo que mantener una conversación con una antigua profesora). El contenido básico de los argumentos es el mismo; la única diferencia es si estoy generando un diálogo interno o más bien algo parecido a un monólogo. Una vez leídas las instrucciones para

19. Ben Alderson-Day, Susanne Weis, Simon McCarthy-Jones, Peter Moseley, David Smailes y Charles Fernyhough, «The brain's conversation with itself: Neural substrates of dialogic inner speech», *Social Cognitive & Affective Neuroscience,* vol. 11, pp. 110-120, 2016.

cada condición, el texto se desvanece de la pantalla y me dejan mirando fijamente a una cruz en el centro de la pantalla: el «punto de fijación» habitual en los estudios con neuroimágenes.

El estudio está diseñado para que podamos ver si el discurso interior dialógico activa zonas diferentes del cerebro a las que activa el discurso interior monológico. Claro está que esperamos que se active el área de Broca (*véase* figura 1) y otra parte del cerebro conocida como el giro temporal superior. Este sistema del lenguaje, centrado normalmente en el hemisferio izquierdo, es lo que habitualmente se activa cuando la gente está generando discurso en voz alta. Sin embargo, pensamos que la tarea que hemos elegido para los participantes ofrece una vía más natural. Con ella, la gente se pondrá a hablar consigo misma en silencio, catalizando así algo que se aproxime más al discurso interior espontáneo ordinario.

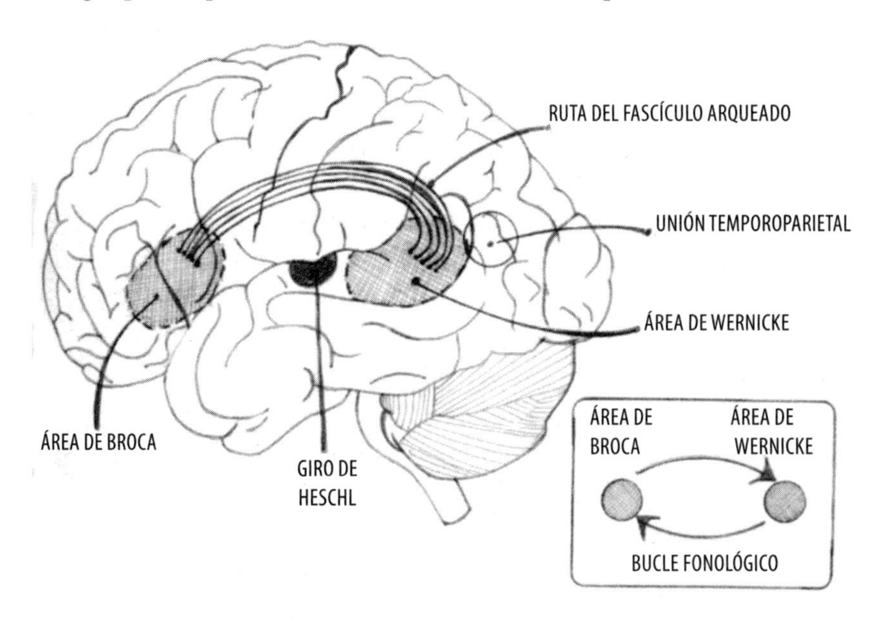

Fig. 1: *La red del discurso interior del cerebro.*

La comparación entre las dos condiciones es del máximo interés; en particular, la pregunta de si el discurso interior dialógico activa regiones cerebrales que no se activan al producir un monólogo interior. En un estudio de neuroimágenes puedes responder a una pregunta así contrastando dos condiciones, sustrayendo o restando básicamente las activaciones provocadas por una condición de las activaciones provocadas por la otra. Cuando Ben sustrajo las activaciones monológicas de las dialógicas, pudo identificar aquellas regiones neurales concretas relacionadas con el diálogo interior, particularmente una serie de áreas en el giro temporal superior de ambos lados del cerebro y en los giros frontales inferior y medio izquierdos.

Así pues, en términos de activaciones cerebrales, el discurso interior dialógico tiene algo de especial y, por tanto, existen motivos adicionales para diferenciar entre estos dos tipos de cháchara encubierta. La comparación dialógica-monológica mostró también activaciones, exclusivas del discurso interior dialógico, en cierto número de regiones conocidas colectivamente como estructuras de la línea media posterior, entre las que se encuentra el precúneo. Por investigaciones previas en neuroimágenes, sabemos que estas áreas están particularmente asociadas con el pensamiento acerca de otras mentes, las llamadas capacidades de la «teoría de la mente». El estudio de la activación de estas áreas es, para nosotros, una prueba crucial de lo que la teoría de Vygotsky predeciría acerca del discurso interior dialógico.

Para comprender el motivo, volvamos con aquellos jugadores de tenis críticos consigo mismos. Parece ser que una parte del yo proporciona un comentario o una instrucción, y que la otra parte del yo actúa en función de ésta. El modelo de Vygotsky del discurso interior dice que éste se desarrolla a partir de las conversaciones con otras personas, conservando de este modo esa cualidad de intercambio entre diferentes puntos de vista. En su discurso privado, Athena se formulaba una pregunta a sí misma («¿Qué estoy haciendo?») y luego la respondía como si la pregunta le hubiera llegado de otra persona («Voy a hacer una vía de tren»). Por tanto, el discurso interior dialógico debe implicar cierta capacidad para representar los pensamientos, sentimientos y actitudes de las personas con las cuales compartimos nuestro mundo; dicho de otra manera, lo que en psicología se denomina teoría de la mente o «cognición social».

Ben pudo poner a prueba esa idea con más detalle porque habíamos incluido una medida estándar de la teoría de la mente en el experimento. En esta tarea, a las participantes se les mostraba una secuencia de tres viñetas que contaban una sencilla historia, y luego tenían que elegir una cuarta imagen para completar la secuencia. En una de las condiciones, se les pedía que elaboraran a partir de las intenciones de uno de los personajes de la historia (que señalaba con el dedo para ver si un asiento estaba libre en un tren). Otras historias no tenían ningún componente de teoría de la mente, sino que suponía razonar respecto a acontecimientos exclusivamente físicos (como un balón de fútbol rompiendo algunas botellas). Comparando así las áreas activadas en las condiciones de la teoría de la mente con las áreas del razonamiento físico, el investigador obtiene una imagen de qué partes del cerebro se hallan implicadas cuando se razona acerca de los estados mentales de otras personas.

Para nuestros objetivos, lo crucial era si existía algún solapamiento entre la generación de discurso interior dialógico y el razonamientos acerca de otras mentes. Ben lo explica así: «Cuando superpusimos las áreas vinculadas al diálogo y las áreas vinculadas a la teoría de la mente, hubo una región que se había activado claramente en ambas: una región denominada giro temporal superior derecho posterior. Esta zona se halla muy cerca de una de las áreas clave de la teoría de la mente, la unión temporoparietal derecha. Cuando lo vimos, supimos que nos hallábamos ante una buena evidencia de que el diálogo y la conversación, aunque sea en el mero discurso interior, necesitan de algún modo involucrar a otras mentes».

Por vez primera, encontrábamos evidencias de las bases neurales del discurso interior dialógico. Curiosamente, las activaciones específicamente dialógicas correlacionaban con la probabilidad de que los participantes dieran cuenta de un discurso interior dialógico en nuestro cuestionario acerca de la calidad del discurso interior. Las personas que marcaron esos elementos fueron las que mostraron con más intensidad activaciones específicamente dialógicas. Estos hallazgos nos ofrecen un tentador atisbo de la existencia de un vínculo entre la experiencia subjetiva del discurso interior –el cómo das cuenta de él cuando se te da un cuestionario– y lo que hace tu cerebro cuando lo está generando.

En cierto modo, no debería de habernos sorprendido que hablar con uno mismo tuviera algo de social. En las teorías de William James, de Charles Sanders Peirce y de George Herbert Mead, el yo genera una conversación consigo mismo mediante la asunción de la perspectiva de otro. Para Mead, esos interlocutores internos se crean a medida que vamos aprendiendo cosas acerca de los roles sociales que las demás personas pueden interpretar. Esto significa que el deportista puede interiorizar el papel del entrenador, por ejemplo, y utilizarlo así para regular su propio comportamiento. El diálogo interior, además de ayudarnos a mejorar nuestro desempeño y a gestionar nuestras emociones, nos puede ofrecer algunas formas de pensamiento diferenciadamente creativas, en las cuales podemos pensar en lo que estamos haciendo mediante la adopción de la perspectiva crítica y constructiva de otro. El hallazgo del hecho de que las redes de la teoría de la mente sean reclutadas cuando el cerebro habla consigo mismo encaja a la perfección con la idea de que, cuando interiorizamos el diálogo, interiorizamos a otras personas. Nuestro cerebro, al igual que nuestra mente, está lleno de voces.

6

VOCES EN LAS PÁGINAS

El obispo estaba haciendo algo sumamente extraño. El joven funcionario del gobierno había ido a visitarle como de costumbre –a los visitantes no se los despedía sin más– con la esperanza de que le concediera una audiencia. Hallando al obispo en un extraño momento de paz entre las visitas de los feligreses, el joven se percató de que el anciano estaba ocupado con un libro, pero ocupado de una manera un tanto inusual. «Cuando leía –escribiría posteriormente en sus *Confesiones* el antiguo profesor de retórica–, sus ojos recorrían las páginas y su mente exploraba el sentido, pero su voz y su lengua guardaban silencio [...]. En ningún momento lo hizo de otra manera».[1]

Ambrosio, obispo de Milán, estaba haciendo algo que probablemente todos damos por hecho: estaba leyendo en silencio, en su cabeza. El relato de san Agustín tiene sentido si esto fuera una ocurrencia inusual en el año 385 d. C. La lectura era una actividad que se hacía normalmente en voz alta. Una historia de la literatura clásica afirma que «un libro de poesía o de prosa artística no era simplemente un texto en el sentido moderno del término, sino algo así como una partitura para su ejecución pública o privada». La lectura precisaba de una audiencia, y la sabiduría convencio-

1. San Agustín de Hipona, *The Confessions* (Maria Boulding, trad.), Hyde Park, Nueva York: New City Press, 1997, libro 6, capítulo 3, pp. 133-134. La traducción se discute en Mary Carruthers, *The Book of Memory: A study of memory in medieval culture* (2.ª ed.), Cambridge: Cambridge University Press, 2008, p. 213, n.º 63.

nal acerca de la lectura en aquel período histórico era que la audiencia no estaba compuesta nunca sólo por el yo.

El relato de Agustín acerca de la lectura silenciosa de Ambrosio es el primer relato explícito de alguien que extraía significado de un texto sin mover los labios. Aquello tuvo una profunda influencia en el propio Agustín, cuya posterior epifanía de conversión en el jardín en Milán estuvo marcada por su propio episodio de lectura silenciosa, concretamente de un códice de las Epístolas: «Lo tomé con mis manos, lo abrí y leí en silencio el pasaje sobre el cual cayeron mis ojos».[2] La innovación de Ambrosio[3] se ha contemplado a su vez como un momento crucial en el desarrollo de la cultura occidental. Por vez primera en la historia, era posible que un lector respondiera ante un texto en privado, sin que nadie le escuchara. La escritora Sara Maitland, al comentar la historia de Ambrosio, afirma que «la práctica de la lectura silenciosa llevó al pensamiento individual o independiente». Y el propio Agustín señala los posibles motivos del astuto truco de Ambrosio: que si él revelaba en voz alta sus respuestas al texto que tenía en las manos, un feligrés curioso podría haberle pedido que ampliara sus reflexiones, perdiendo así buena parte de su valioso tiempo de lectura. O quizás es que simplemente estaba preservando su voz, pues Agustín observó que «se le debilitaba con facilidad». Fueran cuales fueran las consideraciones, allí se desarrolló un método de procesamiento de textos que tendría profundas influencias, tanto en la erudición cristiana como en la relación individual con Dios.

---

2. San Agustín, *The Confessions,* libro 8, capítulo 12, p. 224.
3. Alberto Manguel, *A History of Reading,* Londres: Flamingo, 1997; A. K. Gavrilov, «Techniques of reading in classical antiquity», *The Classical Quarterly,* vol. 47, pp. 56-73, 1997; M. F. Burnyear, «Postscript on silent reading», *The Classical Quarterly,* vol. 47, pp. 74-76, 1997; James Fenton, «Read My Lips», *Guardian,* 29 de julio de 2006; Sara Maitland, *A Book of Silence,* Londres: Granta, 2008, p. 151. Otro punto de vista, el de la medievalista Mary Carruthers, es que Agustín estaba escribiendo en un momento en el que él mismo había llegado a comprender las presiones que suponía ser obispo y que te pidieran constantemente la opinión, de ahí que su reacción emocional fuera de empatía y no tanto de sorpresa. Si hubo algo que sorprendiera a Agustín sería que a Ambrosio sólo se le viera leyendo en silencio en estas situaciones, y nunca «de otra manera» (p. ej. en voz alta), aunque hubiera gente presente. Véase Carruthers, *The Book of Memory,* pp. 212-216.

Se ha debatido mucho sobre si Ambrosio de Milán fue realmente quien inventó la lectura silenciosa. Diversos autores han dado cuenta de ejemplos aparentes de lectura encubierta en la era clásica –Teseo parece leer una carta en silencio en el *Hipólito* de Eurípides, por ejemplo–, y también han señalado el error lógico de asumir que, por el mero hecho de que la gente no soliera leer en silencio, eso no significa que no pudieran hacerlo. El experto A. K. Gavrilov sugiere que Agustín no se sorprendió tanto como se molestó con la lectura silenciosa de Ambrosio, pues el obispo estaba leyendo para sí cuando debería estar prestando toda su atención al joven. De hecho, la incapacidad para leer en silencio no encajaría demasiado bien con lo que conocemos de la cultura clásica. «Si los antiguos no hubieran leído para sí mismos –escribe Gavrilov–, eso no hubiera demostrado su amor por la palabra hablada ni por las eufonías del discurso, sino un severo hándicap psíquico». Por otra parte, en su defensa de la historia de Ambrosio, Maitland señala que, en un documento del año 349 d. C., se exhorta a las mujeres a guardar silencio en la iglesia leyendo «calladamente, de modo que, aunque los labios hablen ningún otro oído pueda escuchar lo que dicen». Si la lectura silenciosa hubiera sido algo normal en aquella época, argumenta Maitland, habría sido una solución mucho más simple para el problema de las mujeres ruidosas.

Sea cual sea su historia, la lectura silenciosa está ahí. La mayoría de los niños aprenden a leer en voz alta para luego subvocalizar poco a poco hasta que leen completamente en silencio. Leer en la cabeza es más rápido que leer en voz alta; en vez de tener que traducir el código visual al fonológico (basado en el sonido) para luego extraer su significado, la etapa vocal se elimina, y el lector puede ir directamente de lo visual a lo semántico. Simplemente, el cerebro tiene menos trabajo que hacer.

Pero la lectura silenciosa tiene también una fenomenología. Recuerdo que, cuando era niño, una profesora me preguntó si, cuando leía una novela, podía escuchar las voces de los personajes resonando en mi cabeza. Creo que le respondí positivamente, y sé que cuando le hice la misma pregunta a mi propio hijo, Isaac, con diez años, su respuesta fue un rápido e inequívoco «sí». La lectura silenciosa no es una experiencia silenciosa. De hecho, uno de los críticos de la historia de Ambrosio[4] seña-

4. Gavrilov, «Techniques of reading in classical antiquity».

la que prestar atención a los matices de ritmo y entonación de un texto requiere de la capacidad para dar saltos adelante y atrás en el texto, tomando así algo más que el trozo de texto que se está procesando en ese momento. Y esto quizás fuera aún más importante cuando la escritura era en *scriptio continua:* elestilodeescriturasinseparacionesdepalabrasqueerauniversalantesdelostiemposdesanAgustín. Una buena lectura, en cualquier época, precisa de una combinación de procesamiento de texto silencioso y vocal.

Por tanto, la lectura silenciosa estimula el discurso interior. En 1908, el psicólogo estadounidense E. B. Huey señalaba que «aunque de vez en cuando haya algún lector cuyo discurso interior no sea demasiado perceptible, y aunque sea un discurso en escorzo e incompleto en la mayoría de las personas, no deja de ser cierto que la escucha o la pronunciación interior, o ambas, de lo que se lee, forma parte de la lectura de una mayoría, con diferencia, de personas [...].Y en tanto que este discurso interior no es sino una forma abreviada y reducida del discurso de la vida cotidiana, algo así como una mala copia, retiene no obstante las características esenciales del original».[5]

En psicología se ha investigado si las representaciones fonológicas que resultan de la lectura silenciosa tienen el sonido de las voces interiores o si son más abstractas. En la Universidad Estatal de Arizona, Marianne Abramson y Stephen Goldinger pidieron a los participantes de su experimento que leyeran diversas palabras, con significado y sin él,[6] que variaban en función de la longitud de su vocal principal y, por tanto, en la extensión de tiempo que les llevaba pronunciarlas. Por ejemplo, la palabra inglesa *ward* (sala) es una palabra de pronunciación ciertamente larga en inglés, en tanto que *wake* (despertar) es corta; *labe* es una palabra sin significado de pronunciación larga en inglés, en tanto que *tate* es otra palabra sin significado que se puede leer con facilidad y rapidez. La tarea consistía simplemente en decidir si la palabra tenía significado o no. Tal como se había pronosticado, a los participantes les llevó más tiempo

5. Edmund Burke Huey, *The Psychology and Pedagogy of Reading,* Nueva York: Macmillan, pp. 117-123, 1908.
6. Marianne Abramson y Stephen D. Goldinger, «What the reader's eye tells the mind's ear: Silent reading activates inner speech», *Perception & Psychophysics,* vol. 59, pp. 1059-1068, 1997.

realizar ese juicio con las palabras largas; lo cual sugiere que, a la hora de tomar su decisión, hacían sonar las palabras en su cabeza mientras leían. Los efectos del acento en la lectura de quintillas y de trabalenguas considerados anteriormente, tampoco se darían presumiblemente, a menos que la lectura encubierta implicara algún tipo de ejecución silenciosa del lenguaje para uno mismo.

El discurso interior relacionado con la lectura suele mostrar signos visibles también. Con una niña que está aprendiendo a leer, nadie se sorprendería de verla pronunciar las palabras con los labios, calladamente, en silencio. Incluso los lectores avezados articulan la lengua cuando leen,[7] especialmente si el texto es dificultoso. A primera vista, tales hallazgos parecen sustentar el punto de vista conductista del discurso interior, en el cual éste se desarrolla mediante el gradual despojamiento de los componentes físicos de la palabra. Sin embargo, eso no significa que John B. Watson tuviera razón acerca del discurso interior en general, dado que la lectura puede ser un caso especial.[8] Vale la pena tener en cuenta esta advertencia en cualquier discusión de la fenomenología de la lectura silenciosa. En psicología, muchas de ellas se han centrado en este tipo de lectura porque constituye una tarea fácil de controlar, pues puedes manipular lo que el participante lee, las instrucciones que se le dan, etc. Pero el discurso interior resultante no parece ser el mismo que el discurso interior espontáneo ordinario, ni estos hallazgos implican que el hecho de que no se muevan los labios signifique la ausencia de un discurso interior. Como Huey señaló hace un siglo, «En mi propio caso, los labios rara vez se mueven, pero en modo alguno puedo escapar a la pronunciación interior que forma parte de toda mi lectura».[9]

Este punto de vista ha recibido el apoyo de las investigaciones realizadas para muestrear la experiencia de la gente cuando está leyendo. Los hallazgos con el método MED de Hurlburt confirman la aseveración de Huey de que al menos algunas personas pronuncian para sí mismas el

7. H. B. Reed, «The existence and function of inner speech in thought processes», *Journal of Experimental Psychology*, vol. 1, pp. 365-392, 1916
8. W. D. A. Beggs y Philippa N. Howarth, «Inner speech as a learned skill», *Journal of Experimental Child Psychology*, vol. 39, pp. 396-411, 1985.
9. Huey, *The Psychology and Pedagogy of Reading*, p. 122.

texto mientras leen,[10] junto con el resto de elementos que entran en su experiencia, como la imaginería visual. Por otra parte, según el MED, otras personas parecen ser capaces de procesar textos sin el recurso de las imágenes ni del discurso interior. También son relevantes aquí los estudios realizados con personas aquejadas de lesiones cerebrales. En el caso de un participante en un experimento, que había quedado súbitamente mudo tras un derrame cerebral,[11] el discurso interior no le era necesario para leer. El paciente no podía hablarse a sí mismo ni podía hacer juicios fonológicos básicos, pero se desempeñaba bien en una prueba de lectura estándar. Se señaló, no obstante, que leía con lentitud, palabra a palabra; y que, después de cada palabra, se quedaba mirando hacia delante durante varios segundos, afirmando con la cabeza al cabo de un rato como para indicar que había captado el significado de la palabra.

Como descubrimos con el experimento de las quintillas, el discurso interior que se pone en marcha cuando lees[12] puede adoptar en ocasiones tu propia voz y tu propio acento. Sin embargo, si conoces al autor de un texto, puede suceder que escuches su voz en tu discurso interior. Se me ocurre el nombre de al menos una amiga que es escritora que, cuando leo sus libros, tengo la intensa y agradable sensación de estar oyéndola a ella decir todo eso en voz alta. Y existe cierto apoyo científico a esta observación personal. En la Universidad Emory, las psicólogas Jessica Alexander y Lynne Nygaard familiarizaron a los participantes de un experimento con las voces de dos oradores,[13] uno de los cuales hablaba lentamente mientras el otro hablaba de forma rápida y ágil. A continuación, se les pidió a los voluntarios que leyeran en silencio algunos fragmentos de texto, diciéndoles que habían sido escritos por uno de los dos oradores. Los resultados indicaron que los participantes leyeron los textos del ora-

---

10. Russell T. Hurlburt y Eric Schwitzgebel, *Describing Inner Experience? Proponent meets skeptic,* Cambridge, Massachusetts: MIT Press, p. 101, 2007.
11. David N. Levine, Ronald Calvanio y Alice Popovics, «Language in the absence of inner speech», *Neuropsychologia,* vol. 20, pp. 391-409, 1982.
12. Brianna M. Eiter y Albrecht W. Inhoff, «Visual word recognition during reading is followed by subvocal articulation», *Journal of Experimental Psychology: Learning, Memory, and Cognition,* vol. 36, pp. 457-470, 2010.
13. Jessica D. Alexander y Lynne C. Nygaard, «Reading voices and hearing text: Talker-specific auditory imagery in reading», *Journal of Experimental Psychology: Human Perception and Performance,* vol. 34, p. 446-459, 2008.

dor ágil con más rapidez que los textos del orador lento, sugiriendo que este aspecto de la oratoria de los dos personajes había sido asimilado al propio discurso interior (recuerda que los participantes estaban leyendo en silencio, no repitiendo en voz alta lo que decía el texto). El efecto fue especialmente pronunciado cuando el texto era más complejo.

Por tanto, parece que es cierta la idea de que los lectores pueden llegar a conocer la «voz» de un escritor favorito; es decir, que un escritor puede llegar a hablarle de forma casi literal a un lector a través de las páginas de su libro. Como señala el escritor y psicoanalista Adam Phillips, existe algo extraño en «la experiencia de una relación en el silencio»[14] que caracteriza el pacto del lector con el escritor. ¿Qué tipo de relación es ésa en la que ninguna de las personas habla? La respuesta es que los escritores *sí* que hablan a través de sus escritos y que, en la lectura, los lectores escuchan.

No obstante, sucede con frecuencia que un escritor no está tan interesado en poner su propia voz en la cabeza de sus lectores como en hacerlo con las voces de otros. Esto puede incluir la voz de la persona que cuenta la historia –el narrador– o las cosas que los protagonistas se dicen entre sí en voz alta. Puede haber incluso procesos de pensamiento privados o discursos interiores de los personajes.[15] Ése es uno de los detalles que hacen de la lectura de ficción una experiencia tan destacada, pues nos llena la cabeza de voces.

«Mi nombre es Bond. James Bond».

¿Te suena? Evidentemente, no habrás tenido que esforzarte demasiado para procesar el significado de esas seis palabras. Pero también puedo predecir con plena confianza que tu experiencia al leerlas habrá tenido una cualidad muy particular. En mi caso, no puedo leer esas dos frases sin escuchar la voz de Sean Connery en mi cabeza (los lectores de otra generación puede que se descubran canalizando las voces de Pierce Brosnan o de Daniel

14. Adam Phillips, *Promises, Promises: Essays on psychoanalysis and literature,* Londres: Faber & Faber, 2000, p. 373.
15. Dorrit Cohn, *Transparent Minds: Narrative modes for presenting consciousness in fiction,* Princeton, Nueva Jersey: Princeton University Press, 1978.

Craig). Claro está que he visto muchas películas de Bond, por lo que no debería de sorprender a nadie que la lectura de la frase del 007 dispare en mi cabeza el timbre de la voz del actor pronunciándola. Pero este tipo de activación sensorial de voces de personajes parece formar parte también de la experiencia de la lectura de ficción.

Muchos lectores dicen que, cuando leen una novela, escuchan las voces de las protagonistas resonando en su cabeza. En cierta ocasión, con la ayuda del periódico *The Guardian,* mis colegas y yo preguntamos a una muestra de más de 1500 personas si escuchaban las voces de los personajes de ficción en sus cabezas cuando estaban leyendo, a lo que alrededor de un 80 por 100 admitió que sí, que las oía. Una de cada siete dijo que esas voces eran tan vívidas como escuchar a una persona real hablando. Algunos lectores dijeron que incluso buscaban activamente establecer una voz para algún protagonista: «Normalmente, mi mente busca al principio de un relato la voz de un personaje que parece que esté pidiendo a gritos una voz. E incluso, a veces, leo el diálogo en voz alta para encontrarle la voz». Para otras personas, el hecho de no poder encontrar las voces significa que ese libro no llega a prender en ellas: «Yo siempre escucho las voces de los personajes en los libros; y si no puedo escucharlas, normalmente es porque no me he llegado a meter en el libro». Otros lectores hablan de experiencias que no guardan relación con voces: «Normalmente, yo sólo escucho mi propia voz interior [...]. Ni siquiera veo los personajes con claridad. En general, creo que les asigno unos cuantos rasgos muy vagos, y trazo los antecedentes de memoria».

Los hallazgos realizados en este estudio se vieron confirmados con los de la psicóloga Ruvanee Vilhauer, del Felician College de Nueva Jersey, que se metió en la página de preguntas y respuestas de Yahoo! Respuestas y buscó referencias sobre personas que escucharan voces cuando leían.[16] La búsqueda arrojo un total de ciento sesenta preguntas y respuestas, que posteriormente sometió a lo que los científicos sociales denominamos un análisis de contenido, que supone un proceso sistemático de identificación

16. Ruvanee P. Vilhauer, «Inner reading voices: An overlooked form of inner speech», *Psychosis,* en prensa. Ten en cuenta que la colección de datos de Vilhauer supuso comenzar con una búsqueda del texto «hearing voices» (escuchar voces), para luego añadir el modificador «read*» (leer).

de los temas que emergen en una serie de textos. Al igual que en nuestro estudio, en torno al 80 por 100 de los *posts* de los lectores hacían referencia a escuchar voces, que frecuentemente poseían cualidades de discurso tales como identidad, género, timbre, volumen y tono emocional. Las voces escuchadas se identificaban en ocasiones con las impresiones del lector acerca de cómo podría haber hablado el personaje en cuestión, y en ocasiones se identificaban con el propio discurso interior de la persona. En el caso de algunos lectores, la voz que escuchaban era una versión particular de su propio discurso interno, una voz de «lectura interna» especial. «¡sí, Yo escucho mi propia *vzo!,* –escribió un usuario de Yahoo! que escribía muy rápido– pero la *vzo* en mi cabeza no suena como mi *vzo* cuando *habol* :o *[sic]*». Una pequeña proporción de personas decía que sus voces interiores de lectura eran incontrolables e, incluso, irritantes: «Me distraen de lo que estoy leyendo porque no consigo que desaparezca la voz, y eso me molesta. Esto se ha llegado a convertir en un problema últimamente porque es casi como si hubiera terminado desarrollando una fobia a la lectura, porque no puedo soportar oír esa voz tan clara en mi cabeza cuando leo». En ocasiones, la experiencia fue bastante desagradable: «Como cuando estoy intentando leer y escucho una voz leyendo en voz alta en mi cabeza, o cuando simplemente pienso que puedo escuchar aquello en lo que estoy pensando. También puedo mantener conversaciones con esa voz [...]. Y de vez en cuando aparece diciendo cosas horribles».

Así pues, parece que la escucha de voces de personajes de ficción[17] se puede aplicar tanto a los lectores adultos como a mi hijo de diez años. Los novelistas utilizan principalmente dos métodos para reflejar lo que los personajes dicen en sus relatos. Pueden poner exactamente lo que el personaje dice, normalmente señalándolo con una raya al inicio (—); esto es lo que se conoce como *discurso directo.* O pueden ofrecer lo que el personaje dice de segunda mano, en lo que se llama *discurso indirecto.* Es la diferencia entre escribir *María dijo:*

—La partida era interesante

y *María dijo que la partida era interesante.*

---

17. Ben Alderson-Day, Marco Bernini y Charles Fernyhough, «Uncharted features and dynamics of reading: Voices, characters, and crossing of experiences», manuscrito en revisión.

Los estudios en psicología han demostrado que el discurso directo se percibe normalmente como más vívido que el discurso indirecto.[18] En la Universidad de Stanford, Elizabeth Wade y Herbert Clark pidieron a los participantes de su investigación que les contaran una conversación mantenida por otras personas, y se les dieron instrucciones para que hicieran el relato entretenido o lo hicieran simplemente informativo. Cuando los participantes intentaban entretener en vez de simplemente informar, aumentaban las probabilidades de que utilizaran el discurso directo como medio.

En la Universidad de Glasgow, otros investigadores se preguntaron qué pasa en el cerebro cuando la gente lee los dos tipos de discurso. Bo Yao y sus colegas comenzaron con la hipótesis de que, cuando leemos un discurso indirecto, sólo procesamos el significado; y que, cuando leemos un discurso directo, llegamos incluso a darle sonido a las palabras del personaje en nuestra cabeza. En línea con sus predicciones, descubrieron diferencias en las activaciones de áreas cerebrales de los participantes que escuchaban discursos directos frente a discursos indirectos. Concretamente, la escucha de un discurso directo traía consigo una activación mayor de las áreas del córtex auditivo derecho (alojado en el lóbulo temporal), del que se sabe que es particularmente importante en el procesamiento de voces. Este hecho no se habría esperado si ambos tipos de discurso hubieran llevado a procesar el discurso reflejado en el texto al mismo nivel. Los hallazgos proporcionan una base neural para la observación de que el discurso directo se experimenta de forma más vívida que el discurso indirecto, porque activa las áreas del cerebro que representan las cualidades de las voces.

En un segundo estudio, los investigadores de Glasgow replicaron estas diferencias de activación cuando los participantes escuchaban discursos directos o indirectos.[19] Para asegurarse de que las diferencias no

18. Elizabeth Wade y Herbert H. Clark, «Reproduction and demonstration in quotations», *Journal of Memory and Language,* vol. 32, pp. 805-819, 1993.

19. Bo Yao, Pascal Belin y Christoph Scheepers, «Silent reading of direct versus indirect speech activates voice-selective areas in the auditory cortex», *Journal of Cognitive Neuroscience,* vol. 23, pp. 3146-3152, 2011; Bo Yao y Christoph Scheepers, «Contextual modulation of reading rate for direct versus indirect speech quotations», *Cognition,* vol. 121, pp. 447-453, 2011; Bo Yao, Pascal Belin y Christoph Scheepers, «Brain

eran provocadas simplemente porque el discurso directo sonara más interesante o excitante cuando se leía en voz alta, establecieron que los dos tipos de texto se recitaran con una voz monótona. Al compararlo con el discurso indirecto, el discurso directo activó casi exactamente las mismas áreas del cerebro que se habían activado en el anterior estudio, sugiriendo que el cerebro se había llenado con una rica información vocal, a pesar de no haber estímulo alguno en esa dirección. Con esto se daba apoyo a hallazgos previos del mismo grupo que indicaban que las personas leen el discurso directo con más rapidez cuando creen que la cita procede de una persona que habla rápido comparada con otra que habla lentamente, pero que ese efecto no se mantenía con el discurso indirecto. Cuando leemos discurso directo, realmente hacemos sonar las palabras como si hubiera una voz detrás, aun cuando nuestros labios no se muevan.

Otros estudios han dado apoyo a la idea de que la familiaridad que tenemos con determinadas voces[20] afecta al modo en que esas voces se experimentan en nuestra cabeza cuando leemos en silencio. Un grupo de investigadores, liderados por Christopher Kurby, de la Universidad de Washington, presentaron ante los participantes de su investigación los guiones de un programa de radio de la década de 1950, *The Bickersons,* en los que se desarrollaban las conversaciones entre John y Blanche Bickerson, el matrimonio protagonista del programa. Los participantes escucharon primero las grabaciones de los guiones interpretadas por nuevos actores, y luego leyeron los mismos o diferentes guiones en los que aparecían los mismos personajes. A intervalos aleatorios, el procedimiento se interrumpía con una tarea de reconocimiento de palabras auditivas, en la que se presentaba una palabra en la voz de uno de los personajes. (La tarea consistía en que los voluntarios juzgaran si la palabra era real o no). La justificación de todo esto consistía en que, si la voz de Blanche, por ejemplo, se había activado ya en la cabeza del lector, y luego la sonda de

---

"talks over" boring quotes: Top-down activation of voice-selective areas while listening to monotonous direct speech quotations», *NeuroImage,* vol. 60, pp. 1832-1842, 2012; **Christopher I. Petkov y Pascal Belin, «Silent reading: Does the brain "hear" both speech and voices?»**, *Current Biology,* vol. 23, R155-6, 2013.

20. Christopher A. Kurby, Joseph P. Magliano y David N. Rapp, «Those voices in your head: Activation of auditory images during reading», *Cognition,* vol. 112, pp. 457-461, 2009.

reconocimiento de palabra se había presentado con la voz de Blanche, la reacción debería de ser más rápida que si las voces no encajaban.

Y eso es exactamente lo que los investigadores encontraron, pues los participantes enjuiciaban la palabra con más rapidez cuando la palabra de prueba se presentaba con la voz que acababan de escuchar. Pero ese efecto sólo se encontraba cuando el participante estaba leyendo un guion que había escuchado previamente en voz alta, no un guion nuevo que reflejara la voz del mismo personaje. ¿Cuántas veces necesitaron escuchar la voz los lectoras para invocar su propia versión mental de ella y transferirla a un fragmento de diálogo que no habían llegado a escuchar en voz alta? En un experimento de seguimiento, los investigadores encontraron evidencias de que el efecto tuvo lugar con guiones con los que no estaban familiarizados, pero sólo si los participantes habían tenido una amplia experiencia con las voces. Llegaron a la conclusión de que, con una exposición reiterada, las voces de los personajes terminaban arraigando en las representaciones de la memoria sobre cómo sonaban esas voces, que posteriormente se activaban cuando el participante leía el discurso de ese personaje.

Sin embargo, esto nos lleva a un enigma. Si es cierto que la lectura de diálogos de ficción activa las voces de los personajes en nuestro discurso interior, eso debe ocurrir también aunque nunca hayamos escuchado esa voz realmente. Yo puedo conjurar una imagen mental vívida de April Wheeler intentando persuadir a su marido Frank para que haga las maletas y se vaya a Europa, en el clásico de Richard Yates, *Vía revolucionaria,*[21] aunque April sea un personaje de ficción y yo nunca haya visto la película de este libro. De un modo u otro, la voz que escucho debe de ser de mi propia factura; debo de estar creándola y haciendo de ventrílocuo en mi propio discurso interior. Como veremos, la pregunta de qué es lo que hace posible el acto creativo posiblemente nos diga algo acerca de cómo los escritores conjuran las voces que pueblan sus páginas.

Un enfoque posible, adoptado por las psicólogas Danielle Gunraj y Celia Klini, de la Universidad de Binghampton, en el estado de Nueva York, es dar a los lectores información acerca de una voz que nunca hayan

21. Publicado en castellano por Editorial Alfaguara. Barcelona, 2013. *(N. del T.)*

escuchado,[22] sin dejarles escucharla realmente. Si, en la investigación, al personaje principal se le describía como una persona que hablaba rápido, los participantes leían el discurso de ese personaje con más rapidez. Esto confirmaría hallazgos anteriores que apuntaban que la velocidad del habla se traduce en velocidad de lectura. Sin embargo, la diferencia importante en el estudio de Binghampton fue que los participantes nunca llegaron a escuchar al personaje hablando rápido; solamente se les dijo, en una descripción de la voz en el propio texto, que su manera de hablar era rápida y ágil. Aunque este efecto se daba durante la lectura en voz alta, en la lectura silenciosa sólo funcionaba si a los lectores se les daban instrucciones para que adoptaran la perspectiva del personaje y leyeran el texto de tal manera que pudieran escuchar la voz del personaje en su cabeza. Esto implica que la creación de una imagen auditiva de la voz de un orador no es automática; precisa de algún esfuerzo activo por parte del lector. Las investigadoras argumentaron que, en la lectura de ficción, la implicación emocional con un personaje puede ser suficiente para asegurar el efecto, explicando por qué en ocasiones nos quedamos decepcionados al ver la película de un libro que nos gustaba mucho, pero en la que la voz de un personaje en particular no se corresponde con la que habíamos creado en nuestro discurso interno.[23]

Pero los novelistas no sólo se preocupan por reflejar las palabras que sus personajes dicen en voz alta. También nos dicen lo que sus personajes piensan. En el estilo de escritura que los expertos literarios denominan *estilo indirecto libre* se combinan las representaciones del pensamiento interno con el discurso narrativo normal. Por ejemplo, en *Madame Bovary,* de Gustave Flaubert, los pensamientos de la protagonista se integran totalmente en la voz narrativa:

> «¡Tengo un amante! ¡Un amante!»,[24] se repetía una y otra vez, deleitándose en esa idea como si le hubiera sobrevenido una segunda pubertad. Por fin

22. Danielle N. Gunraj y Celia M. Klin, «Hearing story characters' voices: Auditory imagery during reading», *Discourse Processes,* vol. 49, pp. 137-153, 2012.

23. Alderson-Day, Bernini y Fernyhough, «Uncharted features and dynamics of Reading». Un escritor me dijo que él no escuchaba los audiolibros de sus obras precisamente por ese motivo.

24. Gustave Flaubert, *Madame Bovary,* Alan Russell, trad., Harmondsworth: Penguin, 1950, p. 175.

iba a conocer los deleites del amor, los febriles gozos que pensaba que nunca disfrutaría. Se adentraba en un mundo maravilloso donde todo era pasión, éxtasis, delirio.

Aquí, la heroína nos ofrece un discurso directo, pero viene seguido de pensamientos. Lo crucial aquí es que el autor no señala la secuencia de pensamientos con el habitual comentario («ella pensaba», etc.). Es como si dejara al lector suponer que todavía se encuentra en la perspectiva de *madame* Bovary, pudiendo así representar los pensamientos de ella sin el uso de torpes dispositivos para diferenciar al personaje del narrador.

Hasta la fecha, no ha habido investigaciones experimentales que nos digan si el procesamiento que realiza el lector de este tipo de representación del discurso interior hace que la voz tome vida en la mente del modo en que lo hace el discurso directo. Pero de lo que no hay duda es de que combinar el discurso interior de los personajes con la voz autoral regular es una de las formas en las que los novelistas dan vida a su prosa. Los escritores también pueden divertirse mucho con el hecho de que las personas digan todo lo contrario de lo que piensan (acuérdate de la participante MED que pensaba «Burger King» al tiempo que decía «KFC»).[25] Los personajes de ficción se sienten a salvo en su vida interior sabiendo que los otros personajes con los que conversan no van a poder acceder a sus pensamientos. Sin embargo, el hecho de que como lectores podamos acceder a tales mensajes contradictorios es uno de los placeres de la lectura de ficción.

No obstante, existen mundos de ficción en los que la privacidad del discurso interior puede verse amenazada. En un contexto de fantasía, los escritores pueden alimentar el drama con el hecho de que se conozcan los pensamientos de las personas, cosa que puede resultar catastrófica para las relaciones humanas, como le ocurría a Nick Marshall en la película *En qué piensan las mujeres* tras desarrollar la capacidad para acceder a la vida interior de sus compañeras de trabajo. En su trilogía *Walking Chaos (Caos andante),* de 2008, el novelista Patrick Ness imagina un mundo en el que los pensamientos son audibles. Las corrientes de consciencia se funden en una consciencia colectiva multimedia y perceptible conocida

25. Russell T. Hurlburt, Christopher L. Heavey y Jason M. Kelsey, «Toward a phenomenology of inner speaking», *Consciousness and Cognition,* vol. 22, pp. 1477-94, 2013.

como el Ruido. «Todo es estrépito y ruido,[26] y por lo general se añade una gran mezcolanza de sonidos, pensamientos e imágenes, y la mitad de las veces es imposible encontrarle sentido alguno a todo eso». Lo que una persona piensa en este mundo imaginario se puede escuchar. «El Ruido es un hombre sin filtrar, y sin un filtro, un hombre no es más que un caos andante». El narrador adolescente, Todd, descubre esto a su propia costa cuando encuentra a una chica que vive de forma salvaje en un pantano, una chica que parece que genera su propio antídoto ante el Ruido. Todd teme infectarla con el germen que ha provocado que los pensamientos de su sociedad se hagan audibles; pero el problema es que no puede guardar para sí mismo sus temores, por lo que no puede impedir que ella se entere de que él está infectado.

En ocasiones, la tensión entre lo interior y lo exterior se puede explotar de maneras más sutiles. Aamer Hussein es un escritor pakistaní cuyos relatos de ficción suelen tratar el tema de la diferencia de asequibilidad entre el discurso interior y el exterior. En su inquietante novela corta *Another Gulmohar Tree (Otro árbol gulmohar),* Hussein nos habla de un hombre, Usman, cuyo idioma nativo es el urdu,[27] que intenta convertir sus pensamientos más íntimos de tal forma que su esposa inglesa pueda comprenderlos. «Se descubrió a sí misma preguntándose, como solía hacer en otro tiempo, si el traducía sus frases dubitativas y comedidas desde su propia lengua, pues sonaban como si él las hubiera escrito antes de decirlas».

En urdu, al discurso interior se le denomina *khud-kalami,* o «hablarse a sí mismo». Pero, debido a que esta lengua está impregnada de antiguas tradiciones culturales, pensar para uno mismo en urdu es algo que se siente de un modo diferente a pensar en inglés. Es más poético y más cercano a lo literario. Las diferencias de estructuras gramaticales entre estas dos lenguas significa también que no hay tanta diferencia entre el discurso interno y el externo en urdu como la que nos encontramos en el inglés. Para un escritor de ficción bilingüe como Hussein, el cambio de lengua genera una relación diferente con la voz interior: «Cuando empecé a escri-

26. Patrick Ness, *The Knife of Never Letting Go,* Londres: Walker Books, 2008, p. 42.
27. Aamer Hussein, *Another Gulmohar Tree,* Londres: Telegram Books, 2009, p. 58; A. Hussein, entrevistado en el Servicio Mundial de la BBC, *The Forum,* el 19 de agosto de 2013.

bir en inglés me di cuenta de que mis relatos eran muy interiores; solían tratar de personas que pensaban en silencio, de manera que el diálogo o cualquier otro tipo de actividad externa sucedía como un recuerdo, como un pensamiento, como una intrusión [...]. En urdu es muy fácil trabajar en ese modo interior». Hussein me explica que el urdu posee dispositivos lingüísticos que marcan el cambio desde el narrador al discurso interior de maneras que son imposibles en inglés, permitiendo así al escritor fundir monólogos interiores con acciones externas en modos que no precisan de trucos modernistas.

Otra manera de fusionar pensamiento y discurso es jugar con la puntuación, como los guiones largos o las comillas, que normalmente los diferencian en las páginas. A principios del siglo XX, James Joyce reemplazó lo que él denominaba despectivamente «pervertidas comillas»[28] con un salto de línea y un guion horizontal.[29] Más recientemente, el escritor estadounidense Cormac McCarthy se ha desembarazado de las comillas y deja al lector el trabajo de averiguar si se trata de discurso en voz alta, pensamiento privado o narrativa autoral.

> Se desprendieron de las mochilas y las dejaron en la terraza, se abrieron camino entre la basura del porche y entraron empujando la puerta en la cocina. El muchacho se aferró a su mano. Tal como lo recordaba. [...] Aquí es donde solíamos celebrar la Navidad cuando yo era niño. Se volvió y se quedó mirando los desperdicios del patio. El amasijo de un lilo muerto. Algo parecido a un seto.[30]

---

28. Joyce hizo el siguiente comentario acerca de la edición de Jonathan Cape de *Retrato del artista adolescente:* «Entonces, el señor Cape y sus impresores me causaron un trastorno. Montaron el libro con pervertidas comas, pero yo insistí a través del encargado del orden para que las quitaran. Después, subrayaron aquellos pasajes que consideraban indeseables. Pero, como verás por el adjunto a la presente, los pasajes subrayados ya no lo están». Carta a H. S. Weaver, 11 de julio de 1924, *Letters of James Joyce* (Richard Ellman, ed.), vol. III, Londres: Faber & Faber, 1966, p. 99.

29. En inglés, a diferencia del castellano, el discurso en voz alta y los diálogos se introducen normalmente en el texto sin hacer salto de línea y entre comillas. Lo que hizo Joyce fue introducir el salto de línea y los guiones largos, que es como se representa normalmente el discurso externo en castellano. *(N. del T.)*

30. Cormac McCarthy, *The Road,* Londres: Picador, 2009, pp. 25-26.

Los experimentos con las voces interiores y exteriores llegaron a un punto culminante en la obra de escritores modernistas como Joyce y Virginia Woolf. El uso que hacía Joyce del estilo indirecto libre en su obra maestra de 1922, *Ulises,* fusiona la narración tradicional con un acceso aparentemente indirecto a los pensamientos de su protagonista, Leopold Bloom, a quien se le ve aquí en el momento de salir de casa, mientras su esposa Molly está en la cama:

> No. Ella no quería nada. Entonces escuchó un cálido y pesado suspiro, más suave, mientras ella se daba la vuelta en el colchón y tintineaban los aros sueltos de latón del bastidor de la cama. De verdad tengo que hacerlos arreglar. Lástima. Todo el trayecto desde Gibraltar. Ella ha olvidado el poco español que sabía. Me pregunto cuánto pagó su padre por eso. Estilo antiguo. ¡Ah, sí, claro! La compró en la subasta del gobernador. Un buen golpe. Duro como un clavo en los negocios, el viejo Tweedy. Sí, señor. En Plevna era eso. Me salí de las filas, señor, y me siento orgulloso de ello. No obstante, él tuvo el ingenio suficiente como para aprovecharse de los sellos. Eso sí que fue tener vista de lince.[31]

Este texto de Joyce pasa de forma casi imperceptible desde la narración tradicional en tercera persona hasta un vívido reflejo de los pensamientos privados de Bloom. Pero el discurso interior no se nos presenta como en Flaubert, como una versión interna del discurso externo. Joyce lo transforma. Es un discurso telegráfico y condensado, como el discurso privado de una niña. Contiene expresiones emocionales e instrucciones para el yo. Es dialógico, como cuando Bloom se pregunta, para luego responderse, de dónde procede el lecho conyugal. Incluso incorpora la voz de su suegro, el viejo Tweedy, al que cita irónicamente alardeando sobre su progresión hasta el rango de mayor en el Ejército. En los escritos de Joyce, el límite entre lo interno y lo externo se hace permeable. El mundo se introduce en la mente, y los pensamientos se retrotraen hasta el mundo.

Los grandes literatos modernistas poseían una bien documentada fascinación por la psicología individual y por el desafío artístico de cómo reflejarlo en sus páginas. Pero los escritores han sido conscientes de la cua-

31. James Joyce, *Ulysses,* Harmondsworth: Penguin, 1986, p. 46.

lidad conversacional del discurso interior desde mucho antes de la época de Woolf y Joyce. En uno de los primeros poemas de Geoffrey Chaucer, *El libro de la duquesa,*[32] el narrador tiene un sueño o visión del misterioso Hombre de Negro,[33] que parece estar lamentándose de la muerte de su amada en una tensa conversación interna: él no dijo nada / pero discutía con su propio pensamiento / *y en su buen juicio ágilmente debatía / por qué y cómo su vida podría durar.* Para Robinson Crusoe, protagonista de la primera novela en lengua inglesa, conversar con las voces de su discurso interior hizo de su solitaria vida «algo mejor que sociable».[34] Un siglo después de la novela de Daniel Defoe, el personaje de Jane Eyre, de Charlotte Brontë, aparece debatiendo con frecuencia consigo misma:

> ¿Qué es lo que quiero? Un lugar nuevo, en una nueva casa, rodeada de caras nuevas, bajo nuevas circunstancias [...]. ¿Qué hace la gente para conseguir un lugar nuevo? Pues acuden a sus amigos, supongo [...]. Así que le ordené a mi cerebro que encontrara una respuesta, y deprisa. Y se puso a trabajar, cada vez más rápido. Yo sentía el latido de la sangre en la cabeza y en las sienes; pero durante casi una hora estuvo sumido en el caos [...].[35]

Los escritores nos llenan de voces la cabeza de múltiples maneras. Nos ofrecen personajes de ficción que hablan en voz alta, y juegan con nuestra capacidad para reconstruir esas voces en nuestra propia mente, a veces incluso sin oírlos hablar. Los escritores escuchan también a hurtadillas las palabras que sus personajes no dicen de viva voz. Nos proporcionan mentes en pleno diálogo, criaturas imaginarias absortas en sus conversaciones internas. Las representaciones ficticias del discurso interior, sobre todo en las manos de los maestros del modernismo que tanto se esforzaron

32. Publicado en castellano por León Sendra. Córdoba, 1995. *(N. del T.)*
33. Geoffrey Chaucer, *The Book of the Duchess,* líneas 503-506, en *The Riverside Chaucer,* Oxford: Oxford University Press, 2008, p. 336.
34. Daniel Defoe, *Robinson Crusoe,* Harmondsworth: Penguin, 1994, p. 135; Patricia Waugh, «The novelist as voice-hearer», *The Lancet,* vol. 386, e54-e55, 2015.
35. Charlotte Brontë, *Jane Eyre,* Harmondsworth: Penguin, 1966, p. 118; Jeremy Hawthorn, «Formal and social issues in the study of interior dialogue: The case of *Jane Eyre*», en Jeremy Hawthorn, ed., *Narrative: From Malory to motion pictures,* Londres: Edward Arnold, 1985, pp. 87-99.

por recrearlo en sus páginas, nos ofrecen una descripción incomparablemente fértil de las transformaciones que tienen lugar cuando las palabras se abren camino en nuestro pensamiento, así como de las cualidades del discurso interior, que traicionan sus orígenes en la conversación humana ordinaria.

En cierto sentido, esas voces representadas son los materiales de construcción predominantes de los escritores. En una entrevista, el novelista David Mitchell describía su oficio como una especie de «trastorno de personalidad controlado [...], para hacerlo trabajar tienes que concentrarte en las voces de tu cabeza *y* dejar que se hablen entre sí».[36] La experta literaria Patricia Waugh dice que los novelistas se aprovechan del poder de las voces interiores de sus lectores para crear personajes cuyos pensamientos y sentimientos alcanzan y son alcanzados por los pensamientos y sentimientos de las personas que leen acerca de ellos. Las voces que encontramos en una novela pueden expresar nuestros deseos, amenazar nuestra seguridad, desafiar nuestras normas morales y hablar de lo que no se puede hablar. Nos llevan a un lugar de posibilidades expandidas donde podemos probar con otras identidades. A través de su experto control sobre estas voces de ficción, los novelistas nos llevan hasta una disolución controlada del yo, para luego traernos de vuelta sanos y salvos hasta lo que somos.

Es todo un logro para lo que es, en esencia –quizás gracias a Ambrosio de Milán–, un proceso solitario y silencioso. Cuando va bien, leer una novela supone un compromiso tan íntimo con otra mente (o mentes) como se pueda imaginar. Para la mayoría de los lectores, es una experiencia placentera, afirmativa y nutritiva para el alma. Pero las voces se nos pueden ir de las manos. Para algunas personas, las voces de ficción pueden hacer audible lo que preferiríamos que permaneciera en silencio. En palabras de Patricia Waugh, las voces de las páginas transportan al yo «hasta más allá de sus seguros y vigilados límites», mostrándonos «la precaria armonía que constituye la polifonía de la consciencia». Nos recuerdan que no somos uno, sino muchos.

---

36. «David Mitchell» en el libro de John Freeman, *How to Read a Novelist: Conversations with writers,* Londres: Constable & Robinson, 2013, p. 200; Waugh, «The novelist as voice-hearer».

7

EL CORO DEL YO

Te sientas en soledad, sin capacidad alguna de movimiento, en un lugar tenuemente iluminado cuyas dimensiones no puedes verificar. Sabes que tienes los ojos abiertos porque las lágrimas fluyen de ellos indefinidamente. Estás sentado con las manos en las rodillas y sin apoyo alguno en la espalda, y estás hablando. Sin cesar. Es casi lo único que puedes hacer. La voz que escuchas suena extraña, y sin embargo sólo puedes ser tú quien la produce. En ocasiones hay más de una voz. Singular o plural, parece ser capaz de imponer su voluntad sobre ti, sin darte otra opción que la de escuchar. Y, sin embargo, es tu boca la que emite esa voz. Te estás escuchando a ti mismo, pero a quien escuchas no eres «tú».

El escritor irlandés Samuel Beckett estaba fascinado con la forma en que los individuos –en algunos de sus textos apenas podemos calificarlos de humanos– se construyen a sí mismos a través del lenguaje. En su novela *El innombrable,*[1] de 1953, el epónimo narrador sólo puede establecer su propia existencia mediante la creación de un desolado monólogo. Considerada frecuentemente como una metáfora del aislamiento humano, esta criatura de Beckett se siente obligada a comunicarse cuando la comunicación es imposible: «¡Ah, si yo pudiera encontrar una voz propia en todo este parloteo, terminarían sus problemas, y los míos!».[2]

1. Publicado en castellano por Alianza Editorial. Madrid, 2010. *(N. del T.)*
2. Samuel Beckett, *The Unnamable,* en *The Beckett Trilogy,* Londres: Picador, 1979, p. 320.

Beckett estaba fascinado también con el discurso interior. En una carta escrita a su amigo Georges Duthuit, en torno a la época en que escribió *El innombrable,* Beckett observaba: «Tienes razón, querer que el cerebro funcione es el colmo de la estupidez, o es siniestro, como los amores de un anciano. El cerebro tiene mejores cosas que hacer, detenerse y escucharse a sí mismo, por ejemplo».[3] El mismo Innombrable se lamenta de no haber hecho lo suficiente a este respecto. «Nunca me he hablado lo suficiente, nunca me he escuchado lo suficiente, nunca me he respondido lo suficiente, nunca me he compadecido de mí mismo lo suficiente».[4]

Los escritos de Beckett ilustran una de las paradojas de la experiencia humana. Todos tejemos narrativas sobre nosotros mismos para darle sentido al quiénes somos, y esas narrativas nos convierten simultáneamente en el autor, el narrador y el protagonista de la historia.[5] *Somos* la cacofonía de nuestras voces mentales. Las escuchamos tanto como las pronunciamos, y esas voces nos construyen a través de su incesante cháchara. Pero no hay nada de loco ni de patológico en esas voces de nuestra cabeza. El narratólogo Marco Bernini afirma que las voces del Innombrable se corresponden con los sonidos naturales del discurso interior,[6] que el autor (Beckett) presenta de una forma poco familiar, «desafinada», como una especie de experimento de ficción sobre cómo tales pronunciamientos mentales se congregan en el yo.

Estos trucos funcionan porque nosotros, seres humanos de lo más ordinario, le imponemos a nuestro discurso interior la tarea de interpretar

---

3. Carta de Samuel Beckett a Georges Duthuit (abril-mayo de 1949), *The Letters of Samuel Beckett, Volume 2: 1941-1956,* Cambridge: Cambridge University Press, 2011, p. 149. Doy las gracias a Marco Bernini por atraer mi atención hacia esta cita, que inspira a su vez el título del capítulo 11.
4. Beckett, *The Unnamable,* p. 284.
5. Marco Bernini, «Gression, regression, and beyond: A cognitive reading of *The Unnamable*», en David Tucker, Mark Nixon y Dirk Van Hulle (eds.), *Revisiting* Molloy, Malone Meurt/Malone Dies and L'Innommable/The Unnamable, *Samuel Beckett Today/Aujourd'hui,* vol. 26, Ámsterdam: Rodopi, 2014, pp. 193-201; Jerome Bruner, «Life as narrative», *Social Research,* vol. 71, pp. 691-710, 2004.
6. Marco Bernini, «Reading a brain listening to itself: Voices, inner speech and auditory-verbal hallucinations», en *Beckett and the Cognitive Method: Minds, models, and exploratory narratives,* en revisión; Marco Bernini, «Samuel Beckett's articulation of unceasing inner speech», *Guardian,* 19 de agosto de 2014.

esa simulación de la ficción. Como hemos visto en el capítulo anterior, los textos literarios tienen el poder de provocar el discurso interior y de hacer que demos sonido a sus voces. También lo hacemos cuando leemos el discurso interior de múltiples voces del Innombrable. Como lectores, utilizamos nuestra propia cháchara interior para «activar su contenido», poniendo en funcionamiento la simulación cognitiva de Beckett en nuestra propia mente.

La populosa consciencia del Innombrable tiene perfecto sentido desde el punto de vista de Vygotsky. El discurso interior se desarrolla a través de la interiorización de los diálogos con los demás, y retiene en todo momento su carácter social. Las conversaciones que yo tenía con otras personas cuando me estaba desarrollando como ser humano me dotaron con las estructuras cognitivas necesarias para ahora mantener una conversación conmigo mismo, u orquestar un diálogo entre las diferentes voces que constituyen el quién soy. Como vemos, esta idea encuentra apoyos suficientes en aquellos estudios en los que hemos preguntado a la gente qué aspecto tiene su discurso interior. Estas personas suelen reconocer que su cháchara interna tiene una estructura dialógica, y la presencia de otras voces emerge en forma de factor en las encuestas realizadas sobre la corriente de la consciencia. Para muchas personas, el discurso interior está permeado con otras voces.

Esta cualidad multivocal de la experiencia es la esencia de lo que denomino *pensamiento dialógico.*[7] No es un término que utilizara Vygotsky, pero creo que la idea está ahí, en sus escritos. Una mente solitaria es en realidad un coro. Podríamos incluso decir que la mente humana está plagada de diferentes voces porque, en realidad, nunca ha sido una mente solitaria. Esas voces emergen en el contexto de las relaciones sociales, y se conforman en las dinámicas de esas relaciones. Las palabras de otras personas se introducen en nuestra cabeza. Esto va más allá de la formula-

7. Charles Fernyhough, «Dialogic thinking», en Adam Winsler, Charles Fernyhough e Ignacio Montero (eds.), *Private speech, executive functioning, and the development of verbal self-regulation,* Cambridge: Cambridge University Press, 2009; Charles Fernyhough, «The dialogic mind: A dialogic approach to the higher mental functions», *New Ideas and Psychology,* vol. 14, pp. 47-62, 1996; Charles Fernyhough, «Getting Vygotskian about theory of minid: Mediation, dialogue, and the development of social understanding», *Developmental Review,* vol. 28, pp. 225-262, 2008.

ción, actualmente de moda, de que tenemos «cerebros sociales», con unos circuitos diseñados para que nos relacionemos con los demás desde el primer día de nuestra existencia (aunque esto también es cierto). Lo que intento decir es que nuestro pensamiento *es* social. En nuestra mente hay multitudes, del mismo modo que en una obra de ficción nos encontramos con las voces de diferentes personajes que adoptan distintas perspectivas. Pensar es un diálogo, y la cognición humana conserva muchos de los poderes de una conversación entre diferentes puntos de vista.

Pero, aquí, el concepto de diálogo[8] tiene algunos rasgos especiales. El experto en literatura ruso Mikhail Bakhtin señalaba que una voz representa siempre una perspectiva concreta del mundo: procede de una persona con un punto de vista, y de ahí que refleje comprensiones, emociones y valores particulares. Para Bakhtin, el diálogo es el proceso a través del cual se ponen en contacto los diversos puntos de vista. Pongamos un par de ejemplos. Piensa en las perspectivas del «entrenador» y el «jugador» que comentan y se responden uno a otro en nuestro imaginario discurso interior del jugador de tenis, o bien en las diferentes perspectivas del Amigo Fiel y el Orgulloso Rival que describe la gente entre sus interlocutores internos. Cuando interiorizas el diálogo, cosa que haces cuando desarrollas el discurso interior, interiorizas una estructura que te permite representar otras perspectivas. Esas perspectivas, en interacción dialógica, le dan a tu pensamiento unas características muy especiales.

He dedicado una buena parte de mi carrera como psicólogo a intentar resolver las implicaciones de esta visión del pensamiento, y a desarrollar un modelo científico que pueda darle sentido como un patrón básico de la cognición humana. No de toda cognición, por supuesto; pues existen multitud de cosas que hace la mente consciente, como la aritmética mental o la navegación orientándose por las estrellas, que no precisan de la habilidad para coordinar diferentes perspectivas. Pero, al menos, algunas tareas mentales parecen precisar de la articulación flexible de diferentes puntos de vista. La idea se halla ahí, en los trabajos de Platón, William

8. M. M. Bakhtin, *Problems of Dostoevsky's Poetics* (C. Emerson, trad. y ed.), Minneapolis; University of Minnesota Press, 1984; M. M. Bakhtin, *Speech Genres and Other Late Essays* (C. Emerson y M. Holquist, eds.; V. W. McGee, trad.), Austin: University of Texas Press, 1986.

James, Charles Sanders Peirce, George Herbert Mead y Mikhail Bakhtin, así como en los de Vygotsky, pero nunca se había detallado explícitamente en los términos de la moderna psicología cognitiva. El modelo del Pensamiento Dialógico pretende cubrir esa brecha.

En su núcleo, esta teoría busca darle una mayor especificidad a ese borroso concepto al que denominamos «pensamiento». El modelo del Pensamiento Dialógico propone que existe un grupo de funciones mentales –de operaciones que nuestra mente puede realizar– que dependen de una interacción entre diferentes perspectivas acerca de la realidad. Entre ellas se encuentra la de adoptar un punto de vista para luego adoptar otro, y así representar un diálogo entre ellos.[9] Para estos tipos de pensamiento (y posiblemente *sólo* para estos tipos) el lenguaje es crucial, porque el lenguaje es particularmente poderoso para representar diferentes perspectivas y ponerlas en contacto entre sí. Pero lo decisivo de todo esto es que para desarrollar el pensamiento dialógico, y para que funcione, se precisa de experiencia en las interacciones sociales, modeladas por el lenguaje.

Todo esto suena muy abstracto, de modo que vamos a echar un vistazo a un ejemplo concreto: el de la escena en la cual mi hija estaba montando una vía de tren mientras yo escuchaba cómo se hablaba a sí misma. Lo significativo en relación con esta secuencia de discurso privado es que Athena representa diferentes perspectivas para sí misma y las sitúa en una relación dialógica entre sí. La niña escenifica una conversación entre diferentes puntos de vista. «¿Qué estoy haciendo? Voy a hacer una vía de tren y voy a poner algunos vagones sobre ella». Es una conversación rudimentaria (al fin y al cabo, Athena sólo tiene dos años), pero es una conversación. Las perspectivas que la niña pone a dialogar entre sí se representan en palabras, y se coordinan flexiblemente: una perspectiva «responde» a la otra, como si procediera de otra persona. «Hago una vía de tren y pongo algunos vagones sobre ella. *Dos* vagones». Y esas perspectivas tratan de un mismo asunto –del plan de ciudad de juguete que está inventándose–, del mismo modo que un buen diálogo se enfoca en un mismo objeto. Si mantuvieras una conversación con alguien y estuvie-

9. Michael Holquist, *Dialogism: Bakhtin and his world*, Londres: Routledge, 1990; Michael Holquist, «Answering as authoring: Mikhail Bakhtin's trans-linguistics», *Critical Inquiry*, vol. 10, pp. 307-319, 1983.

rais hablando de cosas completamente diferentes, en realidad no estaríais manteniendo una conversación.

Athena puede hacerlo porque, antes de empezar a hablarse a sí misma, ha mantenido diálogos reales con personas de verdad. La interiorización de esos diálogos, y la representación que hizo de ellos para sí misma, le proporcionaron un mecanismo cognitivo que ahora le permite trabajar con diferentes perspectivas y hacer que se hagan preguntas, se respondan y comenten entre sí. Su pensamiento tiene lo que yo llamo un «espacio vacío»[10] en el que ella puede estacionar una perspectiva para luego generar una respuesta dialógica ante ella. Athena puede poner cualquier cosa que desee en su espacio vacío: su propia voz, las palabras de un compañero de juegos o de su madre, o la voz de una entidad imaginaria. Athena puede llenar su mente con otras voces porque ha crecido entre diálogos y ha participado en ellos desde muy pequeña.

Esto es lo que quiero decir cuando habla de pensamiento dialógico, un pensamiento que involucra al lenguaje ordinario, o bien a algún otro sistema de comunicación, como el lenguaje de signos. Para la mayoría de las personas, es más o menos discurso interior, con todas las formas que pueda adoptar. Es social, y se estructura mediante las interacciones con otros miembros de nuestra especie, particularmente durante la infancia. Y le proporciona unas propiedades muy especiales a nuestra cognición. Por una parte, el pensamiento en voz alta de Athena acerca de la vía del tren es un pensamiento abierto; es decir, no está orientado a la consecución de una meta específica, como sería el caso de otras formas de pensamiento no dialógico como la aritmética mental. Es un pensamiento autorregulador. Nadie le dice a Athena lo que tiene que pensar. Ella misma dirige su flujo de pensamiento, del mismo modo que un diálogo entre dos personas precisa de un director externo que diga hacia dónde ir (ése es uno de los motivos por los que las conversaciones suelen terminar en lugares tan alejados y distintos de donde comenzaron). Por otra parte, su diálogo consigo misma es indefinidamente creativo. Athena puede salir con ideas que nunca antes había tenido, simplemente porque no sabe hacia dónde

---

10. Fernyhough, «Getting Vygotskian about theory of mind», p. 242; Ben Alderson-Day and Charles Fernyhough, «Inner speech: Development, cognitive functions, phenomenology, and neurobiology», *Psychological Bulletin,* vol. 141, pp. 931-965, 2015.

va antes de partir. En el diálogo interno, seguimos el tren del pensamiento allá donde nos lleve.

En un melancólico día de julio de 1882, mientras paseaba por las praderas que hay por detrás de Schenkweg (la calle en la que vivía en La Haya), Vincent van Gogh vio un sauce llorón muerto. Percibiendo la escamosa textura de su corteza, pensó que podría ser un buen objeto para uno de sus cuadros. Cinco días después le escribió a su querido hermano Theo acerca de esto:

> He atacado de nuevo ese viejo gigante del sauce llorón, y creo que he conseguido la mejor de mis acuarelas. Un paisaje melancólico, ese árbol muerto junto a un marjal de aguas estancadas, cubierto de juncos; en la distancia, un tinglado de la Compañía Ferroviaria del Rin, donde las vías se entrecruzan; edificios negros y sucios, y luego praderas verdes, un sendero de color ceniza y un cielo con nubes que cruzan raudas, grises, con un borde blanco brillante, y un azul profundo donde las nubes se abren. En fin, quería hacer ese paisaje del modo en que el guardabarrera, con su guardapolvo y su banderita roja, debe de verlo y sentirlo cuando piensa, «¡Qué día tan triste hace hoy!».[11]

Se evidencia aquí un tema de las cartas de Vincent. Aún no había llegado a los treinta, y recientemente había tomado la importante decisión de convertirse en artista. Después de una discusión con sus padres a finales del año anterior, había abandonado el hogar familiar en el pueblo de Etten y se había montado un pequeño estudio en La Haya. Aunque estaba aún convaleciente, después de una reciente estancia en el hospital (en el que había recibido un horrible tratamiento por gonorrea) y de un buen número de turbulencias en sus relaciones, Vincent estaba trabajando en su nueva vocación con «sumo placer». Junto con su petición de ayuda económica, Vincent le enviaba a Theo bocetos y descripciones de las

11. Vincent van Gogh, *The Complete Letters of Vincent van Gogh, Volumes 1-3* (2.ª ed.), Londres: Thames & Hudson, 1978. Las cartas citadas son: Carta 221 (31 de julio de 1882), Carta 228 (3 de septiembre de 1882), Carta 289 (*c.* 5 de junio de 1883), Carta 291 (*c.* 7 de junio de 1883) y Carta 293 (15 de junio de 1883).

obras en las que estaba trabajando. En su relato del boceto del sauce muerto, hace también algunos comentarios respecto a una obra que ya había terminado. Ya mencionaba al sauce en una carta anterior, aunque allí lo describía como un objeto interesante, sin indicar que planeara utilizarlo para una composición. Es sólo cuando Vincent describe lo que ha hecho (e incluye un boceto de lo que será la obra terminada) cuando conocemos sus intenciones.

Un mes más tarde, Vincent le envía a su hermano un boceto de una escena otoñal que había pintado en el campo, cerca de su casa:

> En los bosques, ayer al atardecer, estaba pintando un terreno con bastante pendiente, cubierto de hojas de haya, secas y en descomposición. El terreno era de un color pardo rojizo, a veces más claro, a veces más oscuro, debido a las sombras de los árboles, que arrojaban franjas tenues o intensas sobre él [...]. El problema [...] fue conseguir la profundidad de color, la enorme fuerza y solidez de ese terreno [...], conservar esa luz y, al mismo tiempo, el ardor y la profundidad de ese rico color.

Ese boceto no ha llegado hasta nuestros días, aunque sí existen varias pinturas al óleo y estudios de escenas de bosque similares pertenecientes al mismo período. Lo que tiene de diferente esta carta es que Vincent parece estar lidiando con los problemas de la composición (conseguir la necesaria profundidad de color, la gestión de la luz) al tiempo que está haciendo la obra. Como un niño pensando en voz alta sobre una secuencia de juego, es casi como si Vincent estuviera comentando en voz alta su proceso creativo en curso.

En junio del año siguiente, un vertedero de basura llamó la atención de Vincent:

> Hoy estaba ya en la calle a las cuatro de la madrugada. Tenía la intención de atacar el cuadro de los hombres de la basura, o más bien se podría decir que ya había comenzado a hacerlo [...]. He captado el efecto tipo redil del interior en contraste con el aire libre y la luz bajo los melancólicos cobertizos; también está comenzando a desarrollarse y a tomar forma un grupo de mujeres vaciando sus cubos de basura. Pero el ir y venir de las carretillas, y de los basureros con sus horcas para mover el estiércol, todos por ahí hurgan-

> do bajo los cobertizos, todavía tengo que expresarlo sin perder el efecto de la luz y el marrón del conjunto: de lo contrario, se verá fortalecido.

Las cartas de Vincent van Gogh constituyen una creación literaria extraordinaria, pues documentan su obra en uno de los períodos más sensibles y tumultuosos del artista. La lectura de estas cartas de principios de la década de 1880 te deja con la sensación de que Van Gogh está discutiendo consigo mismo qué es lo que necesita cada composición. De hecho, sería razonable preguntarse si todos estos comentarios sobre el proceso creativo no los escribiría Vincent más para sí mismo que para su hermano. Da la impresión de que el artista está utilizando sus cartas –que son una especie de discurso privado escrito a mano– para planificar su trabajo, elegir entre bocetos y enfoques alternativos y precisar lo que todavía sigue impreciso en la composición.

Una carta escrita a la semana siguiente nos deja la clara sensación de un artista que está concibiendo su obra en parte, al menos, con las palabras:

> Justo cuando estoy haciendo estos estudios, está comenzando prender en mi interior la idea de un dibujo aún más grande, uno de campos de patatas [...]. Me gustaría que el paisaje fuera a nivel del suelo, con una hilera de dunas en el horizonte. Las figuras de alrededor de 30 centímetros de alto, una composición amplia, de 1 por 2 [...]. Justo en frente [...] figuras de mujeres arrodilladas recogiendo patatas [...]. En segundo plano, una hilera de hombres y mujeres cavando [...]. Y quiero hacer la perspectiva del campo de tal manera que el punto donde las carretillas lleguen se encuentre en la esquina del dibujo opuesta a aquélla donde las patatas se están amontonando [...]. El suelo lo tengo bastante bien esbozado en mi mente, y buscaré un bonito campo de patatas que sea de mi agrado [...].

Los bocetos de esta escena, que emergieron en las posteriores cartas de Vincent, no se basaban en ninguna observación real de personas cavando en un campo de patatas. Era junio, no era el momento adecuado del año, y Vincent sabía que tendría que esperar uno o dos meses para poder presenciar la cosecha de la patata. Elegiría un campo a su antojo cuando llegara el momento. Estaba imaginando la escena más que documentándola, pero sus cartas demuestran que ese acto de imaginación era en parte, al menos, un acto verbal.

Aún se podrían decir muchas cosas acerca de las cartas de Van Gogh y su fascinante yuxtaposición con lo que nos ha llegado de sus bocetos, dibujos y cuadros. En este período, Vincent se estaba convirtiendo rápidamente en un gran artista. Todavía le faltaban un par de años para crear la primera de las que ahora se consideran sus grandes obras (otro cuadro relacionado con los tubérculos, *Los comedores de patatas,* de 1885, que se considera en términos generales como su primera obra de madurez). La progresión descrita aquí –desde el sauce llorón y la escena del bosque hasta el vertedero de basuras y el campo de patatas– representa un cambio en su estrategia, que va desde el uso de las cartas para describir obras que ya había hecho a utilizarlas como una forma de pensamiento en voz alta para concebir el aspecto que *debería* tener una obra. Está fuera de toda cuestión que la imaginación visual de Vincent puso la mayor parte: ¿qué otra cosa se podría esperar de un pintor? Pero la creación de una hermosa obra de arte visual no era, al menos en el caso de Vincent, un proceso exclusivamente visual.

Tampoco es accidental que estas cartas formaran parte de un diálogo. Ostensiblemente, estaban dirigidas a su hermano Theo. No sólo habla en ellas del desarrollo de sus obras de arte, sino también de las a menudo turbulentas emociones de Vincent, de su tormentosa relación con su padre y de varios amores no correspondidos, ciertamente dolorosos para él. En las colecciones de cartas de Van Gogh, las respuestas de Theo se incluyen en muy contadas ocasiones, por lo que a veces es difícil decodificar en las misivas de Vincent a qué comentarios de Theo está dando respuesta. Si era un diálogo, parecería que fuera un tanto unilateral. A juzgar por los documentos que han sobrevivido, Vincent escribió alrededor de 600 cartas a Theo a lo largo de su vida, en tanto que sólo existen 40 de las posibles respuestas de Theo. Sin embargo, la correspondencia con otros miembros de la familia demuestran que Theo era un escritor de cartas asiduo, y que sin duda le escribió más a Vincent de lo que puedan sugerir los documentos que han llegado hasta nuestros días. Pero aun en el caso de que las respuestas de Theo fueran prolíficas, eso no impide que sigamos teniendo la intensa sensación de que Vincent pensaba en voz alta y que no necesariamente esperaba una respuesta. Al igual que en el discurso privado de un niño, las palabras son tanto para uno mismo como para la otra persona; quizás incluso más para uno mismo que para los demás.

El escritor Joshua Wolf Shenk ha calificado la relación que hubo entre Vincent y Theo como de una asociación creativa; un ejemplo de los muchos de tales emparejamientos productivos que desmienten el «mito del genio solitario», garrapateando páginas o garabateando bocetos solo en su buhardilla. En vez de considerar a Theo meramente como un admirador y una caja de resonancia de las expresiones creativas de Vincent, Shenk le describe como un «socio oculto» en una relación productiva. «Aunque su hermano, Theo, nunca tomó un pincel entre sus dedos, es justo identificarle –como ya hiciera Vincent– como al cocreador de esos dibujos y esas pinturas que se encuentran entre las más importantes de la historia. Los hermanos Van Gogh [...] interpretaban papeles y tenían estilos e identidades completamente distintas. Pero desde sus distantes dominios, cada uno de ellos puso su parte en un proyecto conjunto de arte sincero y atrevido».[12]

El análisis de Shenk resalta el carácter dialógico del proceso creativo que trajo como resultado la obra artística atribuida a Vincent van Gogh, aunque en la lectura de Shenk es un diálogo real, externo: un intercambio de cartas entre dos hermanos. No sabemos si las cartas citadas arriba están reflejando procesos de pensamiento que ya habían sucedido o si Vincent estaba elaborando las ideas mientras las iba plasmando por escrito. Probablemente haya un poco de todo en ello. Pero creo que podríamos afirmar que Vincent llevaba a cabo este diálogo en su cabeza en aquellos momentos en que no tenía a mano a Theo; que era lo más habitual, salvo por un corto período de tiempo, posteriormente en sus vidas, en que ambos estuvieron viviendo juntos en París. Es imposible de saber, y ciertamente no se puede vislumbrar en las cartas, pero parece plausible que Vincent llevara a cabo esta conversación en su cabeza, a modo de una versión plenamente interiorizada del intercambio de cartas.

Sin duda, algún tipo de diálogo creativo interiorizado debió de constituir una gran parte de tal asociación entre hermanos, pues ¿de qué otro modo podría haberse llevado a efecto? Lennon no se limitaba a ser un ge-

---

12. Joshua Wolf Shenk, *Powers of Two: Finding the essence of innovation in creative pairs,* Boston: Houghton Mifflin Harcourt, 2014, pp. xvii y 70.

nio de la música sólo cuando McCartney estaba a su lado, y viceversa. Las asociaciones creativas (de las cuales está sembrada la historia de las diversas formas de arte) quizás desarrollen sus potencialidades en parte, al menos, gracias a que el artista recrea una versión interiorizada del verdadero diálogo que habría tenido lugar entre tazas de café y descansos para fumar.

Pero aún me atrevería a ir más lejos para decir que, una vez establecido, el diálogo interior se desarrolla hasta un punto en que ya no necesita del otro contribuidor. Dejando a un lado las peticiones de ayuda económica, dudo que Vincent hubiera dejado de escribir de esta manera ni aun en el caso de que Theo hubiera llevado muerto varios años. (Presumiblemente, Vincent podría haber plasmado todos estos comentarios en un diario y se habría evitado un montón de gastos de correo). Como observa Shenk, Vincent se esforzó por encontrar la distancia correcta con su hermano; sus primeras cartas están llenas de añoranza por estar cerca de él, pero cuando estaban juntos discutían con frecuencia. Como en el discurso privado de un niño, las cartas eran «parasociales»: abiertas a la posibilidad de una respuesta, aunque no se espere ni se necesite.

Pero las cartas de Van Gogh ilustran los puntos de vista de Vygotsky aún en otro sentido, en lo relativo al uso del lenguaje en la autorregulación. Vygotsky sostenía que, si realmente tiene una función autorreguladora, el discurso que acompaña a la acción debería, durante el transcurso de su desarrollo, cambiar su posición en el tiempo en relación con el comportamiento. Desde sus primeras fases, en las cuales el discurso autodirigido de los niños acompaña y describe meramente las acciones en curso («Estoy haciendo una vía de tren»), el discurso se desarrolla hasta adoptar un claro papel planificador, apareciendo *antes* del comportamiento en cuestión («Voy a hacer una vía de tren»). Aunque esta progresión evolutiva[13] no ha sido fácil de documentar en el discurso privado de los niños, parecen haber rastros de ello en las cartas de Vincent: «Estoy pintando una escena de bosque» se convierte en «Voy a pintar un campo de patatas».

13. L. S. Vygotsky, *Thinking and Speech*, en *The Collected Works of L. S. Vygotsky*, vol. 1 (Robert W. Rieber y Aaron S. Carton, eds.; Norris Minick, trad.), Nueva York: Plenum, 1987 (obra original publicada en 1934); Laura E. Berk, «Children's private speech: An overview of theory and the status of research», en R. M. Díaz y L. E. Berk (eds.), *Private speech: From social interaction to self-regulation,* Hove: Lawrence Erlbaum Associates, 1992.

Se trata de un cambio lingüístico y dialógico entre formas exteriorizadas e interiorizadas, lo cual apunta a que el pensamiento dialógico parece ser una herramienta útil para la creatividad. *Creatividad* es una palabra de moda, de la que se abusa y que puede ser un emblema de ciertos pensamientos confusos. La podríamos definir como la producción de «lo nuevo, lo hermoso y lo útil»,[14] y es una de las capacidades humanas más elusivas y misteriosas. La creatividad no tiene por qué referirse exclusivamente a las artes. La investigación científica –no sólo la que cambia paradigmas, sino también la que encuentra soluciones ingeniosas a problemas locales– precisa de grandes porciones de creatividad. Supone ir de lo que se conoce hasta lo que no se conoce; desde lo que es viejo hasta lo que es nuevo. Es una especie de pensamiento, pero un pensamiento que no sabes adónde te lleva hasta que no estás allí.

Esa cualidad de final abierto, indeterminado, del proceso creativo ha sido uno de los impedimentos para comprenderla científicamente. A los profesionales de la psicología nos gusta trabajar con paradigmas estrictamente especificados, con límites bien precisos, pues tal control sobre los acontecimientos es esencial para el método experimental. Pero, ¿cómo demonios le vas a echar el guante a un proceso que no tiene un punto final definido?

Sin embargo, esto no nos detiene a los psicólogos. Muchas horas de laboratorio se han dedicado a las distintas versiones del problema de la «vela»,[15] en el cual los participantes tienen que averiguar cómo suspender una vela encendida utilizando sólo unos pocos accesorios (un librillo de fósforos, una caja de chinchetas y un tablero de corcho en la pared), de tal modo que la cera no gotee en la mesa de debajo. El problema de la vela se tiene por una prueba de la capacidad de las personas para, como dicen los ingleses «pensar fuera de la caja», es decir, «pensar con originalidad», empleando objetos con un uso diferente de aquél para el cual están pensados. (¡Alerta, *spoiler!:* en este problema clásico de la psicología de la creatividad, simplemente reconviertes la caja de chinchetas en un candelero,

14. Mihaly Csikszentmihalyi, *Creativity: Flow and the psychology of discovery,* Nueva York: HarperCollins, 2009, p. 25.

15. Karl Duncker, «On problem-solving», *Psychological Monographs,* vol. 58, n.º 5, n.º total 270; Fernyhough, «Dialogic thinking».

y lo fijas al tablero de corcho con las chinchetas.) Dicho brevemente, la tarea te exige que mantengas la mente abierta ante una perspectiva alternativa (utilizar la caja como candelero, en lugar de como receptáculo de chinchetas). Si abordas esta tarea pensando con palabras, probablemente te resultará útil hacerte preguntas y responderlas: «¿Por qué no utilizar la caja de algún otro modo?». «¿Como qué?». «No lo sé..., deja de pensar en ella como un receptáculo de chinchetas y prueba a darle otro uso». Otros muchos instantes creativos se podrían caracterizar igualmente en términos de apertura a otra forma de ver las cosas, como una disposición a mantener una perspectiva particular en mente y responder a ella con otra. Como hemos visto, ésa es una definición bastante acertada de la capacidad para entablar un diálogo mental.

Ver la creatividad como una forma de pensamiento dialógico nos permite comprender esa flexibilidad. El diálogo es creativo. Puedes tener una idea de lo que vas a decir, pero seguro que no sabes lo que tu interlocutor va a decir, al menos hasta que tú te pronuncias. Y, una vez te pronuncias, puede que ya no necesites a tu interlocutor. Lo único que tienes que hacer es responder a ese pronunciamiento inicial como si te hubiera llegado de otra persona, y te habrás puesto en marcha para mantener una conversación contigo misma.

¿Existe alguna evidencia de que los pensadores utilicen el discurso interior dialógico para resolver estos problemas creativos? Aquí es donde la ciencia se complica. Como hemos visto a lo largo de todo este libro, es muy difícil conseguir una ventana a través de la cual mirar los procesos de pensamiento de las personas. El mismo Van Gogh parece que era escéptico con la idea de llevar la mente a flor de piel: «¿Acaso se muestran al exterior nuestros pensamientos íntimos? Aunque haya una hoguera en nuestra alma, nadie se llega a calentar con ella, y los que pasan ven sólo un hilillo de humo que sale por la chimenea, y prosiguen su camino».[16] Puedes registrar los llamados «protocolos de pensamiento» de personas que hayan hecho una tarea creativa preguntándoles, después del hecho, cuáles fueron sus procesos de pensamiento y qué hicieron para resolver el problema. Pero esto no van a ser más que reconstrucciones tardías de lo que sucedió. Con los desarrollos ulteriores en el muestreo de experiencias, quizás sea posible

16. Van Gogh, *Letters*, vol. 1, Carta 133, julio de 1880.

sondear a las personas mientras están ponderando las cosas para captar así el sabor del proceso de pensamiento en el momento crucial. Pero tales metodologías tienen el riesgo de interrumpir el mismo proceso que pretenden investigar. Como ilustra el famoso relato de Samuel Taylor Coleridge y el visitante de Porlock, los procesos creativos (en este caso, la redacción de la obra maestra inacabada de Coleridge, «Kubla Khan») son notablemente sensibles a las distracciones. Documentar la llegada de la intuición creativa en el momento en que ocurre jamás será un asunto fácil.

En lugar de intentar capturar la creatividad en el momento que ocurre, otro enfoque sería ver las diferencias existentes entre individuos en cuanto al discurso privado e interno de carácter dialógico. Sin embargo, una vez más, todavía no se han hecho estudios relevantes a este respecto. Algunas evidencias, pequeñas, sugieren que los niños que utilizan más el discurso privado autorregulador[17] puntúan más alto en las medidas estándar de creatividad que sus pares, pero ningún estudio ha intentado todavía relacionar la creatividad con las medidas de discurso interior ni, claro está, con subtipos específicos de discurso interior.

Como demuestra el ejemplo de Van Gogh, las personas creativas dejan otras evidencias más perdurables de sus procesos de pensamiento. Sé que, cuando estoy trabajando sobre un problema creativo, me hago constantemente preguntas a mí mismo y me las respondo. Mis libretas de notas de ficción están llenas de fragmentos de diálogos privados, y otros muchos escritores han descubierto las ventajas de llevar a cabo una conversación consigo mismo en la página. La psicóloga Vera John-Steiner analizó las libretas de notas de diversos pensadores originales y encontró evidencias de pronunciamientos crípticos y condensados del yo, que mostraban muchos de los rasgos del pensamiento abreviado que acompañan al discurso interior. Por ejemplo, esta investigadora cita un pasaje de las libretas de notas de Virginia Woolf:

> Supongamos que hago una pausa después de la muerte de H. (locura). Un párrafo aparte citando lo que el mismo R. decía. Después una pausa. En-

17. Martha Daugherty, C. Stephen White y Brenda H. Manning, «Relationships among private speech and creativity in young children», *Gifted Child Quarterly*, vol. 38, pp. 21-26, 1994.

tonces comienza definitivamente con el primer encuentro. Ésa es la primera impresión: un hombre de mundo, no un profesor ni un bohemio...

Dar la atmósfera prebélica. Excesivo. Duncan. Francia.

Carta a Bridges acerca de la belleza y la sensualidad. Su severidad. Lógica.[18]

El primer «Supongamos que...» de Woolf es una pregunta dirigida al yo, y lo que viene a continuación son posibles respuestas. Muestran todas las cualidades de compresión y abreviación que vemos en los reflejos de discurso interior de su contemporáneo James Joyce. Como veremos después, Woolf no tenía inconveniente en hablar consigo misma en voz alta mientras trabajaba sobre un problema en su ficción; pero aquí vemos que su discurso interior dialógico encontró otra expresión externa, en este caso en las abigarradas páginas de su libreta de notas.

Quizás podríamos comprender las libretas de notas de los escritores como una versión condensada del diálogo creativo amplio que se evidencia en las cartas de Van Gogh. Sea cual sea la forma en que lo hagamos, existen buenas razones psicológicas para pensar que llevar a cabo diálogos sobre el papel puede beneficiar al proceso creativo. Si yo pienso al tiempo que escribo, en contraposición a pensar en silencio, en la cabeza, tendré la ventaja de reducir mis costes de procesamiento, especialmente las exigencias sobre la memoria de trabajo. Por una parte, si plasmo por escrito una pregunta, no tengo que derivar recursos mentales[19] para conservarla en la memoria mientras pienso en cómo responderla. Así, las páginas de la libreta de notas se convierten en una versión externa del «espacio va-

18. Virginia Woolf, *A Writer's Diary: Being extracts from the diary of Virginia Woolf* (Leonard Woolf, ed.), Nueva York: Harcourt Brace Jovanovich, 1953, pp. 292-293. La entrada de la libreta de notas se relaciona con la biografía de Woolf de Roger Fry. Vera John-Steiner, *Notebooks of the Mind: Explorations of thinking* (ed. revisada), Oxford: Oxford University Press, 1997; Frederick J. DiCamilla y James P. Lantolf, «The linguistic analysis of private writing», *Language Sciences,* vol. 16, pp. 347-369, 1994. Los medios sociales proporcionan un homólogo moderno del diálogo con el yo que uno puede tener en las páginas de una libreta de notas: Charles Fernyhough, «Twittering out loud», blog post en The Voices Within, *Psychology Today,* 20 de febrero de 2011, www.psychologytoday.com/blog/the-voices-within/201102/twittering-out-loud.

19. Alderson-Day y Fernyhough, «Inner Speech».

cío» en el cual estacionamos una perspectiva mientras generamos una respuesta ante ella. Darle forma material, externa, a nuestros pensamientos ayuda a reducir la cantidad de trabajo que necesitamos para procesarlos. Y algo similar sucede cuando pensamos de viva voz en el discurso privado. En vez de tener que conservar una perspectiva silenciosamente en la cabeza, puedo darle voz sabiendo que resonará durante unos instantes en mi memoria auditiva. Pronunciar en voz alta nuestros pensamientos, al igual que plasmarlos por escrito, parece ser una forma práctica de ahorrar recursos ante el coste total de hacerlo todo mediante el discurso interior.

El tema del coste del procesamiento puede ser clave para comprender las potencialidades del pensamiento dialógico. La creatividad supone portar bits de información para que graviten sobre un problema que quizás no sea relevante a primera vista (como pensar en una caja de chinchetas como candelero, por ejemplo). En cuanto expresas una perspectiva con palabras, reduces drásticamente el rango de posibles respuestas dialógicas. Las conversaciones tienen que ser acerca del mismo tema o, claro está, no serán conversaciones en modo alguno. El filósofo Daniel Dennett ilustra este asunto preguntándonos, «¿Has bailado alguna vez con una estrella de cine?».[20] Para responder a esta pregunta, no necesitas repasar toda la relación de personas con las que has bailado para comprobar si alguna de ellas era una artista de Hollywood. Simplemente tienes que sacar la idea ahí afuera, en una pregunta que te formulas a ti mismo, y responderla a través de lo que Dennett describe como un proceso de razonamiento «relativamente automático y carente de esfuerzo».

Puede que haya algo en el acto lingüístico de formularte una pregunta[21] a ti mismo que haga que tus intenciones respecto a lo que estás planeando te resulten sumamente claras y útiles. La estructura lingüística del cuestionamiento que se hace Woolf, «Supongamos que hago una pausa...», podría haberla llevado a decidir qué quería hacer realmente con la obra sobre la que se debatía, quizás con más facilidad que si simplemente hubiera expresado aquel pensamiento como una afirmación («Haré una

---

20. Daniel C. Dennett, «How to do other things with words», *Philosophy*, supl. 42, 1997, p. 232.
21. Ibrahim Senay, Dolores Albarracín y Kenji Noguchi, «Motivating goal-directed behavior through introspective self-talk: The role of the interrogative form of simple future tense», *Psychological Science*, vol. 21, pp. 499-504, 2010.

pausa...»). El psicólogo Ibrahim Senay y sus colegas de la Universidad de Illinois, en Urbana-Champaign, pusieron a prueba esta idea en un estudio. Les dieron a los participantes una tarea de resolución de anagramas, pero les pidieron que se prepararan en silencio, en lugar de hacerse preguntas acerca de lo que estaban a punto de hacer, o simplemente haciendo afirmaciones al respecto. Posteriormente, cuando se les dieron instrucciones para que se formularan preguntas en silencio, los voluntarios resolvieron más anagramas que cuando simplemente se declaraban sus planes a sí mismos en su discurso interior. Los investigadores concluyeron que formularse preguntas en esa conversación interior puede llevar a la persona más allá de donde llegaría si su discurso interior estuviera compuesto exclusivamente de escuetas declaraciones de intención.

Escribir novelas y resolver anagramas son, evidentemente, tareas que suponen una manipulación del lenguaje. Lo sorprendente del ejemplo de Van Gogh es que él estaba utilizando el lenguaje para crear obras de carácter visual. Sin embargo, las palabras pueden hacer eso. Algunos autores han apuntado que el lenguaje tiene cierta capacidad para integrar corrientes de información que, normalmente, se procesarían a través de sistemas cognitivos distintos. Por ejemplo, los datos relacionados con la geometría (cómo se presentan los objetos entre sí) se cree que se procesan en un «módulo» cognitivo» completamente distinto del sistema que procesa, pongamos por caso, los colores. Siendo esto así, ¿cómo podríamos integrar los dos tipos de información? A modo de ilustración, piensa en cómo podrías utilizar datos relativos a colores para moverte por un entorno, como por ejemplo procesar una instrucción tal como «Gire a la izquierda en la casa roja».[22] Si se hallan implicados dos módulos completamente diferentes, ¿cómo conseguimos que se comuniquen entre sí?

Una posible respuesta es que utilizamos el pensamiento verbal. Al menos un estudio ha demostrado que si bloqueas el discurso interior, los participantes pierden la capacidad para hacer este tipo de integraciones. También se ha demostrado que el hecho de impedirle a alguien que utilice el discurso autodirigido afecta a sus capacidades perceptivas

22. Linda Hermer-Vázquez y Elizabeth S. Spelke, «Sources of flexibility in human cognition: Dual-task studies of space and language», *Cognitive Psychology,* vol. 39, pp. 3-36, 1999.

más básicas. Cuando se les pedía a los voluntarios que buscaran un objeto en concreto[23] entre una colección de objetos, como una selección de productos en la estantería de un supermercado, las personas mejoraban su desempeño si podían pronunciar en voz alta los nombres de los productos mientras los buscaban, al menos si tales productos les resultaban razonablemente familiares. Y algo similar parece ocurrir con la capacidad para distribuir objetos por categorías en función del color, por ejemplo, mientras se ignoran otras propiedades del objeto, como la forma. No podemos concluir de esto que el lenguaje que utilizas sea capaz de cambiar en realidad las categorías a través de las cuales percibes el mundo, como proponen las distintas versiones de la controvertida «hipótesis de la relatividad lingüística».[24] Más bien parece que dirigirte a ti mismo a través del lenguaje puede hacerte más fácil operar con aquellas categorías que ya posees.

Todo esto apunta al papel del discurso interior en el procesamiento de tipos de información que parecería que no tienen nada que ver con el lenguaje. Hemos visto que el discurso autodirigido cumple un papel en la planificación del comportamiento, así como en su control cuando se halla en curso. Lo que se dilucida aquí es si podemos ir un paso más allá y decir que el discurso interior puede enlazar aspectos de la cognición que, de otro modo, permanecerían separados. Ése es un punto de vista al que han llegado algunos investigadores, como el filósofo Peter Carruthers, de la Universidad de Maryland. Carruthers ha propuesto que el discurso interior es una especie de *lingua franca* en el cerebro,[25] capaz de integrar las salidas de los sistemas que, de otro modo, permanecerían relativamente autónomos. Si tal idea es correcta, podría explicar cómo las palabras de Van Gogh podían tener tal adherencia sobre las imágenes visuales que de-

23. Gary Lupyan y Daniel Swingley, «Self-directed speech affects visual search performance», *Quarterly Journal of Experimental Psychology*, vol. 65, pp. 1068-1085, 2012; Gary Lupyan, «Extracommunicative functions of language: Verbal interference causes selective categorization impairments», *Psychonomic Bulletin & Review*, vol. 16, pp. 711-718, 2009.

24. Benjamin Lee Whorf, *Language, Thought and Reality*, Cambridge, Massachusetts: MIT Press, 1956.

25. **Peter Carruthers, «The cognitive functions of language»**, *Behavioral and Brain Sciences*, vol. 25, pp. 657-726, 2002.

bía de haber estado manipulando mientras planeaba sus composiciones. Las imágenes hablaban el lenguaje de su discurso interior.

Es hora de hacer balance de lo que hemos aprendido hasta el momento acerca de las voces de nuestra cabeza. Parece ser que el discurso interior no es ese fenómeno ubicuo que algunos decían que era, sino que se presenta de forma importante en la experiencia de muchas personas, y parece interpretar distintos papeles en nuestro pensamiento. Puede ayudarnos a planificar lo que estamos a punto de hacer y a regular el curso de acción una vez iniciado; puede ayudarnos a mantener información en mente respecto a lo que se supone que estamos haciendo e incitarnos a emprender la acción. Para muchas personas, el discurso interior proporciona un hilo central para la experiencia consciente, y forma parte integral de la sensación de tener un yo coherente y perdurable. Pero el discurso interior también tiene multitudes. Muchas de sus diversas cualidades parecen traicionar su origen en las conversaciones de viva voz con los demás, así como reflejar similitudes predecibles con el discurso externo. Si es necesario, podemos ahorrar recursos en el procesamiento mediante la recuperación del modo infantil de hablarse uno a sí mismo en voz alta, e incluso entablar una conversación con uno mismo en las páginas de una libreta de notas.

Es esa cualidad dialógica del discurso interior la señal más obvia de sus orígenes sociales. La autoconversación nos proporciona una perspectiva de nosotros mismos que podría ser el ingrediente clave para un pensamiento flexible y de final indeterminado. Podemos darle voz a un punto de vista sobre lo que estamos haciendo y responderle en el toma y daca de un diálogo. Ese carácter dialógico permite explicar por qué el discurso interior adopta las diferentes formas que asume, desde un modo condensado y telegráfico en determinados momentos hasta una conversación interna de pleno derecho al momento siguiente. Pero, sobre todo, comienza a darle sentido a la multiplicidad del quién somos. La naturaleza polifónica del discurso interior permite a los escritores «reproducir» sus composiciones multivocales en nuestra mente, permitiéndonos explorar con seguridad los límites del yo. Pero los usos del discurso interior no se restringen a aquellas tareas en las que se halla involucrado el lenguaje. El discurso interior puede cumplir con un papel especial al conectar los datos y resultados de nuestra mente que, de otro modo, permanecerían separados, contribuyendo así a la distintiva cualidad multimedia de nuestra corriente de consciencia.

Nos estamos aproximando también a la comprensión de cómo el discurso interior podría operar en el cerebro. Ya vimos las evidencias existentes acerca de una estructura subyacente –un patrón de interacción entre distintas redes neurales– que podría hallarse en la base de la capacidad para entablar un diálogo interno. Cuando mis colegas y yo escaneamos los cerebros de los voluntarios en nuestro experimento mientras mantenían un discurso interior dialógico, descubrimos que se activaba el giro frontal inferior izquierdo del cerebro, una región típicamente implicada en el discurso interior (*véase* la figura 2). Pero también descubrimos una activación en el hemisferio derecho cerca de una región conocida como la unión temporoparietal o UTP. Como ya se ha dicho, ésa es un área que suele estar vinculada al acto de pensar en lo que piensan otras personas, área que no se activa cuando la persona piensa de forma monológica.

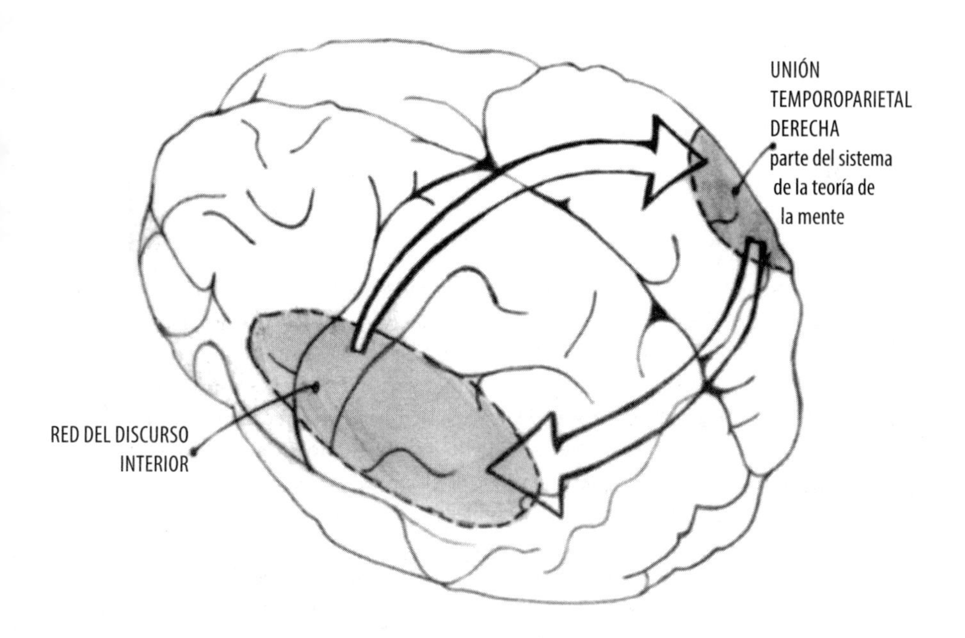

Fig. 2: *Interacción entre la red del discurso interior y el sistema de cognición social del hemisferio derecho.*

Todavía nos encontramos en los comienzos de este tipo de investigaciones, pero la interacción entre el discurso interior y las redes de la teoría de la mente puede que constituyan la base neural del pensamiento dialógico.[26] El sistema de cognición social proporciona la estructura necesaria para representar una perspectiva alternativa: el «espacio vacío» del diálogo interior. Se genera una perspectiva –un gambito de apertura para el diálogo– y se sitúa en el espacio vacío. A continuación, se articula otra perspectiva en el sistema de discurso interior para «responder» a la primera perspectiva. La nueva perspectiva se ubica entonces en el espacio vacío mientras se articula una perspectiva continua, y así sucesivamente. Dos redes establecidas se aprovechan con el propósito de dar respuesta a las respuestas de la mente, en una interacción que es ordenadamente rentable en términos de recursos durante el procesamiento. En vez de hablar interminablemente sin expectativa alguna de respuesta, el trabajo del cerebro florece en el diálogo.

26. Ben Alderson-Day, Susanne Weis, Simon McCarthy-Jones, Peter Moseley, David Smailes y Charles Fernyhough, «The brain's conversation with itself: Neural substrates of dialogic inner speech», *Social Cognitive & Affective Neuroscience,* vol. 11, pp. 110-120, 2016. Si el modelo del Pensamiento Dialógico es correcto, ¿deberíamos buscar centros específicos en el cerebro que se correspondan con las diferentes voces que constituyen el quiénes somos? Yo creo que esto sería tan simplista como confuso. En primer lugar, precisaría de una forma de delimitar una serie de voces (y por tanto de regiones neurales) disponibles para el diálogo interno, y que la mente humana es demasiado abierta como para eso. Es excesivamente simplista proponer, como ha hecho algún neurocientífico, que una voz en el diálogo del yo se genera en una región particular del cerebro (en este ejemplo, el córtex orbitofrontal) en tanto que otra se aloja en alguna otra parte (el córtex anterior cingulado); Marc D. Lewis, «The dialogical brain: Contributions of emotional neurobiology to understanding the dialogical self», *Theory & Psychology,* vol. 12, pp. 175-190, 2002. Más bien, deberíamos buscar la estructura subyacente –particularmente, un patrón de interacción *entre* redes– que hace posible el discurso interior dialógico.

8
NO YO

—Él es diferente.

Quien dice esto es una mujer con un acento inglés culto. Tipo doctora. La voz le resulta familiar, pero él sabe también que sólo escuchó esa voz una vez, en una conversación telefónica que mantuvo con ella hace siete años o algo así. Él escucha su voz inequívocamente, como si estuviera allí mismo, en la habitación. Sabe quién habla, pero sin terminar el proceso de inferir su identidad. De hecho, le lleva un par de segundos determinar si todo aquello sucedió realmente. La voz venía del exterior, de la calle, fuera del pub Wetherspoons en el que se encontraba, lo cual la sitúa físicamente a cinco metros de distancia, al menos. ¿Qué clase de voz puede hablarte a través de una ventana de vidrio sin que haya una pérdida de volumen?

—Y ese él… ¿eres tú?

Él es siempre «él». Ellos hablan de él en tercera persona, como podrías hablar tú de alguien que estuviera haciendo el ridículo en la calle. Pero sabiendo, evidentemente, que el objeto de su atención puede oírles. Ésa es la clave.

—Soy yo, sí.

—¿Y qué significa *diferente,* lo sabes?

—¿Quizás diferente a lo que hago creer a la gente, o a lo que la gente cree de mí? Creo que es eso lo que quería decir la voz.

Cuando sonó el bip, Jay estaba sentado delante de una mesa en el pub, absorto en el guion que está escribiendo. Nos dice que se había estado concentrando en escribir con el fin de bloquear el sonido de las voces que había estado escuchando aquella mañana. Paradójicamente, el ruido de fondo hace las voces más sonoras, como si forcejearan por ganarse su atención por encima del alboroto.

—Suena como si *estuvieras* intentando resolver lo que significaban esas palabras...

—Sí, es como si tuviera que interpretar lo que dicen las voces, ya sabes, ¿algo de tipo metafórico?

Ben está dirigiendo la entrevista. Es un día estival, las ventanas están abiertas y se puede escuchar la algarabía del alumnado del Palace Green de Durham.

—Entonces, justo en el momento del él es diferente, ¿tú no necesariamente sabes de lo que está hablando la voz?

—Sí, eso es. No lo sé en el momento en que el bip deja de sonar.

Ben le pregunta a Jay cómo supo que aquélla era su voz habitual. Jay escucha tres voces principalmente, según dice; le resultan familiares y las reconoce al instante. Esta voz en particular es siempre la misma.

—Suena como si fuera más mayor que yo..., ya sabes, con algo así como un acento de clase media. Algo así como una voz inteligente... Siempre en un tono reflexivo, como manteniendo una conversación. Nunca grita ni nada.

Russ desea saber más acerca de esa cualidad paradójica de la voz, cuyo volumen se incrementa aparentemente con el ruido de fondo del entorno. ¿Es como si la mujer que habla levantara la voz con el fin de hacerse oír –pregunta–, o es como cuando subes el volumen de un amplificador, que no se percibe cambio alguno en las cualidades acústicas de la voz? Russ ilustra este punto levantándose de la silla, saliendo de la habitación y cerrando la puerta mientras sigue hablando. Todavía podemos escuchar su relajado acento del Medio Oeste, pero su voz queda amortiguada. Quiere ilustrar de qué modo cambian las cualidades acústicas de su voz cuando existe una barrera como la de una puerta de madera.

—La cualidad de la voz no cambia –dice Jay mientras Russ regresa–. No grita, pero suena más fuerte, porque a mi alrededor hay mucho ruido.

El hecho de que Jay pueda escuchar esa voz con claridad desde casi cinco metros de distancia a través de una ventana de vidrio es una de las cosas que le permiten saber que ésa es una de las voces que suele escuchar, y no la voz de una persona real. No tiene ninguna duda de que las voces son reales –constituyen un aspecto significativo de su experiencia–, sólo que no hay sustento físico alguno tras ellas. A nivel cognitivo, Jay no tiene ningún problema en reconocerlo.

—Me doy cuenta del hecho de que la voz se encuentra fuera del Wetherspoons, pero suena con fuerza... Una parte de mí siente que allí hay una presencia, la presencia de una voz, pero también sé que allí no hay nadie.

A través de la terapia cognitiva conductual (conocida normalmente por su abreviatura, TCC), Jay ha aprendido a racionalizar sus experiencias. La TCC le ha enseñado a «deconstruir» sus voces, a comprender los procesos psicológicos y emocionales que le llevan a experimentarlas. Pero el bip le ha pillado en el momento en que hacía tales atribuciones, aportando lo que ha aprendido acerca de su experiencia al empeño por interpretar esa extraña percepción. La TCC le ha permitido darse cuenta de que la creencia que viene naturalmente a continuación de esa percepción –que hay alguien allí en la calle, fuera del Wetherspoons, hablándole– es en realidad una ilusión. Reconocer la falta de fundamento de tales creencias es parte importante del proceso terapéutico. Normalmente, Jay escucha una de esas voces, reconoce su forma de hablar e infiere que está teniendo otra de esas experiencias anómalas, y que no debe tomársela como una percepción real.

Sin embargo, ése es un proceso que lleva tiempo; no demasiado tiempo, pero sí lo suficiente como para dejar a un lado los enlaces de su razonamiento y dejar que penetre la precisión temporal del MED. En el instante de consciencia que estamos investigando –el instante anterior a que el bip del Wetherspoons sonará en su oído– todavía no había racionalizado su experiencia. Para Jay resulta un tanto embarazoso admitirlo, pero en el momento exacto en que el bip se activó, tenía la sensación de que había alguien allí.

—¿Había alguien allí, visualmente? –pregunta Russ–. ¿Viste a esa persona?

Jay nos dice que nunca ha visto la voz, y que no ha tenido ninguna alucinación visual. Le pregunto si la experiencia podría parecer un recuerdo, y la respuesta de Jay me sorprende.

—Sí, es un recuerdo... Yo he hablado por teléfono con esa persona, que era una médica, y la voz suena como la de la médica con la que hablé por teléfono. La voz nunca ha cambiado.

De modo que la persona que habita en su mente ha tomado la forma auditiva de una médica anónima con la que habló hace siete años. Una mujer que no ha sido importante en su vida, pero cuya voz ha sido adecuada para alguien –o algo– que sí que es importante. Jay vincula lo que dice la voz –ese enigmático pronunciamiento, «Él es diferente»– con cómo se le percibía en su familia cuando era niño. Su madre y su abuela eran muy críticas con él y le tenían por alguien que no era, y la voz venía a contradecir eso: «Él no es lo que todos creéis. Él es diferente». A Jay no le parecía extraño que sus interlocutores mentales vinieran en su defensa de aquel modo. «Las voces, para mí, no siempre son negativas. En realidad, pueden parecerme muy útiles».

Ben le pregunta a Jay por el comentario que había hecho anteriormente acerca de sentir la presencia de la voz. ¿Cómo es esa presencia?

—Es como si fuera una persona. Me doy cuenta de que las voces no son las voces de nadie en realidad, ya sabes, *son* voces. Y probablemente esas voces están compuestas de diferentes personas que he conocido a lo largo de la vida, aunque puedan sonar como una persona en concreto. Pero las siento físicamente como si hubiera alguien ahí.

—¿Y cómo es esa sensación física?

—Bueno, es como estar sentado aquí hablando contigo, uno sabe que hay otras tres personas en la sala. No sé..., otras personas. ¿La sensación de saber que hay alguien ahí? No sé cómo expresarlo mejor, pero es así como lo siento.

Ben lo vincula con su propia «consciencia» personal de que yo estoy sentado a su lado en la sala, aunque se ponga de espaldas a mí y no pueda verme ni oírme.

—Mi experiencia de Charles no consiste en otra cosa –dice– mas que el saber que está ahí.

—Mm, ésa es la sensación cuando escuchas una voz... Es algo experiencial. Te sientes incómodo. Pero entonces tengo que distanciarme de la experiencia y deconstruirla, y darme cuenta de que no es más que una voz. Es un proceso activo, deconstruirla.

Una de las muchas cosas fascinantes que emergen de la conversación con Jay es que la sensación de presencia parece disociarse de la experiencia de escuchar una voz. En ocasiones, puede haber una voz sin la correspondiente sensación de presencia; otras veces, hay una presencia pero no hay voz. Hoy, por ejemplo, Jay ha escuchado la voz de la doctora en la calle, y también ha sentido que estaba allí, del mismo modo que uno sabe que hay alguien de pie detrás de él en una habitación cuando tiene los ojos cerrados. Pero había otra voz allí también, en la calle, fuera del Wetherspoons. En el momento en que sonó el bip, Jay estaba sintiendo la presencia de ambas voces, pero sólo una de ellas habló.

—¿Y se encontraban en el mismo lugar?

—Sí, parecía que estaban allí, en la calle, una al lado de la otra.

Normalmente van juntas, nos dice Jay, a veces en compañía de la tercera voz principal. También es una voz de mujer, pero es diferente, criticona, agresiva y agobiante. Sólo aparece cuando Jay está disgustado. Jay la llama la Bruja. Pero hoy no la ha escuchado.

En otra ocasión, en nuestro muestreo MED, Jay nos dijo que había escuchado la voz de la Bruja, pero que no había sentido su presencia. Iba de camino a Durham cuando el tren pasó por un túnel y el vagón se sumió en la oscuridad. Entonces escuchó a la Bruja decir, «Pero si he intentado que se sintiera importante». Enfadado por el hecho de que su envidiosa y negativa voz intentara atribuirse tan falso mérito, Jay le gritó, «¡Venga, joder, si no hiciste nada!». Pero ninguna palabra atravesó sus labios; era un grito interno. La voz procedía de delante de él en el compartimento del tren, desde alrededor de cinco metros de distancia. Al igual que con la voz del Wetherspoons, la experimentó a un elevado volumen –lo suficientemente elevado como para oírla por encima del resto de ruidos en el tren–, pero no estaba gritando. Aunque Jay escuchó aquella desagradable voz femenina en esa ocasión, no tuvo la sensación de que estuviera presente. En cambio, las otras dos voces, sí estaban presentes, pero no decían nada.

¿Qué puede ser una voz que no habla?

Las experiencias de Jay han cambiado con el transcurso de los años. La primera vez que escuchó una voz fue cuando tenía quince años, tras recibir tratamiento en una clínica de anorexia. Fue la voz de su médico, que le llamó por su nombre y le instó a comer. Fue sólo una vez. No escuchó nada más hasta los diecinueve años, tras la muerte de su abuela, con la que había mantenido una estrecha relación. Después de aquello, no ocurrió nada más hasta los veinticuatro años, cuando escuchó por vez primera la voz de la doctora; las otras dos voces llegaron más o menos en la misma época. Jay dejó su trabajo de barman y volvió a trabajar como instructor de danza. Las voces continuaron. Aquello le desconcertaba y le desorientaba, especialmente cuando estaba dando clase. Jay comenzó a beber demasiado por las noches, intentando así suprimir las voces para poder dormir. Al final, le mantenían constantemente despierto. Jay tiene el recuerdo de estar a punto de comenzar la clase, en el último piso del edificio de la escuela de danza, de pie, delante de todos, y mirar por la ventana y escuchar las voces gritándole desde la calle. También recuerda haber estado solo, sentado delante de la mesa de la cocina, bebiendo, y oyendo a las voces gritándole; creyendo que había gente allí, haciendo tal ruido, y que le habían seguido hasta casa.

Al cabo de una semana sin ir a trabajar, intentando ocultarse de las voces, Jay fue al hospital para que le ingresaran. Le hicieron un diagnóstico de esquizofrenia. Le dijeron que podría pedir ayudas sociales del Estado a largo plazo. «Lo único que querían era ponerme una etiqueta, y lo cierto es que la etiqueta incapacitaba, porque a partir de entonces comencé a verme a mí mismo como a una persona que tenía un problema psiquiátrico incurable [...]. Por aquel entonces, rodeado de personas con problemas de salud mental como estaba, empecé a creer que tenía una terrible enfermedad mental. Entonces me veía a mí mismo como a un esquizofrénico».

En los años transcurridos desde entonces, el diagnóstico de Jay ha cambiado. Encontró otro psiquiatra y un terapeuta privado que le han ayudado enormemente. Sigue sin decirles a los demás que escucha voces, a los otros instructores de danza en la escuela, por ejemplo. Pero ahora entiende por qué tiene estas experiencias y lo que dicen de él, y ha aprendido a hacerles frente de tal modo que, recientemente, le han dado de alta en atención psiquiátrica. Las voces nunca le hablan directamente, pero conversan entre sí. Las experimenta siempre como si procediesen de fuera de su cabeza, normalmente de la habitación de al lado. No las percibe de ningún otro modo; no hay elementos táctiles, ni olores ni alucinaciones visuales. En ocasiones, se pueden asociar con otras experiencias perceptivas. El hecho de escuchar pasos en el suelo de madera del piso de arriba, por ejemplo, puede llevarle a sentir que los pasos están conectados de algún modo con las voces, aunque racionalmente sepa que las pisadas son reales, de sus vecinos, que no tienen nada que ver con él.

Hay días en que Jay no escucha las voces para nada. Si tuviera que hacer una estimación, Jay diría que probablemente las escucha tres o cuatro días a la semana. Pueden estar hablando desde unos pocos minutos hasta varias horas. Lo más probable es que las escuche cuando está cansado, o cuando se está despertando por la mañana. Normalmente, hay algo que las desencadena; en ocasiones, incluso, son sus propios pensamientos. La idea de que va a escuchar una voz puede convertirse en una profecía autocumplida. Ayer, por ejemplo, tuvo que dejar fuera el dispositivo del MED mientras estaba en la biblioteca escribiendo, y pensó que irremediablemente iba a escuchar una voz. Y la escuchó. «Es como si yo mismo pudiera hacerlas aparecer –dice–. Puedo hacer que ocurran». También ha conseguido, gracias a la TCC, cierto control sobre el modo en que interactúa con las voces. Habla con ellas en silencio, en su cabeza; nunca en voz alta. Se retira durante media hora o así cada día, por la noche, para interactuar con las voces y entablar conversación con ellas. Por eso escuchar la voz de la Bruja en el tren fue una experiencia inusual. Normalmente, si escucha una voz fuera del tiempo en que se retira para hablar con ellas, Jay la ignora. Pero lo que dijo la Bruja en aquella ocasión fue tan irritante que Jay no pudo evitar responderle.

Muy pocos bips del MED de Jay ocurren cuando escucha voces. Durante el resto del tiempo, su experiencia interior se parece a la del resto de las personas; hay bastante discurso interior ordinario, algo de consciencia sensorial, etc. En uno de los bips, por ejemplo, en el que estaba planteándose incluir en su guion un elemento en concreto, el bip le encontró preguntándose en silencio, «¿Lo incluyo o no lo incluyo?». Al término de la secuencia de días de muestreo, le preguntamos a Jay qué le había parecido el proceso. Nos dijo que, con el transcurso de los años, se le había animado a pensar en profundidad acerca de sus voces, pero nunca le habían instado a reflexionar sobre su experiencia interior normal. Dijo que había estado preocupado con la idea de que los bips pudieran pillarle en un momento en que las voces estuvieran diciéndole algo que pudiera resultarle embarazoso compartir con los investigadores, pero que eso no había ocurrido. «He registrado con absoluta precisión todo lo que he escuchado, y me he sentido cómodo haciéndolo». Las voces no habían hecho comentario alguno sobre su participación en el experimento. Parecen estar más preocupadas con el guion que está escribiendo. Ahí es donde él dará nombres. Ahí es donde dejará claro cómo ocurrió todo.

En cualquier caso, sus voces no tienen por qué estar preocupadas. Al pedirle a Jay que hiciera un muestreo de experiencia interior con nosotros no pretendíamos pillar *in fraganti* a los visitantes de su consciencia (aunque, evidentemente, nos habríamos interesado en ellos si hubieran optado por hablar). Más bien, consideramos que no se puede comprender del todo una experiencia atípica como la escuchar voces sin comprender las experiencias típicas que le proporcionan contexto. Cuando alguien dice que escucha una voz,[1] no hace otra cosa que hacer (implícita o explícitamente) una comparación. Está diciendo, «Aquí hay algo inusual en mi experiencia, y es diferente a lo que suele ocurrir». Pero no puedes comprender lo inusual sin saber algo de lo habitual. Ése es el motivo por el cual sometimos a Jay a profundos interrogatorios en relación con su experiencia, tanto la cotidiana como la extraña. En todas esas experiencias hay lenguaje, palabras que suenan en la cabeza. ¿Qué relación hay entre las voces ordinarias de su consciencia –los pronunciamientos de su discurso interior– y sus tres misteriosos visitantes? Formular esta pregunta resultó un acierto, pues nos dio mucha información sobre las muchas y diferentes voces de nuestra cabeza.

1. Simon McCarthy-Jones, Joel Krueger, Frank Larøi, Matthew Broome y Charles Fernyhough, «Stop, look, listen: The need for philosophical phenomenological perspectives on auditory verbal hallucinations», *Frontiers in Human Neuroscience,* vol. 7, artículo 127, 2013.

9

LAS DIFERENTES VOCES

¿Qué piensas cuando piensas en alguien que escucha voces? En la novela de Nathan Filer, *La luna no está,*[1] de 2013, el diagnóstico con el que toma tierra el protagonista, Matt, es tan terrible que ni siquiera se puede nombrar: «Tengo una enfermedad con la forma y el sonido de una serpiente».[2] Todo el mundo sabe lo que es la esquizofrenia. Para muchos, el sonido de su sibilante etiqueta evoca temor y prejuicios. Analizando los datos de la Encuesta Social General de Estados Unidos de 2006,[3] un grupo de investigadores descubrió que casi dos tercios de los encuestados decían que no estarían dispuestos a trabajar con una persona con tal diagnóstico, en tanto que un 60 por 100 creía que una persona con esquizofrenia se conduciría de forma violenta con los demás. Echando la vista atrás a los datos de la misma encuesta, pero 10 años antes, los investigadores se percataron de que había habido muy pocos cambios de actitud. Aunque existían más probabilidades de que los encuestados de 2006 atribuyeran la esquizofrenia a una causa neurobiológica, un mayor conocimiento de la enfermedad no se había traducido en un descenso de actitudes negativas.

1. Publicado en castellano por Alianza Editorial. Madrid, 2014. *(N. del T.)*
2. Nathan Filer, *The Shock of the Fall,* Londres: HarperCollins, 2013, p. 67.
3. Bernice A. Pescosolido *et al.*, «"A disease like any other?" A decade of change in public reactions to schizophrenia, depression, and alcohol dependence», *American Journal of Psychiatry,* vol. 167, pp. 1321-1330, 2010.

Uno de los problemas estriba en que el término «esquizofrenia» se presta a malentendidos,[4] además de a diferentes funciones según el discurso. En la imaginación popular, se suele entender como una escisión de la personalidad, algo parecido a lo que hacía que el doctor Jekyll se convirtiera en míster Hyde (y viceversa). Y el caso es que existen diversas razones para tal malentendido, entre las cuales se incluye el hecho de que el término significa literalmente «mente escindida», aun cuando la persona que acuñó la palabra lo que intentaba transmitir era una idea más cercana a la de mente «desconectada» o «despedazada». El término lo acuñó el psiquiatra suizo Eugen Bleuler en 1908, intentando actualizar el antiguo concepto de *dementia precox,* que se caracterizaba por delirios (creencias falsas persistentes) y alucinaciones (experiencias perceptivas irresistibles en ausencia de cualquier estímulo externo). Hacia mediados del siglo xx, Kurt Schneider, con su análisis de los rasgos cardinales (o de «primer rango»)[5] de la esquizofrenia, en su libro de texto *Psicopatología clínica,*[6] había convertido este trastorno en la piedra angular de la psiquiatría occidental. Los clínicos trabajaban juntos para afinar su definición, mientras que el intento por comprenderlo científicamente se convertía en el objetivo preeminente de la psiquiatría. «Conocer la esquizofrenia –llegó a escribir Roy Grinker– es conocer la psiquiatría»;[7] en tanto que, en la memorable frase de Thomas Szasz, la esquizofrenia se convertía en el «símbolo sagrado» de la psiquiatría.[8]

Pero, por muchas razones, el monolito se ha venido abajo en los últimos años, principalmente debido a las preocupaciones que genera la

4. Este término apareció impreso por vez primera en 1911, en el libro de Bleuler, *Dementia Praecox or the Group of Schizophrenia,* Nueva York: International Universities Press, 1950. El mal uso del término para referirse a la personalidad escindida se le atribuye en ocasiones a T. S. Elliot, que cometió el error en su ensayo de 1933 «Shelley and Keats' en *The Use of Poetry and the Use of Criticism,* Cambridge, Massachusetts: Harvard University Press, 1933, p. 90.
5. Kurt Schneider, *Clinical Psychopathology,* Nueva York: Grune & Stratton, 1959.
6. Publicado en castellano por Editorial Triacastela. Madrid, 1997. *(N. del T.)*
7. Roy Grinker, citado en Roy Richard Grinker, «The five lives of the psychiatry manual», *Nature,* vol. 468, pp. 168-170, 2010.
8. Thomas Szasz, *Schizophrenia: The sacred symbol of psychiatry,* Nueva York: Basic Books, 1976.

validez científica del constructo.[9] En la actualidad, la esquizofrenia se contempla con más precisión, y hace referencia a un síndrome o conglomerado de trastornos relacionados entre sí. Caracterizada durante mucho tiempo como una enfermedad cerebral progresiva[10] (con la implicación de que había un único proceso biológico subyacente a ella), se contempla ahora como un desorden variado y complejo del cual algunas personas se pueden recuperar por completo. Los expertos ven ahora a la esquizofrenia como el extremo de un espectro o continuo de síntomas y experiencias anómalas. La búsqueda de genes específicos para este trastorno ha sido una tarea especialmente desagradecida, en la que la última palabra la ha aportado un estudio reciente en el que se ofrecen evidencias de que la esquizofrenia es en realidad un conglomerado de ocho trastornos genéticamente diferenciados.[11] En la «biblia» de la psiquiatría,[12] el *Diagnostic and Statistical Manual of Mental Disorders (DSM),* el espectro se divide en numerosos subtipos, tales como trastorno esquizoafectivo o trastorno delirante. Lo que todos ellos tienen en común son «anormalidades» en uno o más de sus cinco dominios, entre los que se incluyen los delirios, las alucinaciones, los trastornos del pensamiento, los comportamientos motores extraños y los síntomas negativos. El término, junto con su definición en el *DSM,* sigue siendo enormemente controvertido, y muchos abogan por reemplazarlo por otro término más neutral, como el de «psicosis», si bien otros argumentan que reemplazar un conglomerado vagamente específico de trastornos por otro difícilmente se puede entender como un avance.

---

9. Véase, por ejemplo, Richard P. Bentall, «The search for elusive structure: A promiscuous realist case for researching specific psychotic experiences such as hallucinations», *Schizophrenia Bulletin,* vol. 40, supl. n.º 4, pp. S198-S201, 2014.
10. Robert B. Zipursky, Thomas J. Reilly y Robin M. Murray, «The myth of schizophrenia as a progressive brain disease», *Schizophrenia Bulletin,* vol. 39, pp. 1363-1372, 2013.
11. J. Arnedo *et al.,* «Uncovering the hidden risk architecture of the schizophrenias: Confirmation in three independent genome-wide association studies», *American Journal of Psychiatry,* vol. 172, pp. 139-153, 2015.
12. American Psychiatric Association, *Diagnostic and Statistical Manual of Mental Disorders* (5.ª ed.), Arlington, Virginia: American Psychiatric Association, 2013. Los «síntomas negativos» implican la pérdida o la carencia de procesos cognitivos y respuestas emocionales típicas: por ejemplo, pobreza de palabra o carencia de motivación.

En términos sencillos, escuchar voces cuando no hay nadie presente es una experiencia psicótica, porque supone una ruptura con la realidad. Las personas hacemos otras cosas que suponen también una desconexión, como cuando soñamos o imaginamos, por ejemplo. Pero una persona que esté imaginando es consciente de que está realizando un acto creativo; en terminología psiquiátrica, tiene un *insight* de lo que le ocurre. Soñar, por otra parte, no es psicosis porque ocurre en ausencia de plena consciencia (con la posible excepción de los celebrados casos de «sueños lúcidos», tú no puedes tener *insight* alguno de estar dormido). Técnicamente hablando, la alucinación surge cuando la persona experimenta una ruptura con la realidad pero carece de la consciencia del hecho de que la experiencia es «irreal».

Pero claro está que, en realidad, las cosas son mucho más complejas. Cuando una niña escucha la voz de esa amiga imaginaria con la cual habla, puede quedar totalmente absorta en su simulación; para ella, esa compañera de juegos insustancial es real. Cuando nos hallamos totalmente inmersos en una película o en un libro, puede ocurrir algo similar. Cuando Jay escucha la voz de la doctora, o cuando Adam escucha la voz del Capitán dirigiéndose a él, son conscientes de que lo que experimentan es una de sus habituales alucinaciones auditivas. Y, sin embargo, la experiencia no deja de ser real para ellos. En algunas ocasiones, Jay responderá momentáneamente como si hubiera realmente alguien allí hablándole; el proceso de racionalizar el acontecimiento como una alucinación lleva unos instantes y un pequeño trabajo cognitivo. Jay tiene el *insight* de sus experiencias, pero éste depende un poco del momento en que le preguntes y de dónde se encuentre él en el proceso en curso de dar sentido a sus experiencias. La definición de alucinación del *DSM* como de «una experiencia cuasi perceptiva con la claridad y el impacto de una verdadera percepción» sólo es útil hasta cierto punto.[13]

Como veremos, el hecho de que haya *insight* es sólo una de las muchas formas en las que la experiencia de oír voces puede variar. Si las alucinaciones verbales auditivas constituyen la marca distintiva de la esqui-

---

13. American Psychiatric Association, *Diagnostic and Statistical Manual of Mental Disorders* (5.ª ed.), p. 822. Curiosamente, y a pesar de las crecientes evidencias que apuntan en dirección contraria, el *DSM-V* no hace concesiones en relación a que las alucinaciones puedan ocurrir fuera de la experiencia normal a menos que ocurran en estados hipnagógicos o hipnopómpicos.

zofrenia, no dejan de ser una marca distintiva multicolor. Pero escuchar voces no se restringe en modo alguno a la esquizofrenia. La escucha de voces está relacionada con toda una hueste de diagnósticos psiquiátricos diferentes,[14] entre los cuales se encuentran la epilepsia, el abuso de sustancias, el trastorno de estrés postraumático, la enfermedad de Parkinson y los trastornos alimenticios. A Jay le dieron varios diagnósticos diferentes con el transcurso de los años, siendo el más reciente el de trastorno de personalidad fronterizo. Por otra parte, considerar la escucha de voces como «el símbolo sagrado del símbolo sagrado»[15] –el síntoma arquetípico de la esquizofrenia– parece una idea poco afortunada. Ya que, aunque es cierto que en torno a tres cuartas partes de las personas con un diagnóstico del espectro de la esquizofrenia experimentan alucinaciones verbales auditivas, lo mismo ocurre con una proporción similar de personas con trastorno de identidad disociativa (desorden en el cual una persona puede manifestar múltiples personalidades), y lo mismo se puede decir de alrededor de la mitad de los que reciben un diagnóstico de estrés postraumático, y de una pequeña proporción de las personas diagnosticadas con trastorno bipolar. La escucha de voces puede ser sumamente angustiosa y debilitadora, pero no equivale a la esquizofrenia.

De hecho, escuchar voces ni siquiera equivale a la locura. La idea de que escuchar voces en ausencia de otras personas pueda ser parte de una experiencia normal tiene su historia. Hace ciento veinte años, la Sociedad de Investigaciones Psíquicas[16] de Londres se puso a explorar experiencias

---

14. Frank Larøi *et al.*, «The phenomenological features of auditory verbal hallucinations in schizophrenia and across clinical disorders: A state-of-the-art overview and critical evaluation», *Schizophrenia Bulletin*, vol. 38, pp. 724-733, 2012. Es tristemente necesario resaltar que negar la vinculación automática de la escucha de voces con la esquizofrenia no implica que se esté negando la realidad de que exista una enfermedad mental severa. Para muchas personas que escuchan voces, ésta es una experiencia angustiosa. Tales personas tienen problemas de salud mental y necesitan una ayuda cualificada; merecen nuestra solidaridad y respeto, y no que se las estigmatice.
15. Charles Fernyhough, «Hearing the voice», *The Lancet*, vol. 384, pp. 1090-1091, 2014.
16. H. Sidgwick, A. Johnson, F. Myers, F. Podmore y E. Sidgwick, «Report of the census of hallucinations», *Proceedings of the Society for Psychical Research*, vol. 26, 259-394, 1894. Obsérvese que la referencia a las experiencias que ocurrían «estando despierto» pretendían excluir las llamadas alucinaciones hipnagógicas e hipnopómpicas, que son muy comunes; véase, por ejemplo, Simon R. Jones, Charles Fernyhough y David Meads, «In a dark time: Development, validation, and correlates of the Durham

inusuales como la de escuchar voces con una muestra de 17.000 personas. «¿Alguna vez, estando despierto –preguntaban–, ha tenido usted la impresión de ver, escuchar o ser tocado por algo que, hasta donde pudo descubrir, no fue debido a causa externa alguna?». En torno al 3 por 100 de los encuestados informaron que habían oído voces. Echando un vistazo a toda la serie de encuestas que se han realizado desde entonces, los índices de población de experiencias de escucha de voces han variado entre un 0,6 por 100 y un 84 por 100, en función de la pregunta exacta que se les formuló a los encuestados. Una estimación razonable indicaría que entre un 5 y un 15 por 100 de las personas normales[17] han tenido ocasionalmente, o en una sola ocasión, alguna experiencia de este tipo, en tanto que en torno a un 1 por 100 ha tenido experiencias más complejas y extensas, sin haber buscado atención psiquiátrica en ningún momento.

A pesar del hecho de que son muchas las personas que parece que escuchan voces, la percepción general de este fenómeno sigue siendo bastante negativa. «¡Pero es que sólo los locos y las personas peligrosas escuchan voces! –le dicen a veces a Victoria Patton–. Tú no tendrás que trabajar con personas así, ¿no?». Victoria es jefa de comunicaciones de nuestro proyecto Hearing the Voice (Escuchando la Voz) en Durham, Inglaterra, y ha tomado el mando en nuestras actividades de divulgación diseñadas para reducir el estigma social que con tanta frecuencia se vincula con esta experiencia. «Por desgracia, esa imagen está muy extendida –me dijo Victoria–. Estamos intentando cambiarla concienciando a la gente con el tema de la escucha de voces y haciéndoles comprender que no todas las personas que escuchan voces están mentalmente enfermas». Pero todavía queda mucho por hacer. Cuando se menciona el tema de la escucha de voces en los medios de comunicación, se da casi siempre en un contexto de pérdida de control, violencia y daños a la propia persona y a los demás. La psicóloga Ruvanee Vilhauer estudió una muestra de casi 200 artículos

---

Hipnagogic and Hypnopompic Hallucinations Questionnaire», *Personality and Individual Differences,* vol. 46, pp. 30-34, 2009.

17. **Simon McCarthy-Jones, *Hearing Voices: The histories, causes and meanings of auditory verbal hallucinations,*** Cambridge: Cambridge University Press, 2012; Vanessa Beavan, John Read y Claire Cartwright, «The prevalence of voice-hearers in the general population: A literature review», *Journal of Mental Health,* vol. 20, pp. 281-292, 2011.

de periódicos[18] publicados entre 2012 y 2013, y encontró que la gran mayoría de ellos no contenía indicación alguna del hecho de que escuchar voces pueda formar parte de una experiencia normal. Quizás no deba sorprendernos que la mayoría de los informes de los medios de comunicación conectaban la escucha de voces con una patología mental, normalmente la esquizofrenia, en tanto que una minoría reconocía que escuchar voces podía ocurrir también en otros trastornos. Más de la mitad de los artículos la vinculaba con comportamientos criminales, en su mayor parte relacionados con crímenes violentos. Casi la mitad de los artículos vinculaba la escucha de voces con la violencia hacia otras personas, y casi una quinta parte la vinculaba con el suicidio o las tendencias suicidas.

Pero, tal como demuestra la experiencia de personas como Adam, las representaciones engañosas de los medios de comunicación no sólo empeoran el problema del estigma social,[19] sino que también afectan de forma negativa a las personas que escuchan voces, pues no les permiten comprender bien su experiencia ni comprenderse a sí mismas. Las investigaciones han demostrado que la percepción que estas personas tienen de sí mismas puede tener una influencia muy negativa, reduciendo la autoestima, llevando a las personas a evitar el tratamiento o a no seguirlo, e incrementando el riesgo de hospitalización. «Cuando dices que escuchas voces –comentó Adam en una entrevista de radio–, la gente instantáneamente piensa: ¡Oh, posiblemente sea peligroso! Pero yo no soy así. Sólo porque alguien diga cosas horribles dentro de mi cabeza, eso no significa que yo sea peligroso».[20]

Adam conversaba con la periodista Sian Williams en el programa *Saturday Live (Sábado en directo)* de Radio 4 de la BBC. La entrevista se había concertado a consecuencia de una película que habíamos hecho con Adam en relación con sus experiencias, y que se había presentado en un festival en el Barbican. Fui con Adam a Londres para la entrevista, a la

18. Ruvanee P. Vilhauer, «Depictions of auditory verbal hallucinations in news media», *International Journal of Social Psychiatry*, vol. 61, pp. 58-63, 2015.
19. Otto F. Wahl, «Stigma as a barrier to recovery from mental illness», *Trends in Cognitive Sciences*, vol. 16, pp. 8-10, 2012.
20. Adam fue entrevistado en el programa *Saturday Live* de Radio 4 de la BBC, el 2 de marzo de 2013.

Broadcasting House, la sede central de la BBC, y le estuve observando a través de la pecera de la cabina de control, mientras contaba en directo a la audiencia lo que supone vivir con esas voces en su cabeza.

Fue una entrevista excepcionalmente sensible e informativa, dirigida por una persona con una profunda comprensión de las complejidades de las enfermedades mentales. En un punto determinado, la conversación derivó hacia la relación existente entre las voces de Adam y sus pensamientos ordinarios. «Es una mezcla entre pensamientos y discurso –dijo–. Resulta muy confuso cuando se prolonga demasiado. Estás hablándote a ti mismo, pero estás recibiendo una respuesta. Estás hablándote a ti mismo, pero te responden a las preguntas, lo cual lo hace todo muy difícil, porque pongamos que si piensas en algo, no estás seguro de ser tú quien lo está pensando [...]. Tengo a otra persona viviendo dentro de mi cabeza [...]. No soy yo, pero soy yo».

¿No serán las voces de Adam el extraño resultado de alguna distorsión de su conversación interna ordinaria? ¿No estará escuchando Adam su propio discurso interior que, por algún motivo, lo percibe como si procediera de «otra persona» que vive en su cabeza? Si así fuera, ¿qué puede haber pasado en el procesamiento del discurso interior que pueda haberlo distorsionado de tal modo? ¿A quién, o qué, oyes tú cuando escuchas una voz en tu cabeza?

La primera vez que reflexioné sobre las ideas de Vygotsky y de Bakhtin, siendo un alumno de grado en 1990, se me ocurrió que quizás pudieran ofrecer una forma diferente de entender las voces de las alucinaciones. Si los niños desarrollan el discurso interior mediante la interiorización del diálogo externo, debería haber una fase –cuando la interiorización aún no se ha completado– en la que la cabeza del niño quizás esté llena de fragmentos de diálogos que no se han asimilado del todo. Voces, en otras palabras. Si a esto le unimos el hecho de que los niños pequeños todavía no diferencian bien entre fantasía y realidad, esto podría traer como resultado la experiencia de escuchar unas palabras que no se reconocen como algo propio. A su vez, un problema de desarrollo con este proceso[21]

21. Exploraría más adelante esta idea del «problema de desarrollo» (y, finalmente, la rechacé) en mi artículo «Alien voices and inner dialogue: Towards a developmental account of auditory verbal hallucinations», *New Ideas in Psychology*, vol. 22, pp. 49-68, 2004.

podría llevar con el tiempo a una experiencia de escucha de voces en toda su extensión.

Cuando volví sobre esta cuestión después de una década o algo así de investigaciones con el discurso autodirigido de los niños, me di cuenta de que la gente se estaba tomando ciertamente en serio la idea de que la escucha de voces pudiera tener algo que ver con el pensamiento verbal, y que llevaban ya cierto tiempo planteándoselo. En la España del siglo XVI, san Juan de la Cruz[22] ofreció ya una explicación del modo en que las voces divinas podían emerger como consecuencia de un discurso interior erróneamente atribuido.

Elaborando sus ideas a partir de las de su predecesor, santo Tomás de Aquino, que consideraba el pensamiento como «la palabra interior»,[23] san Juan señaló que los novicios, durante la meditación, podían tener la experiencia de escuchar una voz divina cuando, de hecho, «son ellos los que se dicen esas cosas a sí mismos».

Desde sus orígenes en la teología europea, este punto de vista se establecería posteriormente en la literatura médica. En su libro *Natural Causes and Supernatural Seemings (Causas naturales y apariencias sobrenaturales),* de 1886, el psiquiatra británico Henry Maudsley hablaba de «una idea vívidamente concebida que era tan intensa [...] que se proyecta hacia el exterior en lo que parece una percepción real [...] en el caso de escuchar, una idea tan intensa como para convertirse en una voz».[24] Un siglo más tarde, a finales de la década de 1970, Irwin Feinberg propuso que las alucinaciones verbales auditivas podrían surgir como consecuencia de un trastorno en los sistemas cerebrales que normalmente controlan las acciones que produce la propia persona.[25] Como todas las buenas ideas, la noción de Feinberg es, en esencia, muy sencilla. Una persona genera un pronunciamiento en

22. Simon R. Jones, «Re-expanding the phenomenology of hallucinations: Lessons from sixteenth century Spain», *Mental Health, Religion & Culture,* vol. 13, pp. 187-208, 2010. Un excelente relato de la historia de la escucha de voces se puede encontrar en McCarthy-Jones, *Hearing Voices.*

23. Tomás de Aquino, *Summa Theologica,* Londres: Burns, Oates & Washbourne Ltd., vol. 14, 1a, 107.1, 1927.

24. Henry Maudsley, *Natural Causes and Supernatural Seemings,* Londres: Kegan Paul, Trench & Co., 1886, p. 184.

25. Irwin Feinberg, «Efference copy and corollary discharge: Implications for thinking and its disorders», *Schizophrenia Bulletin,* vol. 4, pp. 636-640, 1978.

su discurso interior –del tipo de una conversación interna ordinaria como aquéllas en las que nos hemos centrado aquí–, pero, por algún motivo, no lo reconoce algo propio. Hay palabras en la cabeza, pero no se sienten como las palabras del yo, de modo que la persona las experimenta como un pronunciamiento procedente del exterior: una voz audible.

Cuando comencé con mi propia investigación sobre la naturaleza del discurso interior en adultos, la psiquiatría era una disciplina con la que no estaba familiarizado. Se me había formado como psicólogo evolutivo y había centrado mi investigación en bebés y niños pequeños. En el Reino Unido, Estados Unidos y otros muchos países, la psiquiatría es una rama de la medicina, una especialidad en la que se introduce uno cuando ha terminado su formación como médico. Los psicólogos como yo también pueden estudiar procesos mentales anormales, y algunos se especializan en psicología clínica con el fin de trabajar con pacientes, pero ésa no era una opción que yo hubiera buscado. Había profesionales en el mundo de la psiquiatría que hablaban del discurso interior como la materia prima de las alucinaciones verbales auditivas, y yo había estado investigando el desarrollo del discurso interior a través de la interiorización del discurso privado en la infancia. ¿Estaríamos hablando de la misma cosa?

Sí y no. La teoría del discurso interior en la escucha de voces se estableció realmente en la década de 1990 con el trabajo de Chris Frith y Richard Bentall, quienes, investigando de forma independiente, desarrollaron las ideas de Feinberg en direcciones ligeramente diferentes. En un grupo de investigación, Frith y sus colegas[26] del University College de Londres estaban desarrollando la teoría de que los síntomas de la esquizofrenia eran la consecuencia de un problema en el control de las propias acciones. En un estudio anterior de su mismo grupo, los pacientes con este diagnóstico se habían desempeñado peor que los de un grupo de control a la hora de corregir los errores que cometían al realizar una tarea para la cual movían un *joystick*. La idea era que si tú tenías un problema en el control de tu propio comportamiento, no reconocerías como propias algunas de las ac-

26. Christopher D. Frith, *The Cognitive Neuropsychology of Schizophrenia,* Hove: Lawrence Erlbaum Associates, 1992; Christopher D. Frith y D. John Done, «Experiences of alien control in schizophrenia reflect a disorder in the central monitoring of action», *Psychological Medicine,* vol. 19, pp. 359-363, 1989.

ciones que tú mismo producías. Y ahí se podía incluir el discurso interior: las palabras que tú mismo producías en tu propia cabeza.

Por otra parte, en Liverpool, un equipo dirigido por Richard Bentall estaba investigando si las alucinaciones verbales auditivas podrían comprenderse como un problema de control de la fuente de información.[27] Una idea similar había probado ser muy potente en el estudio de la memoria; ahí, esta idea se había utilizado como base para explicar por qué las personas confunden a veces los recuerdos de lo ocurrido con aquellos productos de la imaginación de lo que *podría* haber ocurrido. La teoría plantea que, al dilucidar si una representación interna es un recuerdo o no lo es, pasamos por un proceso forense en el cual juntamos montones de información de todo tipo (acerca de cuán vívida es la representación, cuán fácil llega a la mente, etc.) y en última instancia decidimos si el suceso tuvo lugar realmente o no.

Bentall aplicó este enfoque a la escucha de voces pidiéndoles a los participantes que detectaran una señal incrustada en un estímulo enmascarador; concretamente, se incrustaba un elemento de discurso sobre un fondo de ruido blanco. En cierto número de estudios en los que se han utilizado tales tareas de «detección de señal», los pacientes psiquiátricos que escuchan voces suelen juzgar que hay un discurso presente cuando en realidad no lo hay. Si tienes la tendencia a juzgar las experiencias internas como procedentes del mundo exterior, es más probable que digas que un elemento del discurso interior tiene un origen externo (dicho de otro modo, es probable que digas que lo ha producido otro individuo) a que digas que tiene un origen interno (es decir, que lo identifiques correctamente como un elemento autogenerado de discurso interior).

Una demostración particularmente potente de esta tendencia[28] nos llega de un estudio de Louise Johns y Philip McGuire, del Instituto de

---

27. Richard P. Bentall, «The illusion of reality: A review and integration of psychological research on hallucinations», *Psychological Bulletin,* vol. 107, pp. 82-95, 1990; **Richard P. Bentall, *Madness Explained: Psychosis and human nature,*** Londres: Allen Lane, 2003; M. L. Brookwell, R. P. Bentall y F. Varese, «Externalizing biases and hallucinations in source-monitoring, self-monitoring and signal detection studies: A meta-analytic review», *Pshychological Medicine,* vol. 43, pp. 2465-2475, 2013.

28. Louise C. Johns *et al.,* «Verbal self-monitoring and auditory verbal hallucinations in patients with schizophrenia», *Psychological Medicine,* vol. 31, pp. 705-715, 2001.

Psiquiatría de Londres. Estos investigadores trabajaron con tres muestras de personas: pacientes de esquizofrenia con alucinaciones, pacientes de esquizofrenia sin alucinaciones y personas sin trastornos mentales. A los participantes se les pidió que leyeran una serie de adjetivos en voz alta, delante de un micrófono, al tiempo que escuchaban otras palabras a través de unos auriculares. En algunas de las pruebas, las personas escuchaban su propia voz, que había sido distorsionada bajándola unos cuantos semitonos; en otras ocasiones, escuchaban la voz de otra persona (bien distorsionada o sin modificar). Pues bien, los pacientes que experimentaban alucinaciones eran más proclives que los de los otros dos grupos a atribuir su propio discurso distorsionado a otra persona, dando apoyo así a la idea de que estas personas tienen una dificultad específica a la hora de seguir el rastro del origen de sus experiencias internas. Es decir, una persona que tenga la tendencia a decir «eso vino de fuera» en lugar de «eso vino de dentro» es más probable que cometa el error de atribuir un elemento de su discurso interior a una voz externa.

Otra línea de evidencias que sustentan la teoría del discurso interior procede del estudio de los cambios fisiológicos que tienen lugar durante la experiencia de escucha de voces. A finales de la década de 1940, el psiquiatra estadounidense Louis Gould demostró, utilizando una técnica conocida como electromiografía, que el inicio de las alucinaciones de los pacientes de psiquiatría venía a coincidir con un incremento en los minúsculos movimientos de los músculos que están asociados con la vocalización,[29] particularmente los músculos de los labios y de la barbilla.

---

29. Louis N. Gould, «Verbal hallucinations and activity of vocal musculature: An electromyographic study», *American Journal of Psychiatry,* vol. 105, pp. 367-372, 1948; Louis N. Gould, «Verbal hallucinations as automatic speech: The reactivation of dormant speech habit», *American Journal of Psychiatry,* vol. 107, pp. 110-19, 1950. El psicólogo soviético A. N. Sokolov llevó a cabo estudios similares, aunque centrados en los movimientos de la lengua en lugar de en las activaciones electromiográficas: A. N. Sokolov, *Inner Speech and Thought,* Nueva York: Plenum, 1972. A primera vista, estos hallazgos encajan con la idea de John B. Watson de que el discurso interior es, simplemente, discurso externo subvocalizado. No obstante, como hemos visto, esta teoría presenta problemas. Las evidencias apoyan más el modelo de Vygotsky, en el cual el discurso externo se transforma en el proceso de interiorización. Desde tal visión del discurso interior, los correlatos electromiográficos del pensamiento verbal pueden o no acompañar a la experiencia interna; pero tanto si lo hacen como si no,

En un extraordinario estudio de caso realizado en 1981, Paul Green y Martin Preston registraron los débiles susurros que producía un paciente varón de mediana edad cuando tenía alucinaciones, las cuales procedían según él de una voz femenina a la que él llamaba «señorita Jones».[30] Amplificando electrónicamente las señales y reproduciéndoselas posteriormente al paciente, Green y Preston fueron capaces de orquestar un diálogo, al volumen normal de habla, entre el paciente y su alucinada voz. Peter Bick y Marcel Kinsbourne demostraron posteriormente que, pidiéndoles simplemente a sus pacientes que abrieran la boca[31] cuando tenían lugar las alucinaciones, las voces se detenían. Los autores argumentaron que el hecho de abrir la boca impedía los tenues movimientos de subvocalización que acompañaban al discurso interior, bloqueando así la materia prima de las alucinaciones.

Sin embargo, cada uno de estos informes de discurso interior en la escucha de voces presenta serios problemas. Por una parte, todos ellos se basan en un concepto más bien limitado del discurso interior. Al igual que las investigaciones con neuroimagen de las que hablábamos anteriormente, estos estudios tendían a tratar el discurso interior como algo monolítico, algo así como una repetición rutinaria silenciosa, que no admite formas variadas. Pero lo que más me impactó al llegar como novicio a este campo de investigaciones fue que los intentos por comprender la escucha de voces en tanto que procesos del discurso interior habían adolecido de un planteamiento especialmente profundo en lo relativo a qué es el discurso interior, cómo se desarrolla y qué funciones cumple. Cuando nos tomamos más en serio el discurso interior como una conversación interna con el yo es cuando la escucha de voces comienza a tomar mucho más sentido.

---

eso no nos dice nada respecto a si está teniendo lugar el discurso interior. El discurso interior podría terminar basándose en sistemas neurales diferentes, y tener una relación diferente con la producción de acciones motoras, debido al hecho de que se transforma cuando se interioriza. *Véase* la discusión de la relación entre el discurso interno y externo en el capítulo 5.

30. Paul Green y Martin Preston, «Reinforcement of vocal correlates of auditory hallucinations by auditory feedback: A case study», *British Journal of Psychiatry*, vol. 139, pp. 204-208, 1981.

31. Peter A. Bick y Marcel Kinsbourne, «Auditory hallucinations and subvocal speech in schizophrenic patients», *American Journal of Psychiatry*, vol. 144, pp. 222-225, 1987.

Existe la convincente posibilidad de que las personas que escuchan voces, como Adam, estén experimentando un fragmento distorsionado de diálogo interior que, por algún motivo, no suena como si procediera del yo. Para comprender cómo podría funcionar esto, tomemos como ejemplo un fragmento ordinario de conversación interior. El pensador es el famoso físico Richard Feynman, que está describiendo cómo discute consigo mismo en la resolución de problemas científicos:

—La integral será más grande que esta suma de términos,[32] de modo que haría subir la presión, ¿te das cuenta?

—No, estás loco.

—¡No, no lo estoy! ¡No lo estoy!

Imagina que la mitad de este diálogo se experimenta por algún motivo como algo que no procede del yo; como, quizás, la frase «No, estás loco». No es difícil ver que estas palabras podrían entonces presentarse ante el pensador como una voz alucinada.

Ahora considera otro ejemplo de la literatura clínica. Un paciente se acerca a una máquina expendedora en un hospital. «¿Me tomo una Coca-Cola o un vaso de agua?», piensa. Y, a modo de respuesta, una voz resuena en su cabeza: «Deberías beber agua».[33] Los psicólogos clínicos Aaron Beck y Neil Rector interpretan esto como la transformación en una alucinación

---

32. James Gleick, *Genius: Richard Feynman and modern physics,* Londres: Little Brown, 1992, p. 224. Feynman continuaba explicando: «Yo discuto conmigo mismo [...]. Tengo dos voces que funcionan en ambos sentidos».

33. Aaron T. Beck y Neil A. Rector, «A cognitive model of hallucinations», *Cognitive Therapy and Research,* vol. 27, pp. 19-52, 2003. Otro intento por explicar la escucha de voces se basa en una teoría conocida como teoría del yo dialógico, que plantea que el yo está compuesto de diferentes partes que se comunican entre sí de formas dinámicas. En la esquizofrenia, la integración de estas entidades constituyentes se fractura, y una consecuencia es la de las alucinaciones verbales auditivas. Pero ni esta teoría ni la de Beck y Rector ofrecen una explicación convincente de exactamente por qué y cómo puede ocurrir esta anomalía en el diálogo interior, en parte porque dependen de una visión del discurso interior relativamente empobrecida. La teoría del yo dialógico es válida como modelo de la estructura de un yo dinámico, pero no explica adecuadamente los procesos cognitivos y neurales involucrados en el diálogo interior típico y atípico. Véase G. Stanghellini y J. Cutting, «Auditory verbal hallucinations: Breaking the silence of inner dialogue», *Psychopathology,* vol. 36, pp. 120-128, 2003; Hubert J. M. Hermans, «Voicing the self: From information processing to dialogical interchange», *Psychological Bulletin,* vol. 119, pp. 31-50, 1996.

de una parte del diálogo interno. El yo le habla al yo, pero la mitad de este intercambio de palabras parece que proceda de cualquier otro lugar menos del yo. En otros ejemplos del trabajo clínico de Beck y Rector, la voz más permisiva en la conversación interna adopta la cualidad ajena de una voz alucinada. El mismo paciente estaba sentado en la sala de grupo del hospital cuando pensó, *No debería comerme otro* snack. Inmediatamente, escuchó una voz que decía, «Deberías comerte el *snack*».

En otros ejemplos de Beck y Rector se detalla la aparición de voces más críticas. Una paciente se estaba arreglando apresuradamente para ir a la universidad cuando pensó «Voy a llegar tarde y mis amigas se van a enfadar». Entonces escuchó una voz que decía, «Piensas demasiado..., eres demasiado rígida». Si esto fue un diálogo interno distorsionado, quizás esta paciente estuviera escuchando algo así como la voz del Amigo Fiel. Otro paciente estaba intentando resolver un problema de matemáticas cuando pensó, «Jamás lo conseguiré». «Pero si eres un genio», dijo la voz en su cabeza.

Considerar la escucha de voces en términos de discurso interior ha resultado útil, pero prestar atención a su cualidad dialógica abre todo un mundo de fascinantes posibilidades. En mi primer artículo sobre este tema, propuse que uno de los motivos por los cuales la teoría del discurso interior no había ido demasiado lejos a la hora de explicar la escucha de voces era porque no se habían tomado lo suficientemente en serio el discurso interior como fenómeno. El relato vygotskyano nos indica que todos tenemos ya la cabeza llena de otras voces, en vez de esforzarse por explicar qué hacen todos esos pronunciamientos ajenos en la cabeza del paciente. El hecho de tomarse en serio la dialogicidad de la mente permite que el modelo del discurso interior explique por qué se perciben las voces como procedentes de otra persona, normalmente con las propiedades específicas de esa persona, como el timbre, el tono y el acento, que la hacen sonar diferente a la propia voz del que padece las alucinaciones. Cuando hablas con personas que escuchan voces, te suelen hablar de esa cualidad de «ajeno y, sin embargo, yo».[34] Reconocen que la experiencia procede en última instancia de su propio cerebro, pero dicen que no obstante la *sienten* extraña y ajena. Las

34. Ivan Leudar y Philip Thomas, *Voices of Reason, Voices of Insanity: Studies of verbal hallucinations,* Londres: Routledge, 2000.

ideas de Vygotsky también nos obligan a pensar que el discurso interior puede adoptar diferentes formas: a veces muy condensado y al modo de una libreta de notas, y otras veces expandido hasta convertirse en toda una conversación interna. Ambas cualidades del discurso interno –dialogicalidad y condensación– han sido ignoradas por los modelos del discurso interior estándar en lo relativo a la escucha de voces.

Yo planteaba que la clave para comprender la escucha de voces no consistía en desembarazarse del modelo del discurso interior, sino en proporcionarle un concepto más rico de autoconversación interna, como un diálogo entre diferentes voces interiorizadas. La clave del modelo era la idea de que, en nuestro discurso interior ordinario, podemos combinar sin grandes problemas el discurso expandido con el condensado. Normalmente, el cambio entre ambos se experimenta como una transición sin costuras entre el discurso interior en forma de notas y el diálogo interno pleno. Entre las personas que escuchan voces puede que ocurra algo inusual cuando el discurso interior condensado se «reexpande»[35] para crear un diálogo interior plenamente articulado. Una conversación con el yo, que normalmente se despojaría de artificios y se condensaría, eclosiona de repente con diversas voces.

Poner a prueba científicamente estas ideas exige que nos replanteemos lo que entendemos por experiencia interior «típica», tanto entre las personas que escuchan voces como entre las personas que no tienen tales

---

35. Fernyhough, «Alien voices and inner dialogue»; **Charles Fernyhough y Simon McCarthy-Jones, «Thinking aloud about mental voices»,** en F. Macpherson y D. Platchias (eds.), *Hallucination,* Cambridge, Massachusetts: MIT Press, 2013. Si la teoría es correcta, a partir de aquí se pueden hacer varias predicciones específicas. En primer lugar, los pacientes que escuchan voces no deberían experimentar un discurso interior expandido regular, dado que todos esos pronunciamientos internos deberían ser experimentados como voces; sin embargo, los pacientes sí que deberían exhibir un discurso interior condensado ordinario. La escucha de voces también debería de estar relacionada con situaciones estresantes y condiciones difíciles, de las cuales se cree que incrementan la probabilidad de que el pensamiento se verbalice –en este caso, un diálogo interior reexpandido en toda regla– tanto en niños como en adultos. Por último, si las condiciones son lo suficientemente estresantes y difíciles, la escucha de voces debería ocurrir también en personas sin problemas psiquiátricos. Véase también Simon R. Jones y Charles Fernyhough, «Neural correlates of inner speech and auditory verbal hallucinations: A critical review and theoretical integration», *Clinical Psychology Review,* vol. 27, pp. 140-154, 2007.

experiencias. En primer lugar, tenemos que preguntar por la experiencia interior ordinaria de aquellas personas que experimentan alucinaciones verbales auditivas. Un par de estudios han estado indagando en las variedades del discurso interior[36] con muestras de estudiantes de grado típicas, vinculándolas con la propensión de las participantes a escuchar voces. En el estudio que yo mismo llevé a cabo junto con Simon McCarthy-Jones, encontramos cuatro temas principales en el discurso interior, del que dieron cuenta dos muestras de estudiantes de grado (recordarás que a estos temas los denominamos *dialógico, condensado, otras personas* y *evaluativo).* En el mismo estudio pasamos a los participantes un cuestionario estándar de autorrespuesta sobre su propensión a las alucinaciones auditivas. Combinando los datos del cuestionario sobre el discurso interior con las cifras de la propensión a las alucinaciones, descubrimos que la probabilidad de que una persona reportara alucinaciones auditivas se podía predecir por la cantidad de dialogicidad en su discurso interior;[37] es decir, aquellas personas que más puntuación obtenían en elementos dialógicos eran las que con más probabilidad podían reportar experiencias auditivas de tipo alucinatorio. Al menos entre estudiantes de grado saludables, un estilo de pensamiento más conversacional, de toma y daca, parece ir de la mano con una mayor probabilidad de que escuchen sonar voces en su cabeza.

¿Y qué pasa cuando preguntamos sobre su discurso interior a pacientes psiquiátricos que escuchan voces? Comenzamos a encontrar respuestas en este asunto en el estudio dirigido en la Macquarie University con

36. Simon McCarthy-Jones y Charles Fernyhough, «The varieties of inner speech: Links between quality of inner speech and psychopathological variables in a sample of young adults», *Consciousness and Cognition,* vol. 20, pp. 1586-1593, 2011. En realidad, denominamos al último factor *evaluativo/motivacional;* por simplificar, me refiero a él aquí como *evaluativo.*

37. Simon McCarthy-Jones y Charles Fernyhough, «The varieties of inner speech: Links between quality of inner speech and psychopathological variables in a sample of young adults», *Consciousness and Cognition,* vol. 20, pp. 1586-1593, 2011; Robin Langdon, Simon R. Jones, Emily Connaughton y Charles Fernyhough, «The phenomenology of inner speech: Comparison of schizophrenia patients with auditory verbal hallucinations and healthy controls», *Psychological Medicine,* vol. 39, pp. 655-663, 2009; Paolo de Sousa, William Sellwood, Amy Spray, Charles Fernyhough y Richard Bentall, «Inner speech and clarity of self-concept in thought disorder», manuscrito en revisión.

pacientes esquizofrénicos. Además de realizar una detallada entrevista con ellos respecto a sus voces, se les preguntó a los participantes por su autoconversación interior. Aunque no encontramos diferencias significativas en conjunto entre la cualidad del discurso interior de los pacientes comparado con los no-pacientes del grupo de control, sí que constatamos que había menos probabilidades de que los pacientes reportaran un discurso interior dialógico. Una de las limitaciones de este estudio fue que la entrevista que mantuvimos con los pacientes en relación con sus voces no fue tan detallada como el cuestionario que desarrollaríamos posteriormente. Recientemente, Paolo de Sousa administró nuestro cuestionario a una muestra de pacientes con esquizofrenia en la Universidad de Liverpool, y descubrió que no había diferencias de dialogicidad en el discurso interior de los pacientes comparados con los participantes del grupo de control. Esto venía a apoyar los hallazgos realizados en el estudio de la Macquarie University, en el que tampoco se encontraron grandes diferencias entre pacientes y no-pacientes a este respecto. Sin embargo, los pacientes de esquizofrenia obtuvieron puntuaciones más elevadas en la subescala de condensación de nuestro cuestionario; es decir, que era más probable que reportaran un discurso interior comprimido, del tipo de anotaciones. Esto implica que su discurso interior era menos expandido, lo cual encajaría con la idea de que este tipo de discurso se puede atribuir en ocasiones a las voces, de ahí que obtuvieran menores puntuaciones.

Hay que hacer muchos más estudios para discernir el discurso interior habitual en muestras de pacientes y de no-pacientes,[38] y es posible que las diversas cualidades del discurso interior guarden relación con la escucha

38. Un reto para investigaciones futuras consiste en determinar cómo se relacionan estas variables entre sí en muestras de pacientes y no-pacientes. En nuestra muestra de alumnos, una mayor dialogicidad guardaba relación con un incremento en la propensión a tener alucinaciones; sin embargo, en el estudio de De Sousa, la probabilidad de alucinar de los pacientes estaba relacionada con sus puntuaciones en la subescala *evaluativa* y la presencia de otras personas en el discurso interior. Quizás, en la población general, un mayor volumen de discurso interior dialógico incremente las probabilidades de que algunos pronunciamientos internos se atribuyan erroneamente como extraños. En las muestras clínicas, la dialogicidad podría ser menos importante a la hora de disparar la escucha de voces que factores tales como el estrés, el desafío cognitivo y la cualidad emocional del discurso interior; véase McCarthy-Jones y Fernyhough, «The varieties of inner Speech».

de voces, diferenciando así entre las personas enfermas y aquellas que no escuchan voces. Otro problema tiene que ver con el motivo por el cual las personas que escuchan voces dan cuenta de un discurso interior ordinario. Si las alucinaciones verbales auditivas son discurso interior cuyo origen ha sido mal atribuido, ¿por qué no *todo* discurso interior se percibe como una voz externa?[39] Ciertamente, uno no esperaría que la conversación interna pareciera tan normal en los pacientes que escuchan voces.[40] Jay, por ejemplo, reportaba abundante discurso interior aparentemente ordinario en sus entrevistas MED, como decirse a sí mismo «Espero conseguir que me firmen todos esos formularios», cuando reflexionaba sobre un trabajo en concreto.

Sin embargo, existen motivos para sospechar que el discurso interior en pacientes que escuchan voces pudiera haber desarrollado unas propiedades particularmente acústicas.[41] Por ejemplo, en un estudio de Frank Larøi, en la Universidad de Lieja, se demostró que en torno al 40 por 100 de una muestra de pacientes con esquizofrenia que escuchaban voces valoró que sus pensamientos tenían ciertas propiedades sonoras, tales como tono o acento. En comparación, las personas sanas del grupo de control no pasaron del 20 por 100 en esta faceta. Un paciente incluso describió un diálogo interno que se hizo más pronunciado justo antes de que comenzaran las voces. Este hombre sentía «los pensamientos como una voz, que te habla en la cabeza [...], es normal tener un diálogo interno, sólo que el mío es más pronunciado».

---

39. El filósofo Shaun Gallagher ha descrito esto como un problema de «selectividad»: Shaun Gallagher, «Neurocognitive models of schizophrenia: A neurophenomenological critique», *Psychopathology*, vol. 37, pp. 8-19, 2004.
40. Es posible que haya algo en la esquizofrenia que haga que a las personas con este diagnóstico les resulte difícil reflexionar sobre su experiencia interior del modo que se precisa para un cuestionario o una entrevista semiestructurada. Este trastorno se ha asociado anteriormente con problemas en la comprensión de los estados mentales de otras personas, y esto podría estar cebando el problema a la hora de reflexionar sobre los propios procesos de pensamiento, incluido el propio discurso interior y otras experiencias más atípicas, como la escucha de voces.
41. Steffen Moritz y Frank Larøi, «Differences and similarities in the sensory and cognitive signatures of voice-hearing, intrusions and thoughts», *Schizophrenia Research*, vol. 102, pp. 96-107, 2008; Andrea Raballo y Frank Larøi, «Murmurs of thought: Phenomenology of hallucinatory consciousness in impending psychosis», *Psychosis*, vol. 3, pp. 163-166, 2011.

Todos estos datos apuntan a la necesidad de que prestemos una atención más estrecha a la fenomenología. Tenemos que hacer preguntas del tipo «¿A qué se parece?» o «¿Qué aspecto tiene?» a pacientes de todo tipo de diagnósticos donde tenga lugar la escucha de voces, para luego extender esa búsqueda más allá, hasta incluir la escucha de voces en personas que no buscan ayuda psiquiátrica. Como veremos, los resultados de tales investigaciones demuestran que la escucha de voces es una experiencia diversa,[42] y que para comprenderla tenemos que prestar atención a esa diversidad, y no amontonar en un mismo saco experiencias que podrían ser muy diferentes. Pero también tenemos que darle la misma atención a esas preguntas de «¿A qué se parece?» cuando pensamos en la experiencia interior ordinaria, no sólo porque es interesante e importante de por sí, sino porque nos ayuda a comprender las experiencias interiores típicas, frente a las cuales podremos comprender las experiencias inusuales, como la de la escucha de voces.

Si las voces se derivan del discurso interior, entonces tendrá sentido preguntarse si ambas cosas muestran similitudes. Hacer preguntas de «¿A qué se parece?» no es fácil, sobre todo cuando las experiencias van acompañadas con tanta frecuencia de sentimientos de confusión y angustia. Pero el enfoque correcto podría revelar una rica fenomenología. Desde los primeros días de la psiquiatría, se ha estado describiendo la escucha de voces de formas ilimitadamente variadas. Las voces insultan, amenazan y exigen, pero también animan y apoyan. Hablan a través de palabras sueltas y de frases complejas; susurran, gritan, murmuran y entonan. Un hecho que trabaja en nuestro favor es que esta experiencia la han vivido algunos de los más notables escritores y pensadores de la historia. Si queremos saber a qué se parece la escucha de voces, no pasará nada por el hecho de que echemos un vistazo al pasado.

42. Emil Kraepelin, *Dementia Praecox and Paraphrenia,* Chicago: Chicago Medical Book Co., 1919 (obra original publicada en 1896); Bleuler, *Dementia Praecox.*

10

LA VOZ DE UNA PALOMA

El joven guerrero estaba furioso. El rey de los micénicos había ido demasiado lejos. Su obcecación por conseguir que liberaran a la capturada Criseida había sido duramente castigada por la peste que había enviado Apolo. El ejército griego estaba de rodillas, y Aquiles había cometido el error de sugerir ante la asamblea que quizás había llegado el momento de volver a casa y dar por terminado el asedio de Troya. Así, el furioso rey había aceptado finalmente devolver a la mujer, pero sólo a cambio de que le fuera entregado el propio trofeo del joven guerrero, la hermosa Briseida. Justo cuando Aquiles se estaba preguntando si no le daría muerte a Agamenón allí mismo, la diosa de los ojos grises, Atenea, bajó desde el cielo, lo agarró de su amarillo cabello y le instó a que se contuviera. Con su cólera controlada, Aquiles volvió a meter la espada en su vaina. «Obedece a los dioses –respondió él a su visión– y ellos te escucharán con agrado».[1]

Hagamos ahora un avance rápido de unos cuantos años (y, lo más probable, unas cuantas décadas de historia literaria, por lo que sabemos ahora de las fechas de composición de ambos textos). Otro guerrero griego, Ulises, había encontrado por fin el camino de regreso a casa desde la campaña de Troya tras un convulso viaje de diez años, sólo para descubrir que su esposa, Penélope, estaba siendo asediada por un grupo de díscolos pretendientes. Furioso por las libertades que se habían tomado éstos con

1. Homero, *The Iliad* (Martin Hammond, trad.), Harmondsworth: Penguin, 1987, p. 8.

su hacienda, Ulises traza un plan para enfrentarse a ellos. «Allí se detuvo y mantuvo en alto el fuego / y contempló a los pretendientes, mientras su mente / deambulaba por delante de él reflexionando sobre lo que debía hacer».[2] Al igual que en otros muchos puntos de *La Odisea,* el héroe se enfrenta a un complicado problema, y se le ve dándole vueltas al asunto, al igual que haría un tipo normal en nuestros tiempos.

Cuando las cosas se complican, el Aquiles de *La Ilíada* escucha las voces de los dioses; en tanto que Ulises, en el posterior poema, piensa por sí mismo. Esta aparente disparidad entre los dos textos clásicos de la antigua Grecia conformaron la base de un extraordinario libro escrito en 1976 por el psicólogo de Princeton, Julian Jaynes, quien todavía aparece en muchas conversaciones relacionadas con la escucha de voces. El libro era *The Origin of Consciousness in the Breakdown of the Bicameral Mind (El origen de la consciencia con el desmoronamiento de la mente bicameral),* y planteaba que, en torno a mil años antes de la era cristiana –es decir, más o menos en la época de la composición de *La Ilíada*–, el cerebro humano estaba efectivamente escindido en dos partes. El término *bicameral* significa «dos cámaras», y en este caso hace referencia al cisma entre los dos hemisferios cerebrales, que permanecían unidos merced al tenue puente de la comisura anterior. El habla normal se producía en el hemisferio izquierdo, hecho que se corresponde con las actuales evidencias neurocientíficas de que, en la mayor parte de las personas diestras, los procesos de lenguaje se concentran en la parte izquierda del cerebro. Pero el lado derecho dispone de las mismas estructuras de elaboración del lenguaje, como su homólogo del otro lado, alojadas en el giro temporal superior y en el giro inferior frontal. Jaynes sostenía que era ese lado del cerebro el que «hablaba» en los momentos de desafío cognitivo, como cuando un individuo (como Aquiles) se veía ante una elección para la cual no hubiera bastado una respuesta habitual. La señal pasaba desde las áreas del hemisferio derecho hasta la comisura anterior, y de ahí se transmitía al hemisferio izquierdo, donde resonaba como lenguaje. Pero debido a que la gente de aquella época carecía de consciencia propia, esos mensajes no se experimentaban como el «lenguaje del hombre», sino que se percibían como las voces de los dioses.

---

2. Homero, *The Odyssey* (Robert Fitzgerald, trad.), Londres: Harvill, 1996, p. 359.

Para cuando se compuso *La Odisea* (se cree que fue en torno al siglo VIII a. C.), los cambios socio-políticos, junto con la invención de la escritura, hicieron que las dos cámaras del cerebro se integraran. Las voces de los dioses se convirtieron en los pronunciamientos del discurso interior. Ulises toma decisiones por sí mismo, y las elabora en su mente a través del lenguaje. Los dioses todavía se le aparecen –hay una escena memorable en la que utiliza sus nuevos poderes mentales para jugar con la ardiente Atenea–, pero no tienen ya una línea directa con su cerebro, como ocurría en los tiempos de la campaña de Troya. Los dos textos homéricos representan, según Jaynes, «una gigantesca bóveda de la mentalidad».[3] Las implicaciones de su análisis todavía resuenan, pero se podrían resumir de forma simple. Antes de los alrededores del 1200 a. C., las personas ordinarias no hablaban consigo mismas en el discurso interior. Experimentaban una alucinación verbal auditiva continua, que por razones culturales se atribuía a seres sobrenaturales. Escuchar voces era una condición básica de la existencia humana.

El análisis neurocientífico de Jaynes[4] genera una mueca en muchos científicos contemporáneos. La idea de que los dos hemisferios tengan «personalidades» diferentes es demasiado simplista, y no hace justicia a la literatura inmensamente complicada de la lateralización del cerebro. Aunque es cierto que en los pacientes con el «cerebro escindido», a los que se les ha extirpado el cuerpo calloso, puede parecer que tienen dos hemisferios cerebrales que funcionan de manera independiente, es in-

3. Julian Jaynes, *The Origin of Consciousness in the Breakdown of the Bicameral Mind,* Harmondsworth: Penguin, 1993, p. 272.
4. Para análisis recientes de las afirmaciones de Jaynes, véase Andrea Eugenio Cavanna, Michael Trimble, Federico Cinti y Francesco Monaco, «The "bicameral mind» 30 years on: A critical reappraisal of Julian Jaynes' hypothesis», *Functional Neurology,* vol. 22, pp. 11-15, 2007; Simon McCarthy-Jones, *Hearing Voices: The histories, causes and meanings of auditory verbal hallucinations,* Cambridge: Cambridge University Press, 2012; Veronique Greenwood, «Consciousness began when the gods stopped speaking», *Nautilus,* n.º 204. Un abordaje moderno de la idea de las diferentes personalidades de los dos hemisferios la ha presentado el psiquiatra Iain McGilchrist, que ha generado gran controversia al proponer que los dos hemisferios del cerebro tienen diferentes «estilos» en el procesamiento de la información: Iain McGilchrist, *The Master and His Emisary: The divided brain and the making of the Western world,* New Haven y Londres: Yale University Press, 2009.

concebible que tan gran cambio estructural pudiera haber ocurrido en el cerebro humano durante los últimos tres milenios.

El análisis literario de Jaynes tiene también sus puntos flacos. Algunas escenas de *La Ilíada,* como cuando Héctor decide encargarse de Aquiles, parecen ser casos clásicos de volición consciente, incluso mediada verbalmente.[5] «Pero él le habló consternado a su gran corazón –nos cuenta *La Ilíada*–. Tales eran sus pensamientos mientras esperaba». De hecho, en la misma sección en la que Atenea se le aparece a Aquiles al principio del poema –que Jaynes afirma es un buen ejemplo de su hipótesis de que los personajes en *La Ilíada* no disponen de mente consciente o introspecciones–, se dice del guerrero que tiene el «pensamiento desgarrado», y que «pondera» sus acciones «en su mente y en su corazón». Es decir, al cabo de pocas líneas de la alucinación de Atenea, Aquiles está haciendo algo que se le parece mucho al pensamiento normal.

Debido a todos estos defectos, el análisis de Jaynes nos da mucho que pensar. ¿Cómo podemos darle sentido a los relatos de discurso interior y de escucha de voces que nos llegan desde un pasado distante? Si Jaynes estuviera equivocado en cuanto a esos imponentes cambios cerebrales que pudieron tener lugar en nuestra relativamente reciente historia, tendríamos que preguntarnos con todo por qué los autores de *La Ilíada* optaron por representar un discurso interior ordinario de tal modo. En ese sentido, el libro de Jaynes nos lleva a pensar que quizás los antiguos griegos vieran la experiencia interior de un modo muy diferente al nuestro. Al fin y al cabo, tenían puntos de vista ciertamente divergentes sobre cosmología y metafísica, sobre la existencia y la potencia de entidades sobrenaturales y sobre las relaciones del individuo con la sociedad. ¿Por qué iban a adoptar el punto de vista moderno del discurso interior como los productos de «una voz que tenemos en la cabeza»?

Igualmente importante es que situemos los relatos de escucha de voces en su contexto histórico. En vez de preguntarnos si *La Ilíada* «demuestra» que los antiguos escuchaban voces, deberíamos preguntarnos cómo podrían haberse representado relatos más fundamentados de escucha de voces. Si la escucha de voces es realmente un aspecto omnipresente en la experiencia humana, deberíamos encontrar testimonios de ello en todas las épocas.

5. Homero, *The Iliad,* pp. 353-354, pp. 7-8.

No obstante, existe el peligro de intentar trabajar con relatos históricos de experiencias privadas y subjetivas, como la escucha de voces. La alfabetización generalizada es un fenómeno del mundo moderno, y muchas de las personas en cuyas experiencias podríamos estar interesados eran incapaces de leer o escribir. Por tanto, sus testimonios estarán normalmente filtrados por el sistema de creencias y la sensibilidad de alguien que sí que podía hacer esas cosas: normalmente un hombre sacralizado, como un monje o un sacerdote. Es decir, estos relatos solían estar muy distorsionados y sometidos a la ficción narrativa de la época. Por otra parte, y como es natural, estamos limitados también por aquellos artefactos que han sobrevivido y pueden ahora ser interpretados, los cuales se irán reduciendo en número a medida que nos vayamos remontando en el tiempo.

Pongamos como ejemplo el de una de las personas más famosas de entre los que escuchaban voces en la antigüedad, el filósofo Sócrates. Sócrates no dejó escritos propios, de modo que tenemos que basarnos en el testimonio de sus discípulos y seguidores, los cuales nos ofrecen puntos de vista distintos de la experiencia del gran filósofo. Uno de los discípulos de Sócrates, Platón, por ejemplo, comentó que la voz que su maestro había estado oyendo desde la infancia era siempre negativa y crítica, nunca positiva; en tanto que Jenofonte, otro discípulo de Sócrates, decía que la voz que le hablaba al filósofo era orientadora y constructiva. Un erudito moderno le da sentido a esta discrepancia aduciendo que es más probable que Sócrates escuchara su «señal» o voz cuando las cosas se ponían difíciles; en el lenguaje moderno de la psicología, bajo condiciones de estrés y de desafíos cognitivos.

Pocas dudas hay de que Sócrates le dio forma al pensamiento moderno, y los comentarios de que era un esquizofrénico en secreto[6] se suelen hacer de forma irónica, para ilustrar el reflejo condicionado que existe en nuestra cultura de asociar la escucha de voces con tal trastorno. En el caso de otras figuras históricas que pasaron por experiencias similares, su

6. Excelentes relatos acerca de la escucha de voces de Sócrates se pueden encontrar en McCarthy-Jones, *Hearing Voices;* Daniel B. Smith, *Muses, Madmen, and Prophets: Rethinking the history, science, and meaning of auditory hallucination,* Nueva York: Penguin, 2007. Para una referencia irónica de Sócrates como «esquizofrénico», véase el episodio 6 de la 1.ª temporada de la serie de TV *House,* del 21 de diciembre de 2004.

«diagnóstico» retrospectivo no suele haber llegado tan lejos. Al profeta Ezequiel, por ejemplo, ha sido encasillado con la etiqueta de «esquizofrénico» por algunos académicos, que han interpretado sus episodios aparentes de inserción de pensamiento, difusión de pensamiento y escucha de voces (uno de ellos ha calculado que Ezequiel escuchó la voz de Dios noventa y tres veces)[7] sin hacer referencia alguna a las creencias espirituales que subyacían a la experiencia del profeta, y sin intentar comprender en ningún momento el fondo de creencias y suposiciones sobre las cuales se describieron y registraron sus experiencias. En lugar de eso, como ha señalado el teólogo y psiquiatra Chris Cook, tales diagnósticos retrospectivos imponen inevitablemente un marco de comprensión –el de la psiquiatría biomédica moderna– sobre otro, sin prestar atención suficiente al contexto en el cual tuvieron lugar esas experiencias.

Pero aún es más importante que actuemos como concienzudos visitantes al pasado cuando nos ocupamos de una experiencia tan políticamente cargada como la escucha de voces, con todas sus resonancias de mortales ordinarios que reciben mensajes de fuerzas espirituales. La voz de Sócrates le trajo un gran problema, pues se la adujo como evidencia en su juicio, en el que fue declarado culpable de impiedad. Otro personaje histórico que escuchaba voces, Juana de Arco, decía que las voces le hablaban en francés (no en latín, el idioma oficial de la Iglesia) y que al parecer le impidieron desvelar ciertas «revelaciones acerca del rey».[8] Admitir tales experiencias no dejaba de tener sus riesgos. Escuchar la voz de Dios podía ser una señal de comunicación divina, pero no se entendía así cuando le ocurría a un humilde jornalero del campo. El destino de Juana en manos de los inquisidores es bien conocido.

Aunque haya que conducirse con precaución, el enfoque histórico del estudio de las voces de nuestra cabeza puede llegar a presentárnoslas bajo una luz completamente diferente. En la medida en que tengamos cuidado en reconocer que los testimonios históricos están filtrados a través de las experiencias de otras personas, y en la medida en que intentemos

7. George Stein, «The voices that Ezekiel hears», *British Journal of Psychiatry*, vol. 196, p. 101, 2010; Christopher C. H. Cook, «The prophet Samuel, hypnagogic hallucinations and the voice of God», *British Journal of Psychiatry*, vol. 203, p. 380, 2013.

8. Para más información sobre las voces de Juana, véase McCarthy-Jones, *Hearing Voices*, y Smith, *Muses, Madmen, and Prophets*.

comprender los motivos de por qué se plasmaron por escrito en su época, la adopción de este enfoque puede mostrarnos cómo han cambiado las actitudes hacia la experiencia –tanto las actitudes de las personas que escuchaban las voces como las de aquellas otras que las rodeaban– y cómo se relacionan con el contexto social. Si pisamos con cuidado, podremos descubrir esos procesos de creación de significados en acción.

Perdonad a estos hombres que me hacen daño. Cristo pide a todos que contemplen sus heridas. Mi cabeza, mis manos, mis pies. Su Señor, o más bien Su imagen, colgaba sobre ella de la cruz que iba montada en el carretón. Ella había sollozado con la escena, como le solía ocurrir ante cualquier recordatorio de la Pasión de Cristo. De pie, a su lado, John les había gritado a los soldados. Él mostraba su amor por su Señor con la cólera de un hombre, como algo precioso que le estaban robando.

Cuando la piedra cayó sobre ella en la iglesia, pensó que se había roto la espalda. El dolor era increíble, y temió que la muerte le llegaría pronto. Sabía que los demás, todos aquéllos en la congregación que dudaban de ella, deseaban ver cómo Dios la castigaba. Pero aquélla no era una venganza de Dios. Era una prueba de su capacidad para soportar el sufrimiento. El fraile hizo que levantaran la piedra, así como el trozo de viga que había caído con ella. El maestro Aleyn dijo que había sido un milagro que Margery hubiera sobrevivido. Y milagroso también el modo en que el Señor le había quitado el sufrimiento. Ella sólo había gritado una vez –«Jesús, misericordia»– y el dolor había desaparecido.

Su único malestar entonces era esa hambre y esa sed. No había comido nada desde York, el día anterior. Caminaba detrás de su marido por el caluroso y solitario camino. Él tenía algo en mente.

—Si un hombre viniera cabalgando con una espada en la mano, y me amenazara con tajarme la cabeza si no te hiciera el amor aquí mismo, ahora, ¿qué dirías tú?[9]

---

9. Margery Kempe, *The Book of Margery Kempe* (B. A. Windeatt, trad.), Harmondsworth: Penguin, 1985, capítulo 11. Los acontecimientos que se describen en el libro de Kempe han sido muy difíciles de verificar históricamente, y éste es el único registro existente de su encuentro con Juliana de Norwich. Sin embargo, en una carta recientemente descubierta en Gdansk, al parecer preparada por el hijo de Margery, John, en 1431, parece ser que se confirman al menos algunos aspectos de la biografía

—Diría que me he liberado de esto durante dos meses, y que no puedo comprender por qué dices todo esto ahora.

—Quiero saber lo que tú dirías. Te jactas de que no puedes mentir.

—¿Quieres saber la verdad? Preferiría verte caer muerto antes que me pusieras una mano encima.

Ella sopesó la botella de cerveza que llevaba en la mano. Era un caluroso día de junio, y habían estado caminando toda la mañana. Tenía mucho calor debajo de aquel camisón. El pelo del cual estaba tejido le rascaba y le inflamaba la piel. Pero a Dios le complacía que ella lo llevara puesto. Estaba anhelando beber de la botella que llevaba, pero Su voluntad era que no la tocara.

—No tienes nada de esposa –dijo el hombre.

—Estoy tomando un voto –respondió ella–. Tan pronto como encuentre un obispo ante quien realizar el juramento. ¿Cuánto falta para Bridlington?

Se detuvieron a descansar a los pies de un crucero en el camino. Su marido se sentó bajo la cruz y le dijo:

—Dejaré en paz tu cuerpo –dijo–, pero con tres condiciones. Que volvamos a compartir cama, aunque sin sexo; que soluciones el problema del dinero; y que dejes ya ese absurdo ayuno. Con este calor tienes que beber al menos.

Él llevaba un bollo encajado entre la ropa, en el pecho. Lo estaba ocultando por respeto al voto de ella. Sabía que debía tener hambre, y había intentado evitarle la tentación.

—No –respondió ella–. He hecho un juramento. No comeré ni beberé los viernes.

—Entonces, voy a tomar lo que me apetece.

Él se levantó y comenzó a quitarse la ropa. Ella le rogó que la dejara rezar primero. Se metió en el campo, se arrodilló junto a la cruz y lloró. Durante tres años había estado rezando para poder llevar una vida de celibato, y ahora tenía la oportunidad de cimentar el acuerdo. Pero el ayuno era una promesa que había hecho. No podría mantener ambos votos, de modo que oró a los pies de la cruz. Guíala, Jesús, y dile lo que debe hacer.

---

de Margery. Véase Sebastian Sobecki, «“The writying of this tretys”: Margery Kempe’s son and the authorship of her Book», *Studies in the Age of Chaucer*, vol. 37, 2015.

Y Cristo le habló. Ella escuchó Su voz como si hubiera alguien a su lado en el campo, hablándole al oído. Era dulce y amable, la voz de un hombre bueno, pero lo suficientemente fuerte como para que, si alguien más le hubiera dicho algo en aquel momento, no hubiera podido entender lo que le decía. La voz le proporcionó un plan. Ella tenía que pedirle a su marido que cumpliera su parte del trato. John juraría no tocarla, y Margery renunciaría a su ayuno. Ahora, debería volver con su marido, comer un poco de bollo y beber con él un poco de cerveza.

Era el año 1413. Margery Kempe había salido de viaje desde York con John, su marido desde hacía veinte años. Habían ido a ver las celebraciones del Corpus Christi, un ciclo que representaba la Pasión de Cristo con una intensidad tal que le producía un tormento profundo. Ella le había dado a John catorce hijos. Era la hija de un antiguo alcalde, y había fracasado en los negocios en dos ocasiones, una en el negocio de la elaboración de cerveza, y la otra en el de la molienda del grano. Pero, en estos días, se descubre a sí misma cada vez más en los caminos. A lo largo de las próximas semanas, mantendrá entrevistas con los obispos de Lincoln y de Canterbury para hablarles de sus revelaciones. Hará peregrinaciones desde su hogar en Lynn, Norfolk –tiene la esperanza de ir pronto a Jerusalén– y buscará audiencias con los clérigos más encumbrados del país. Quiere que el mundo sepa de esas revelaciones de Cristo, de la voz que surge de la nada, de las visiones de la Virgen y su hijo. La reputación de Margery la precede. La gente ha oído hablar de su don de las lágrimas, de su tendencia a estallar en sonoros llantos cada vez que algo le recuerda a la Pasión de Cristo. Pero éste es un mundo sospechoso. Hay herejes por todas partes. El hecho de que vista toda de blanco levanta resquemores: ¿quién se cree ésa que es? Se la persigue como si fuera una seguidora de John Wycliffe y se la amenaza con la hoguera. Con las enseñanzas de Agustín en mente, los hombres sagrados la examinan preguntándole si escucha a Nuestro Señor en su mente o con los oídos corporales. Se trata de una distinción importante. Por menos de eso te pueden quemar en la hoguera.

De todos modos, es a Cristo a quien ella escucha. Ella conversa con Él a diario. Escucha la voz del Santo Padre y de Sus santos, y percibe su presencia con su visión de otro mundo. Uno de los sonidos que escucha es como un par de fuelles soplando en sus oídos: es el susurro del Espíritu

Santo. Cuando así lo decide, nuestro Señor transforma el sonido en la voz de una paloma,[10] y luego en la de un petirrojo, que pía alegremente en su oído derecho. En ocasiones, el Padre Celestial conversa con su alma llanamente, como un amigo habla con otro a través del lenguaje normal. Ninguna sabiduría en la tierra puede explicar de dónde procede esa voz ni adónde va. Ella ha estado percibiendo tales sonidos en su oído interior durante los últimos veinticinco años.

Margery no es capaz de leer, pero conoce los escritos de santa Brígida de Suecia, que se inspiró en sus visiones del Espíritu Santo para fundar una nueva congregación, y de María de Oignies, que padecía tanto con la confesión de sus pecados que gritaba como una mujer de parto. La fragilidad de una mujer la prepara para recibir tales señales de Dios. Pero ¿cómo puede saber Margery que los mensajes que recibe son verdaderas comunicaciones celestiales? El demonio es un maestro del engaño, y bien podría estar implantando esas voces en su mente. ¿Cómo suena la verdadera voz de nuestro Señor?

La voz le ordena que vaya a Norwich a ver a una anacoreta que es muy sabia en estos asuntos.[11] La mujer vive en una celda adosada a la iglesia de San Julián, no lejos del alboroto de la zona del muelle. Margery puede escuchar los gritos de los estibadores en los embarcaderos que se extienden a lo largo del río Wensum, y el ruido de las carretas que transportan bolsas de lana hasta las barcazas de Conisford. Después de Lynn, Norwich es una gran metrópolis; la segunda ciudad más grande de Inglaterra, y un importante puerto fluvial. No parece el sitio más adecuado para huir del mundo. Pero de los anacoretas se espera que ofrezcan orientación espiritual, y Margery entra en la sala contigua a la celda sabiendo que su petición de consejo será escuchada. Habla con la anacoreta a través de un ventanuco. La moradora de la celda tiene setenta y tantos años, y muestra un rostro arrugado y pálido dentro de su blanca capucha. Sus ojos transmiten la serenidad de alguien que ha trascendido ya esta vida. Una sirvienta, Alice, le trae a Margery un poco de cerveza. La celda de la anacoreta es minúscula, y en ella hay un camastro y un altar, un

---

10. Kempe, *The Book of Margery Kempe,* capítulo 36, p. 127.
11. Kempe, *The Book of Margery Kempe,* capítulos 18-20; Grace M. Jantzen, *Julian of Norwich: Mystic and theologian,* Londres: SPCK, 1987.

balde y algunas cuentas. En el otro extremo, una estrecha ventana da al interior de la iglesia, desde la cual la anacoreta puede ver el altar y el sagrario donde se deposita el sacramento. La celda no tiene puerta. No hay manera de entrar ni de salir de ella. La anacoreta entró a través de un pequeño portal que, tras pronunciar unas cuantas oraciones, se volvió a sellar. ¿Quién sabe cuántos años lleva allí encerrada? Aquello fue su muerte terrestre, y se alegró de ello. Cuando llegue el día en que su espíritu tenga que volver con el Señor de nuevo, morirá aquí, en su minúscula celda, sin haber vuelto a ver el cielo. Siendo una mujer que busca la atención de las masas, que anhela contar a príncipes y arzobispos lo que ha visto, Margery no se puede imaginar una vida como la de la vieja anacoreta. Ella se hubiera muerto de tanta soledad.

Las mujeres hablan durante horas. Vienen más visitas, y Margery espera. Finalmente, se va, y vuelve a la mañana siguiente. La visita se prolonga durante varios días. Margery describe sus revelaciones con detalle, con la esperanza de que se haga evidente cualquier engaño que pueda haber acaecido. El demonio podría mostrar su mano en el más pequeño de los detalles. La anacoreta le asegura que la voz que Margery oye es una verdadera, siempre y cuando no hable en contra de la voluntad de Dios o del beneficio de los cristianos. El Espíritu Santo nunca haría nada en contra de la caridad, pues eso supondría confundir la propia bondad de Dios. «Dios y el demonio están siempre en desacuerdo –le dice Juliana– y nunca morarían juntos en un mismo lugar, y el demonio no tiene poder en el alma de un ser humano».

Otra señal de que la voz de Margery es verdadera es que Dios la ha bendecido con el don de las lágrimas. El demonio aborrece el llanto. Verla llorar en público le causa a él un tormento mayor que las penas del infierno. Pero, por encima de todo, Margery debe tener fe. Tiene que creer en la bondad de la voz. Cuanta más gente se burle de ella y de sus experiencias, más la amará Dios, del mismo modo que amó a santa Brígida antes que a ella. Pero el Señor de los Cielos nunca le mostró a Brígida las cosas que le ha mostrado a esta criatura de Lynn. El mismo Cristo se lo ha garantizado a ella. Fuera lo que fuera que Brígida contempló con su visión espiritual, no fue nada comparado con lo que Margery ha contemplado con la suya.

Margery Kempe eligió bien al buscar el consejo de la anacoreta de Norwich. Al igual que ella, cuyas voces y visiones comenzaron tras el nacimiento de su primer hijo, las revelaciones de *dame* Juliana[12] tuvieron también su origen en la angustia del cuerpo. El 8 de mayo de 1373 –en torno a cuarenta años antes de su encuentro con Margery– estaba postrada en la cama debido a una enfermedad, habiendo lamentado primero, para aceptar finalmente, lo que creía que era su inminente muerte. Tenía treinta años y medio, más o menos la edad de Geoffrey Chaucer en la misma época. A primera hora de la mañana, el párroco llegó a su casa portando un crucifijo, e invitó a Juliana a contemplar el rostro de Cristo y recibir consuelo del Salvador. En contraste con el resto de la habitación, que ya casi apenas veía por causa de su debilidad, el crucifijo conservaba una «luz doméstica, ordinaria», y en él vio la roja sangre descendiendo en chorrillos por debajo de la corona de espinas, «reciente, abundante y vívidamente». Mientras la visión del Cristo moribundo se iba haciendo más y más grotesca –en una imagen aparecía cubierto de sangre seca; en otra, de color azul oscuro y a punto de morir–, Juliana escuchó estas palabras formándose en su alma. No había voz ni labios abiertos; tan sólo una sencilla explicación: «Por esto es el demonio vencido».

Las visiones continuaron a lo largo de todo el día, teniendo lugar la decimoquinta de ellas bien entrada la tarde. Una última visión, la decimosexta, tuvo lugar a la noche siguiente. Juliana concluyó su libro años después de que ocurrieran las revelaciones, y en él se puede constatar el extraordinario cuidado que puso para reconstruir las visiones con todo detalle y tamizarlas para darles significado. Juliana escribió que cada una de las revelaciones constaba de tres partes, que cada «muestra» contenía aspectos de imaginería visual, de palabras que se formaban en su entendimiento y de visión espiritual o «espectral», siendo esta última la más difícil de representar en palabras para una «criatura pobre y analfabeta». La voz que escuchó la animaba y daba aval de su propia autenticidad:

12. Juliana de Norwich, *Revelations of Divine Love* (Elizabeth Spearing, trad.), Harmondsworth: Penguin, 1998. Juliana escribió dos versiones de su libro. La primera, conocida como el Texto Corto, la terminó poco después de los acontecimientos de mayo de 1373. La segunda, conocida como el Texto Largo, es el resultado de un proceso de unos veinte años de meditación sobre el significado de sus originales experiencias.

«Has de saber que lo que viste hoy no fue delirio; acéptalo y créelo, y no serás vencida». La palabra original que Juliana utilizó como «delirio» fue *raveing,* que en algunas traducciones figura como «alucinación».[13]

No se sabe gran cosa de la vida de Juliana.[14] Sus escritos se ocupan más de desvelar el significado de sus revelaciones que de describir su entorno material. Es probable que proviniera de una familia razonablemente acomodada, y que fuera madre, posiblemente viuda. Algún tiempo después de las «muestras» del 8 de mayo de 1373, Juliana decidió plasmarlas por escrito y consagrarse a la meditación, con la esperanza de recuperar parte de la gracia que transmitían. No está claro que viviera por entonces en Norwich; su nombre literario probablemente procede de la iglesia de San Julián de Norwich, donde terminaría pasando el resto de su vida como una anacoreta, ocupando una celda aneja a la iglesia, en la soledad necesaria para la meditación. Fue allí donde Margery fue a verla. Aunque muy diferentes por edad y antecedentes, qué duda cabe que tenían mucho en común. Siendo mujeres en una sociedad patriarcal, ambas fueron capaces de ocultar sus dones intelectuales; Juliana refiriéndose a sí misma como «una mujer ignorante, débil y frágil», en tanto que el epíteto que utilizaba Margery para sí misma de «esta criatura» sugería una humildad aún mayor. Siempre y cuando se condujeran con cautela, el final de la Edad Media permitía representar a unas cuantas mujeres devotas el difícil papel de visionarias, siguiendo la tradición (más arraigada en el continente) de Hildegarda de Bingen, Catalina de Siena y otras. La sublimación de los tradicionales papeles femeninos son evidentes en ambos libros: Margery habla de forjar una relación casi erótica con Cristo, en tanto que Juliana sacaba partido de las constricciones de su sociedad, creando una hogareña meditación sobre la fe que valora los papeles femeninos y la imaginería doméstica. En una de las más memorables escenas de su libro, Juliana describe la visión de algo minúsculo, del tamaño de una avellana, que se encuentra en la palma de su mano. «¿Qué puede ser esto?»,[15] se pregunta en su estado cercano a la muerte, y le llega la respuesta, «Es todo lo hecho».

13. Juliana de Norwich, *Revelations of Divine Love,* Texto Largo, capítulo 68, p. 155.
14. Jantzen, *Julian of Norwich;* David Lawton, «English literary voices, 1350-1500», en *The Cambridge Companion to Medieval English Culture* (Andrew Galooway, ed.), Cambridge: Cambridge University Press, 2011.
15. Juliana de Norwich, *Revelations of Divine Love,* Texto Corto, capítulo 4, p. 7.

A las dos mujeres que se encontraron en Norwich se las tiene ahora entre las figuras literarias más destacadas de la Edad Media en Inglaterra. Nadie antes que Margery, ni hombre ni mujer, había plasmado su vida por escrito, convirtiendo así *El libro de Margery Kempe* en la primera autobiografía escrita en inglés. Margery le dictó su relato a un amanuense; Juliana escribió de su puño y letra, siendo el primer libro conocido escrito en inglés por una mujer. Ambas escucharon voces y escribieron acerca de sus experiencias, aunque parece improbable que Margery conociese los escritos de Juliana, a pesar de su reputación como experta en estas materias. La anciana no fue sólo una teóloga enormemente original, pues atendió a los detalles de su experiencia con el esmero de una naturalista. Los asiduos esfuerzos de Juliana por discernir la verdad de la falsedad de sus voces y visiones es evidente en el hecho de que escribiera dos versiones de sus *Revelaciones del amor divino,* separadas en el tiempo por unos veinte años, lo cual da a entender que estaba leyendo y releyendo constantemente sus recuerdos de las «muestras», de tal modo que siempre estaba insatisfecha.

Pero esto no se debió menos al problema del discernimiento. Para aquellas personas que estaban en el extremo receptor de las revelaciones divinas, estar seguras de que las revelaciones eran auténticas era la mayor de sus preocupaciones. Fue el motivo por el que Margery fue en busca de Juliana: para pedirle su parecer sobre si sus voces eran verdaderas señalas sagradas o no. En el siglo v, san Agustín había distinguido entre tres tipos de visiones:[16] la corpórea (percibida por los sentidos externos); la imaginativa (percibida como una visión o voz interior); y la espiritual o intelectual (recibida directamente por el alma sin la percepción de ninguna cualidad sensorial). Para Margery, al igual que para otras personas que tuvieron estas experiencias, ésta era una importante distinción. ¿Qué diferencia había, en cuanto a su verdad o falsedad espiritual, entre escuchar a Dios «en su mente» o con «los oídos corporales»?

El discernimiento era un tema importante en la Edad Media. Para los clérigos, el juicio sobre lo que era verdadera palabra de Dios o no solía ser

16. San Agustín, *De Genesi ad litteram* [Sobre la interpretación literal del Génesis] (Edmund Hill, trad.), libro XII, en *On Genesis (The Works of St Augustine: A Translation for the 21st Century),* Nueva York: New City Press, 2002.

un juicio sobre la moralidad de la persona implicada. Y dado que las mujeres eran, por definición, de débil carácter y especialmente susceptibles a la tentación por parte del demonio, sus experiencias solían tener faltas según los criterios de los sacerdotes. La misma Margery fue interrogada una y otra vez por los representantes de la santa Iglesia para evaluar su devoción y su pureza espiritual. A este respecto, se enfrentó a los mismos peligros que Juana de Arco unos años después. En la discusión sobre sus experiencias con las voces durante su juicio en 1429, se consideró que las voces de Juana eran de la peor calaña, debido a que las percibía a través de la audición externa. La primera experiencia de Juana, a los trece años, tuvo lugar en el huerto de su padre durante un día de verano. Juana escuchó una voz procedente de su derecha, de la dirección de una iglesia cercana. Describió la voz como «pulcra, dulce y humilde»,[17] e iba normalmente acompañada por una luz. La voz la protegía, y la llamaba Juana la Doncella, hija de Dios. La escuchaba casi todos los días. En el sistema de Agustín, el hecho de que aquella voz tuviera una cualidad externa (en contraste con la voz «espiritual» que a veces le hablaba directamente al alma a su contemporánea Margery) hacía que las experiencias de Juana resultasen sospechosas. No se podía esperar que mujeres como Margery y Juliana conocieran estas distinciones teológicas, pero sin duda estaban bien informadas. Era peligroso no estarlo.

Intentar diagnosticar a las dos místicas inglesas no tiene más sentido que decir de Sócrates que era esquizofrénico, y lo mismo se podría decir de Juana de Arco. No hace falta comentar que los diagnósticos diferenciales retrospectivos siguen emergiendo en la literatura. Si Juana no era esquizofrénica, es que tenía una «epilepsia idiopática parcial con rasgos auditivos».[18] Los llantos y alaridos compulsivos de Margery, combinados

17. La única información directa de la que disponemos acerca de las experiencias de Juana procede del juicio de condena de 1431. La afirmación que aparece aquí de Juana se ha tomado del quinto examen público, 1 de marzo de 1431. La frase latina utilizada es *pulchra, dulcis et humilis. Procès de Condamnation de Jeanne d'Arc, Tome Premier*, editado por la Société de L'Histoire de France (Pierre Tisset, ed.), París: Librairie C. Klincksieck, 1960, p. 84.

18. Giuseppe d'Orsi y Paolo Tinuper, «"I heard voices...": From semiology, a historical review, and a new hypothesis on the presumed epilepsy of Joan of Arc», *Epilepsy & Behavior*, vol. 9, pp. 152-157, 2006; **Corinne Saunders, «Voices and visions: Mind, body and affect in medieval writing»**, en A. Whitehead, A. Woods, S. Atkinson, J.

con sus voces, podrían haber sido señales de una epilepsia del lóbulo temporal. Los puntos blancos que flotaban por ahí en su visión (y que ella interpretaba como visiones de ángeles) podrían ser síntomas de migraña. Pero, en otros aspectos, las voces positivas y compasivas de Margery se resisten a ser reducidas a síntomas médicos. Ciertamente, no encajan con la idea de que tuviera ataques epilépticos. La experta en literatura medieval Corinne Saunders señala que las experiencias de Margery fueron extrañas entonces, a principios del siglo XV, y parecen aún más extrañas ahora, cuando nos hallamos tan distantes del marco interpretativo en el cual Margery las recibió. Esto no las convierte en signos de locura o de enfermedad neurológica en más medida que otras experiencias similares en nuestros tiempos, que serían patologizadas de forma inmediata y automática. Cuando se publicó el libro de Margery por vez primera, en la década de 1930, tras el redescubrimiento de su manuscrito en la biblioteca de una antigua familia católica de Lancashire, los revisores de la época (influenciados sin duda por el psicoanálisis, entonces en boga) se apresuraron a juzgar sus efusiones como de «histéricas».[19] Sin embargo, vemos el pasado a través de las lentes del presente, y eso nunca es más cierto que cuando nos enfrentamos a experiencias que se desvían de lo ordinario.

Si evitamos el reduccionista reparto de diagnósticos, las comparaciones con las experiencias actuales de escucha de voces pueden resultar muy ilustrativas. Un rasgo sorprendente de los relatos medievales acerca de la escucha de voces es que rara vez se limitan a una modalidad. Juliana no sólo escuchaba la voz de Dios, sino que veía a Cristo y sentía Su presencia en su «entendimiento espiritual». Como veremos, el estudio de los relatos históricos sobre este tema nos enseña a no darle más importancia a la escucha de voces que a las experiencias de otras modalidades sensoriales. Pero convendrá también tener en cuenta el motivo por el cual se dieron estos testimonios. Las voces y las visiones que tuvo Juana podrían deber su carácter multisensorial al contexto en el cual informó de ellas. Si tú

Macnaughton y J. Richards (eds.), *The Edinburgh Companion to the Critical Medical Humanities,* Edimburgo: Edinburgh University Press, 2016.

19. Barry Windeatt, «Reading and re-reading *The Book of Margery Kempe*», en John H. Arnold y Katherine J. Lewis, *A Companion to the Book of Margery Kempe,* Cambridge: D. S. Brewer, 2004.

escuchas la voz de una doctora con la que hablaste en cierta ocasión, no hay motivo para pensar que pudieras ver también su rostro. Si Cristo o la Virgen se te aparecen, posiblemente sea más probable que tengas una experiencia que involucre todos tus sentidos. Y, aunque no fuera así, puede que estés dispuesto a decir que así fue si tu vida depende de que te validen la visión.

Para intentar comprender lo que escribió Juliana convendrá recordar que, desde un principio, nos dice que ella había estado buscando activamente –que había rezado por ello– estas revelaciones de Cristo. La voz de Dios no llegó, así pues, sin que se la invitara, por lo que quizás no deba sorprendernos que las comunicaciones se recibieran, en su mayor parte, de forma clara. En otras ocasiones, sus voces sonaban más a como suenan las complejas y ambiguas experiencias de las que dan cuenta las personas que escuchan voces hoy en día. En una visión del demonio que tiene al final de su secuencia de revelaciones, Juliana siente el calor del maligno y se siente abrumada por su hedor. Pero su audición parece verse estimulada también por algo que parece tener una causa humana: «También escuché una cháchara corporal, como si fuera de dos cuerpos, y ambos, a mi entender, se hubieran enzarzado al mismo tiempo, como si hubieran mantenido una porfía con gran diligencia. Y todo fue un murmullo suave, pues no comprendí nada de lo que decían. Y todo esto fue para incitar mi desesperación…».[20]

Pero, por encima de todo, hay que comprender las experiencias de los místicos medievales en el contexto de su fe, en sus características como experiencias, pero también en el esforzado empeño de personas como Juliana y Margery por comprender lo que les estaba ocurriendo. Y, como siempre cuando se intenta interpretar escritos históricos, tenemos que preguntarnos por qué se escribieron tales textos y para quién se escribieron. Juliana escribía para todos los cristianos, pero también escribía para sí misma, intentando darle sentido a los acontecimientos que había vivido aquel mila-

20. Elizabeth Spearing lo traduce del siguiente modo: «Y también escuché un parloteo humano, como si fueran dos personas, y me pareció que ambas estuvieran parloteando al mismo tiempo, como si mantuvieran una tensa discusión; y cuando todo se convirtió en un silencioso murmullo, no pude comprender nada de lo que decían. Y pensé que todo aquello me iba a llevar a la desesperación…». Juliana de Norwich, *Revelations of Divine Love,* Texto Largo, capítulo 69, p. 155-156.

groso día. Veinte años más tarde, en la segunda versión de sus *Revelaciones,* Juliana sigue dándole vueltas al significado de lo que vio y escuchó. En cambio, el testimonio de Juana fue redactado por sus inquisidores con un propósito muy diferente: como registro de su condena. Si tomamos tan diferentes textos por su valor nominal difícilmente nos acercaremos más a la verdad de lo que esas experiencias pudieron suponer para las mujeres que las recibieron.

Las animadas y características voces que llenan las páginas del libro de Margery deberían comprenderse también en función de los motivos por los que se plasmaron por escrito. A diferencia de las asiduas matizaciones de las muestras de Juliana, el libro de Margery es un relato franco y tosco de una conversación con Dios que no había cesado. Su editor moderno, Barry Windeatt, resalta el diálogo interior que discurre a lo largo del libro: «Es hora de leer las voces interiores de Margery Kempe[21] como una proyección de su propia comprensión espiritual de la interacción divina con ella, y por tanto como una imagen de su propia mentalidad». Tanto si está hablando con Dios acerca de su propio ostracismo social como si está consolando a María tras la muerte de Cristo, Margery no hace tanto un registro de entidades externas que le hablan a ella como un debate consigo misma de lo que estas experiencias podrían significar, bajo todos los límites de su propia capacidad para comprender la respuesta a esa pregunta. Lo que escuchamos es «una mente en oración hablándose a sí misma». El tema se repite, el tema de mentes llenas de voces dialogando. En el caso de Margery, era una conversación interior con una sustancia muy especial: la relación entre una mujer y su Dios.

21. Windeatt, «Reading and re-reading *The Book of Margery Kempe*», pp. 15-16; Barry Windeatt, «Shown voices: Voices as vision in some English mystics», artículo presentado en *Visions, Voices and Hallucinatory Experiences in Historical and Literary Contexts,* St Chad's College, Durham, abril de 2014; Corinne Saunders y Charles Fernyhough, «Reading Margery Kempe's inner voices», artículo presentado en *Medicine of Words: Literature, Medicine, and Theology in the Middle Ages,* St Anne's College, Oxford, septiembre de 2015.

11

UN CEREBRO ESCUCHÁNDOSE A SÍ MISMO

Tanto si crees como si no que Dios le hablara realmente a Margery Kempe, escuchar una voz no deja de ser un acontecimiento que tiene lugar en la mente de una persona. Igual que con el diálogo interior ordinario, el mismo cerebro está produciendo la declaración que habla y la declaración que responde. La diferencia en el caso de Margery es que una de las voces de ese diálogo interior se percibe como algo que tiene un origen externo o, incluso, sobrenatural. La voz *se siente* como si procediera de algún otro lugar. En algún punto de la experiencia de Margery, esa declaración sobrenatural adopta una forma corporal. La escucha de voces, sea sagrada o profana, trata, en su forma más simple, de lenguaje que resuena en el cerebro.

Mujeres como Margery y Juliana no debieron saber demasiado de cómo funciona el órgano que tenían entre ambos oídos. La anatomía, en su época, era coto de hombres instruidos. Aunque Aristóteles había centrado los aspectos racionales de la cognición humana en el corazón, los primeros movimientos de una psicología científica, construyendo sobre el trabajo del anatomista griego Galeno y emergiendo como un campo organizado de investigación hacia finales del siglo XIII, habían trasplantado las funciones cognitivas al cerebro. Pensar era un proceso que tenía dos aspectos. Las actividades del alma racional, o lo que llamaríamos ahora «mente», se reflejaban en los procesos fisiológicos que se desarrollaban en el órgano cerebral, particularmente la transformación del «espíritu vital» (parte de un sistema triple de espíritus que se derivaban de la filosofía árabe) en el «espíritu animal» que controlaba sensaciones, movimientos, imaginación, cognición y memoria.

Lo que se conocía acerca de la anatomía del cerebro[1] en aquella época se debía en gran medida al erudito persa Ibn-Sînâ (Avicena), cuyas obras se tradujeron al latín (haciéndose así accesibles a la élite intelectual occidental) en el siglo XII. Su *Kitab Al-Nayat (Libro de la salvación)* construía sus conocimientos a partir de las ideas de Galeno de que el cerebro estaba dividido en cinco celdas, correspondientes a las cinco particiones de los ventrículos del cerebro. Aquí se alojaban los «sentidos interiores», que eran los responsables de integrar los datos de los sentidos externos y de construir pensamientos a partir de sus componentes conceptuales o «formas». La construcción de estos *phantasmata,* como se los conocía, era crucial para explicar por qué una persona como Margery Kempe podía escuchar una voz en ausencia de otras personas, y en qué medida esas experiencias dependían a su vez del modo en que el cerebro integrara pensamientos y emociones.

En la parte delantera de los ventrículos frontales, la información sensorial se procesaba en el *sensus communis* (conocido también como «sentido común») y luego se transmitía al sistema de memoria temporal de la *imaginatio,* en la mitad trasera del ventrículo frontal. Esas impresiones se transmitían después para su recombinación creativa a la parte frontal del ventrículo medio, la *imaginativa* (denominada posteriormente «fantasía»), que conectaba con la *estimativa* (en la parte posterior del mismo ventrículo), cuyo papel consistía en hacer juicios afectivos y basados en la memoria. Por último, en el ventrículo posterior del cerebro, el *memorialis* era el almacén de la memoria. Para que la información entrara en el ventrículo posterior, tenía que pasar a través de una estructura de gusano conocida como el *vermis,* que se creía que era una válvula que hacía el papel de un interruptor, cambiando entre pensamiento y recuerdo. Un escritor medieval llegó incluso a proponer que los movimientos físicos de

1. Simon Kemp, *Medieval Psychology,* Nueva York: Greenwood Press, 1990; Corinne Saunders y Charles Fernyhough, «Medieval psychology», *The Psychologist,* en preparación; Robert E. Hall, «Intellect, soul and body in Ibn Sînâ: Systematic synthesis and development of the Aristotelian, Neoplatonic and Galenic theories», en *Interpreting Avicenna: Science and philosophy in Medieval Islam* (Jon McGinnis, ed.), Leiden: Brill, 2004.

la cabeza[2] podían abrir y cerrar esta válvula crucial, todo ello por haber observado que la gente normalmente inclina la cabeza hacia atrás cuando intenta recordar.

El hecho de escuchar una voz o de tener una visión se podía explicar, por tanto, a través de la interacción dinámica entre dos de estos componentes: la *imaginativa* (o imaginación activa) y la *estimativa,* más racional. En determinadas circunstancias, el poder creativo de la *imaginativa* podía influir en los procesos racionales y engañar a la *estimativa.* Si había un desequilibrio en los cuatro humores corporales[3] (bilis negra, bilis amarilla, sangre y flema), ese delicado equilibrio se podía ver afectado. Un exceso de bilis amarilla, por ejemplo, podía sobreestimular los sistemas de producción de imágenes del ventrículo frontal, generando de este modo percepciones que no se correspondían con la realidad.

La ciencia medieval ofrecía, así pues, un relato de percepciones anómalas basado en los procesos fisiológicos, de ahí que no siempre se vieran estas experiencias como el resultado automático de una agencia sobrenatural, fuera demoníaca o divina. Santo Tomás de Aquino, por ejemplo, a mediados del siglo XIII, pensaba que tales experiencias podían desencadenarse merced a cambios físicos, o al «movimiento local de espíritus y humores animales».[4] Aunque pocas personas en el mundo occidental eran conscientes de la existencia de la ciencia, y muchas se habrían apresurado a realizar interpretaciones teológicas, la época de Juana, de Juliana y de Margery estaba contemplando los inicios de una ciencia para el entendimiento de las voces del cerebro.

El concepto de «alucinación» es un concepto moderno.[5] Aunque este término ha sido de uso común desde hace algún tiempo –Juliana de Norwich

2. El escritor en cuestión es Ben Luce, véase Kemp, *Medieval Psychology,* p. 58.
3. Corinne Saunders, «"The thoughtful maladie": Madness and vision in medieval writing», en Corinne Saunders y Jane Macnaughton (eds.), *Madness and Creativity in Literature and Culture,* Basingstoke: Palgrave Macmillan, 2005.
4. Santo Tomás de Aquino, *Summa Theologica,* Londres: Burns, Oates & Washbourne Ltd., vol. 14, 1a, 111.3, 1927.
5. Jean-Étienne Esquirol, *Mental Maladies: A treatise on insanity* (E. K. Hunt, trad.), Filadelfia: Lea and Blanchard, 1845. Esta traducción es del alemán E. Berrios, *The History of Mental Symptoms: Descriptive psychopathology since the nineteenth century,* Cambridge: Cambridge University Press, 1996, p. 37.

utilizaba el equivalente del inglés medio, *raveing,* «delirio»–, sería en 1817 cuando tal concepto tomó forma como síntoma psiquiátrico. El psiquiatra francés Jean-Étienne Esquirol lo definió como «la convicción íntima de percibir realmente una sensación para la cual no existe objeto externo». Escuchar voces, tener visiones y otras percepciones anómalas fueron agrupadas así bajo una única etiqueta, y se las diferenció de las falsas creencias persistentes (los delirios) y de las percepciones erróneas (las ilusiones).

La diferenciación de Esquirol se mantiene en gran medida intacta hoy en día. Normalmente, se acepta que los rasgos claves de una alucinación son los de su ocurrencia en ausencia de cualquier estímulo real, su potencia perceptiva (parece tan real para la persona que la experimenta como cualquier percepción genuina correspondiente) y su resistencia al control voluntario. Uno puede elegir imaginar un elefante rosa o la voz de un compañero de trabajo; pero, cuando alucinas, no dispones de tal control. Tal como lo expresaba el fallecido Oliver Sacks, «Eres pasivo y te sientes indefenso ante las alucinaciones, pues te suceden de forma autónoma; aparecen y desaparecen cuando les place, no cuando te place a ti».[6]

Lo que estas experiencias sí tienen en común es que algo está ocurriendo cuando no debería estar ocurriendo. En términos psiquiátricos, las alucinaciones cuentan como un «síntoma positivo», pues representan un exceso de algo, en lugar de su carencia. Así pues, una alucinación se podría explicar en los términos de un mecanismo de percepción ordinario que se descarría a raíz de otro evento anómalo. El introspectivo y filósofo del siglo XVII René Descartes propuso una explicación mecanicista para las alucinaciones, recurriendo para ello a la analogía del tirador de una campana,[7] mediante el cual se llamaba a los sirvientes desde otro lugar

6. Oliver Sacks, *Hallucinations,* Londres: Picador, 2012, p. x.
7. René Descartes, *Meditations on First Philosophy* (Michael Moriarty, trad.), Oxford: Oxford University Press, 2008 (obra original publicada en 1641); Daniel C. Dennett, *Consciousness Explained,* Londres: Penguin, 1993. ¿Cuál hubiera sido el equivalente neutral de la falsa llamada de campana? Si tirar de la manija en el piso de arriba equivale al sonido de una voz externa verdadera, el sonido de la campana en la cocina es la percepción de esa voz por parte de la persona que está escuchando. Pero si se tira de la cuerda en una habitación intermedia, la voz se escuchará aunque no haya nadie hablando. La idea es que las alucinaciones pueden ocurrir como consecuencia de una activación espuria en la cadena causal que lleva desde la recepción de un estímulo hasta su percepción. Las voces son ruido en el sistema.

distante en una mansión. El sonido de la campana en, pongamos, la cocina podría haber sido producido por la señora, que llama al servicio desde el piso de arriba, pero podría haber sido producido también por alguien que tira de la cuerda desde una habitación intermedia. Para quienes están en la cocina, una señal falsa, anómala, como ésta sería indistinguible de una llamada genuina. Descartes creía que las cadenas de acontecimientos mecanicistas del cerebro y el cuerpo subyacen a nuestras percepciones, y de ahí que un fallo análogo en la transmisión de una señal pudiera tener como resultado una alucinación.

Estimula la máquina,[8] por tanto, en ausencia de estímulos externos reales y podrás crear percepciones anómalas de escucha de voces. Eso fue lo que ocurrió en una serie de estudios llevados a cabo por el neurocirujano canadiense Wilder Penfield, que en sus operaciones quirúrgicas cerebrales con pacientes de epilepsia buscaba la forma de interrumpir los ataques que causaban los problemas de estos pacientes. En parte debido a que el cerebro no tiene receptores de dolor, y en parte como una importante verificación de seguridad, los pacientes permanecían conscientes durante la operación. Penfield utilizaba un electrodo para estimular la superficie del cerebro con el fin de determinar cuáles serían los mejores lugares para operar. Cuando comenzó sus investigaciones, Penfield sabía que el cerebro en los pacientes de epilepsia con alucinaciones auditivas solía mostrar una activación anómala en el giro temporal superior, una zona clave de la red del discurso interior (*véase* la figura 1). Así, cuando Penfield estimulaba esa parte del cerebro, los pacientes solían decir que habían escuchado voces, especialmente cuando la estimulación tenía lugar en el hemisferio no dominante (el derecho, en el caso de las personas diestras).

¿Podrían las activaciones aleatorias del sistema auditivo[9] ser la causa de, al menos, algunas experiencias de escucha de voces? En el caso de la percepción genuina de un sonido, la señales transmitidas a lo largo de los

8. Wilder Penfield y Phanor Perot, «The brain's record of auditory and visual experience», *Brain,* vol. 86, pp. 595-696, 1963.

9. Acerca de un enfoque más moderno sobre la teoría del «ruino neural», véase Raymond Cho y Wayne Wu, «Mechanisms of auditory verbal hallucination in schizophrenia», *Frontiers in Psychiatry,* vol. 4, artículo 155, 2013; Peter Moseley y Sam Wilkinson, «Inner speech is not so simple: A commentary on Cho and Wu (2013)», *Frontiers on Psychiatry,* vol. 5, artículo 42, 2014.

nervios auditivos entran en el cerebro en un área conocida como córtex auditivo primario (una pequeña región situada en el giro temporal superior), antes de ser procesadas en centros corticales superiores como el área de Wernicke, que se encuentra más atrás, en el lóbulo temporal superior. En concordancia con la analogía del tirador de la campanilla, una activación aleatoria en este sistema podría llevar a la percepción de una señal auditiva en ausencia de un verdadero estímulo. Sin embargo, tal teoría tendría dificultades para explicar por qué una percepción anómala llevaría con tanta frecuencia a la experiencia de una voz humana (y, en muchos casos, una voz que resulta familiar para la persona que la escucha), en vez de a cualquier otro sonido.

Da la impresión de que otras regiones neurales deberían estar implicadas. En el modelo del discurso interior de la escucha de voces, las voces son alucinaciones cuando la persona genera un elemento de discurso interior, pero, por algún motivo, no lo reconoce como propio. Si esa teoría fuera cierta, sería de esperar que nos encontráramos con mucho más que ruidos neurales aleatorios en el sistema auditivo; lo normal sería ver un cerebro hablando consigo mismo y, de algún modo, no reconociendo las señales como propias. Según esta lógica, las descargas nerviosas que serían esperables cuando una persona escucha una voz deberían ser similares a las observadas cuando las personas realizan un discurso interior. Y, basándonos en lo que ya sabemos acerca de cómo opera el discurso interior en el cerebro, eso debería significar que veríamos activarse regiones de la red del discurso interior,[10] incluidas las regiones del área de Broca y el giro temporal superior.

Los primeros estudios con imágenes cerebrales acerca de la red del discurso interior[11] se diseñaron con este planteamiento en mente. Philip

10. Simone Kühn y Jürgen Gallinat, «Quantitative meta-analysis on state and trait aspects of auditory verbal hallucinations in schizophrenia», *Schizophrenia Bulletin*, vol. 38, pp. 779-786, 2012; Renaud Jardri, Alexandre Pouchet, Delphine Pins y Pierre Thomas, «Cortical activations during auditory verbal hallucinations in schizophrenia: A coordinate-based meta-analysis», *American Journal of Psychiatry*, vol. 168, pp. 73-81, 2011.

11. Hablando en términos generales, existen dos tipos principales de imágenes cerebrales: la *neuroimagen estructural*, que intenta hacer un mapa de la estructura de determinadas regiones y senderos cerebrales, y la *neuroimagen funcional*, que intenta reflejar los procesos cerebrales que operan cuando el cerebro está activo: por ejemplo, cuando un participante en el escáner está ocupado resolviendo una tarea. Los estudios sobre

McGuire y sus colegas del Instituto de Psiquiatría llevaron a cabo una serie de estudios en la década de 1990 utilizando un método conocido como tomografía por emisión de positrones (TEP). La TEP realiza el seguimiento de una molécula radiactiva inofensiva que se le inyecta a la persona. En uno de los estudios de McGuire se informó de un incremento de activación en el área de Broca cuando los pacientes con esquizofrenia se encontraban alucinando en comparación con los momentos en que no tenían alucinaciones, indicando que los mecanismos del cerebro que generan el discurso interior se activaban también cuando los pacientes escuchaban voces.

Con la llegada de los escáneres de imágenes por resonancia magnética funcional (IRMf), las investigadoras se encontraron con una herramienta más poderosa para investigar el discurso interior y las alucinaciones en el momento en que acaecían. Las IRMf difieren de la TEP en que detectan el flujo sanguíneo en el cerebro, lo cual a su vez nos ofrece una pista sobre las activaciones neurales. Una diferencia es que proporciona una resolución espacial mucho mejor, que permite a los investigadores determinar con gran precisión en qué lugar del cerebro están teniendo lugar las activaciones. Por otra parte, uno de los inconvenientes de las IRMf es que su resolución *temporal* es mucho peor; dicho de otro modo, no es tan buena si la comparas con otros métodos de escaneo a la hora de indicar a los investigadores exactamente *cuándo* ha tenido lugar la activación.

Esa resolución temporal puede, en algunos casos, ser lo suficientemente buena como para mostrar de qué modo se desarrollan las alucinaciones en el cerebro. Trabajando con el grupo del Instituto de Psiquiatría de McGuire, Sukhwinder Shergill y sus colegas escanearon los cerebros

---

el discurso interior descritos aquí son ejemplos de neuroimagen funcional, porque muestran al cerebro en acción cuando el participante está, por ejemplo, generando discurso interior. P. K. McGuire, D. A. Silbersweig, I. Wright, R. M. Murray, A. S. David, R. S. J. Frackowiak y C. D. Frith, «Abnormal monitoring of inner speech: A physiological basis for auditory hallucinations», *The Lancet,* vol. 346, pp. 596-600; P. K. McGuire, D. A. Silbersweig y C. D. Frith, «Functional neuroanatomy of inner speech and auditory verbal imagery», *Psychological Medicine,* vol. 26, pp. 29-38, 1996.

de dos pacientes con esquizofrenia[12] que estaban teniendo alucinaciones frecuentemente, y demostraron que el área de Broca se activaba en esos pacientes unos pocos segundos antes del inicio de las alucinaciones. El mismo grupo había demostrado previamente que el área de Broca se pone en funcionamiento durante el discurso interior en personas sanas, lo cual parecería confirmar el vínculo existente entre el discurso interior y las alucinaciones verbales auditivas en la esquizofrenia.

Sin embargo, existen numerosos problemas a la hora de interpretar estos estudios. Uno de ellos guarda relación con la dificultad para capturar en el escáner las alucinaciones en el momento en que éstas ocurren. En el estudio de Shergill, tuvieron que excluir de los análisis a seis participantes, tres de ellos porque no tuvieron ninguna alucinación durante la sesión de escáner, y los otros tres porque sus experiencias de escucha de voces iban muy seguidas unas de otras. Aun en el caso de que pudieras encontrar un participante que fuera capaz de alucinar a petición de los investigadores (recuerda que una parte de la definición de alucinación es que *no se pueden* generar a voluntad), seguiríamos teniendo el problema de cómo hacer que los participantes indiquen en qué momento exacto está teniendo lugar la alucinación. Normalmente, esto se ha venido haciendo mediante la pulsación de un botón para indicar el momento en el que comenzaba a escuchar una voz. Pero se cree que este método genera graves confusiones,[13] debido a que el participante tiene que prestar atención a lo que está ocurriendo en su experiencia y entonces, cuando llega el momento, iniciar una acción. Si no podemos capturar la fugaz experiencia[14] de la escucha

12. Sukhwinder S. Shergill *et al.*, «Temporal course of auditory hallucinations», *British Journal of Psychiatry*, vol. 185, pp. 516-517, 2004; S. S. Shergill *et al.*, «A functional study of auditory verbal imagery», *Psychological Medicine*, vol. 31, pp. 241-253, 2001.

13. Remko van Lutterveld, Kelly M. J. Diederen, Sanne Koops, Marieke J. H. Begemann e Iris E. C. Sommer, «The influence of stimulus detection on activation patterns during auditory hallucinations», *Schizophrenia Research*, vol. 145, pp. 27-32, 2013.

14. Se conoce a esto como la diferencia entre una metodología de *estado* (donde los investigadores están interesados en las activaciones durante un estado experiencial concreto, como el instante en que se escucha una voz) y una metodología de *rasgo* (donde los investigadores quieren averiguar si las personas que tienen estas experiencias tienen también determinados patrones de activación cerebral como rasgo general). Un diseño de estado permitirá a los investigadores ver una alucinación en acción –si consiguen capturar una–, en tanto que un diseño de rasgo les permitirá

de una voz durante una sesión de escáner, podemos ver en cambio si existe alguna diferencia fiable en las activaciones cerebrales cuando las personas que escuchan voces no están escuchando voces, comparándolas con un grupo de control formado por personas que no escuchan voces. El grupo de Sukhwinder Shergill realizó un estudio en el cual compararon las activaciones neurales entre un grupo de control formado por personas sanas y un grupo de pacientes en remisión que escuchaban voces; dicho de otro modo, no intentaban capturar en el escáner el momento en que escuchaban las voces, sino que buscaban diferencias más perdurables entre los dos grupos. De particular interés fueron las activaciones durante la condición de «discurso interior», cuando los participantes tenían que completar una frase en silencio, en la cabeza, después de escuchar la palabra objetivo («nadar») en una grabación de audio. En otros tres procesos más del experimento, se les pedía a los participantes que crearan diferentes formas de imaginería verbal auditiva, mediante la pronunciación encubierta de la misma frase con su propia voz, o bien imaginando que la voz de la grabación pronunciaba la frase y se dirigía a ellos bien en segunda o en tercera persona.

No se encontraron diferencias entre el grupo de pacientes y el grupo de control en la condición de «discurso interior». Las diferencias entre los dos grupos sólo emergieron cuando los investigadores compararon las activaciones en las condiciones imaginadas. Cuando imaginaban que otra persona les hablaba, los pacientes que escuchaban voces mostraban un menor tráfico neural que las personas del grupo de control en un rango de regiones cerebrales normalmente asociadas al control del propio comportamiento. Los investigadores llegaron a la conclusión de que esta discrepancia surgió debido a que la generación de imaginería verbal auditiva en una voz en particular («A ti te gusta nadar» o «A ella le gusta nadar») requería de cierto control de uno mismo, o de no perder el rastro de lo que uno estaba generando internamente. El discurso interior ordinario, tal como se definió en esta tarea, se pensó que precisaba sólo de bajos niveles de control de uno mismo, y ése fue el motivo por el cual los grupos no difirieran en esa condición.

---

establecer si había alguna diferencia de procesamiento subyacente entre las personas que escuchan las voces y las que no las escuchan. Véase Shergill *et al.,* «A functional study of auditory verbal imagery».

El problema a la hora de darle sentido a estos estudios es que su definición de lo que es el discurso interior está muy lejos del variado fenómeno, lleno de matices, con el que nos hemos encontrado hasta el momento. El mero hecho de pedirle a una persona que subvocalice en el escáner[15] no constituye una buena aproximación al discurso interior espontáneo, ordinario. También se dan problemas en la elección de participantes para estos estudios. En la mayoría de los experimentos con neuroimagen en esta área se han comparado las activaciones cerebrales de pacientes con esquizofrenia con las de personas sanas del grupo de control. Este diseño experimental es débil porque si encuentras diferencias entre los grupos, no sabes si se deben a las alucinaciones o al diagnóstico. El cerebro de un «esquizofrénico»[16] puede parecer diferente del cerebro normal por razones de todo tipo, entre las que se podrían incluir la neuropatología, las experiencias vitales y la medicación. Si estás interesado en una experiencia en concreto –la escucha de voces–, en vez de en un diagnóstico en particular, lo mejor que puedes hacer es encontrar participantes que tengan esa experiencia, pero no el diagnóstico psiquiátrico, con todas las confusiones sobre medicación e institucionalización que pueden llegar con esto. Los investigadores interesados en las alucinaciones verbales auditivas sostienen que este enfoque ofrece una imagen más clara de lo que hay

15. Al revisar las evidencias existentes en neuroimagen, Simon McCarthy-Jones y yo concluimos que los investigadores deberían prestar mucha más atención a la variada fenomenología del discurso interior, junto con su curso evolutivo y sus funciones cognitivas. Otro problema que identificamos fue que los investigadores estaban haciendo la suposición injustificada de que el discurso interior no estaba teniendo lugar durante la fase de línea base (cuando los participantes fijaban su mirada en una cruz). Eso hacía casi imposible toda interpretación de comparaciones entre la tarea y la línea base. Simon R. Jones y Charles Fernyhough, «Neural correlates of inner speech and auditory verbal hallucinations: A critical review and theoretical integration», *Clinical Psychology Review*, vol. 27, pp. 140-154, 2007. *Véase también* la discusión de la validez de métodos de elicitación artificial del discurso interior en el capítulo 15.

16. Un diseño más adecuado supondría la utilización de tres grupos: un grupo de pacientes con la experiencia en la que estás interesado, un grupo de pacientes sin la experiencia en la que estás interesado y un grupo de control con personas sanas. Se trata de un diseño más complicado de crear –como hemos visto, la mayoría de los pacientes con esquizofrenia escuchan voces, lo cual significa que sería complicado formar un grupo de pacientes que no escucharan voces–, pero es factible, y se ha convertido en la regla de oro para los estudios de este tipo.

implicado en la escucha de voces que el estudio del cerebro de personas que tienen también una enfermedad mental grave.

Tales estudios son todavía escasos. En el mayor de ellos hasta la fecha, realizado en Holanda, se compararon las señales de IRMf de veintiuna personas que escuchaban voces, pero no padecían una enfermedad grave,[17] y el mismo número de pacientes que escuchaban voces y que habían sido diagnosticados de psicosis. Kelly Diederen y sus colegas del Centro Médico Universitario de Utrecht no encontraron diferencias entre los grupos en las activaciones cerebrales durante las alucinaciones. En un estudio más pequeño realizado en Gales, David Linden y sus colegas localizaron a siete personas que escuchaban voces, pero que no padecían un trastorno psiquiátrico, y compararon sus activaciones cerebrales cuando estaban alucinando con las de un grupo de control que generaban imaginería auditiva (imaginaban que la gente les hablaba). Ambas condiciones mostraron activaciones en la red estándar de discurso interior, pero apareció una interesante diferencia en la activación del área motora suplementaria (AMS), una parte del córtex motor *(véase* la figura 3). Cuando los participantes de control imaginaban un discurso, la activación en el AMS precedía a la activación en las áreas auditivas. Sin embargo, cuando las personas que escuchaban voces sin mostrar una patología estaban alucinando, ambas activaciones ocurrían simultáneamente. Esto encajaría con la idea de que la AMS es la base neural de la «voluntariedad» de la experiencia. En el caso de la imaginación ordinaria, el AMS se activa primero, como si pretendiera enviar una señal clara para decir «Yo hice esto». En el caso de las personas que escuchaban voces, la señal que denota que el estímulo se generó intencionadamente se detecta junto con la percepción de la voz resultante.

17. Kelly M. J. Diederen *et al.,* «Auditory hallucinations elicit similar brain activation in psychotic and nonpsychotic individuals», *Schizophrenia Bulletin,* vol. 38, pp. 1074-1082, 2012; David E. J. Linden, Katy Thornton, Carissa N. Kuswanto, Stephen J. Johnston, Vincent van de Ven y Michael C. Jackson, «The brain's voices: Comparing nonclinical auditory hallucinations and imagery», *Cerebral Cortex,* vol. 21, pp. 330-337, 2011.

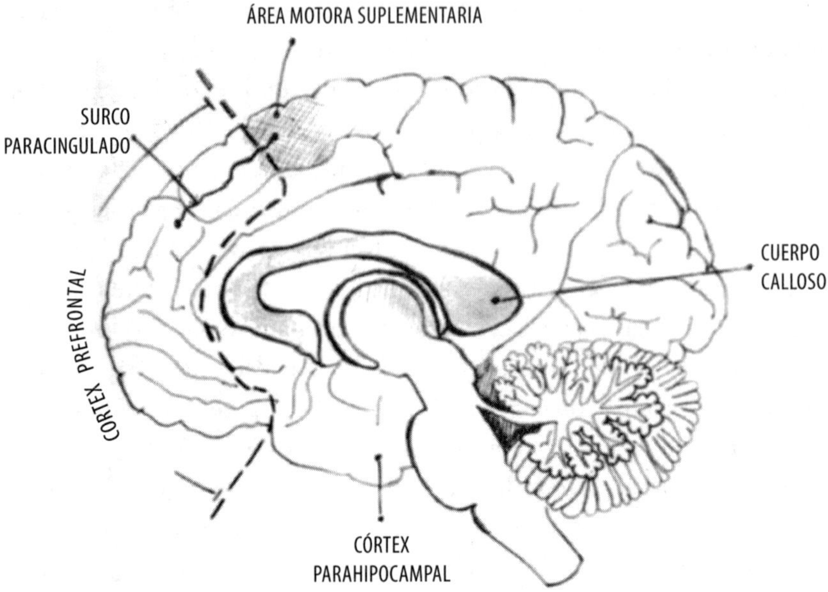

Fig. 3: *La regiones del cerebro implicadas en la escucha de voces. (Nota: La longitud del surco paracingulado*[18] *es altamente variable entre las personas;* véase *p. 282).*

Este rol aparente[19] del AMS en las alucinaciones verbales auditivas ha sido corroborado en un ingenioso estudio realizado en Finlandia, en el que se trabajó con pacientes, en lugar de con gente que escuchaba voces sin padecer una patología psiquiátrica. Los investigadores Tuukka Raij y Tapani Riekki compararon las activaciones IRMf en dos condiciones. En una, los participantes indicaban el momento en que estaban

18. Marie Buda, Alex Fornito, Zara M. Bergström y Jon S. Simons, «A specific brain structural basis for individual differences in reality monitoring», *Journal of Neuroscience,* vol. 31, pp. 14308-14313, 2011; Jane Garrison, Charles Fernyhough, Simon McCarthy-Jones, Mark Haggard, The Australian Schizophrenia Research Bank y Jon S. Simons, «Paracingulate sulcus morphology is associated with hallucinations in the human brain», *Nature Communications,* vol. 6, artículo 8956, 2015.

19. *del AMS en las alucinaciones verbales auditivas* Tuukka T. Raij y Tapani J. J. Riekki, «Poor supplementary motor area activation differentiates auditory verbal hallucinations from imagining the hallucination», *NeuroImage: Clinical,* vol. 1, pp. 75-80, 2012.

alucinando pulsando un botón convencional. En la otra, se les pedía que *imaginaran* la alucinación que habían experimentado previamente. Lo bonito de este diseño experimental, comparado con el de Gales, fue que la condición de imaginería implicaba algo mucho más parecido a la verdadera escucha de voces. En lugar de una condición de imaginación en cierto modo artificial que era realizada por otra persona, los participantes finlandeses tenían que reproducir sus propias voces hablando con ellos.

Al igual que con el estudio galés, el circuito de discurso interior se activó en ambas condiciones. Sin embargo, el AMS respondió con más intensidad durante la tarea imaginativa que durante las alucinaciones verbales auditivas, sugiriendo una vez más que este tipo de alucinaciones tiene menos cualidad de «Yo hice esto» de la que hay en la imaginación ordinaria. He aquí una posible diferencia, por tanto, entre el hecho de conjurar la imagen de un elefante rosa y tener la alucinación de un elefante rosa. La primera experiencia llega con parte de las activaciones cerebrales implicadas en la producción voluntaria de una acción, en tanto que la segunda carece del distintivo neural de autoría. El escritor Daniel B. Smith señala que ésta es una de las maneras en las que el desconcertante fenómeno de la escucha de voces puede iluminar profundos problemas científicos; en este caso, en el modo en que las activaciones neurales se traducen en cualidades subjetivas de la experiencia. «Con la escucha de voces –escribe Smith–, el cerebro asoma la cabeza, como el monstruo del lago Ness, por encima de la superficie. Por un instante, uno puede realmente "ver" o, más bien, "escuchar" al cerebro».[20]

A pesar de las limitaciones de las investigaciones existentes, el modelo del discurso interior nos ha proporcionado un marco útil para darle sentido a los hallazgos neurocientíficos relacionados con la escucha de

20. Daniel B. Smith, *Muses, Madmen, and Prophets: Rethinking the history, science, and meaning of auditory hallucination,* Nueva York: Penguin, 2007, p. 35. Para ampliar la discusión de las bases cognitivas y neurales del sentido de agencia en la escucha de voces, véase M. Perrone-Bertolotti, L. Rapin, J.-P. Lachaux, M. Baciu y H. Lœvenbruck, «What is that little voice inside my head? Inner speech phenomenology, its role in cognitive performance, and its relation to self-monitoring», *Behavioural Brain Research, 261,* 220-239, 2014; Simon R. Jones y Charles Fernyhough, «Thought as action: Inner speech, self-monitoring, and auditory verbal hallucinations», *Consciousness and Cognition,* vol. 16, pp. 391-399, 2007.

voces. Algunas de las evidencias más impresionantes nos han llegado de los hallazgos de las diferencias estructurales entre las personas que escuchan voces y las que no. El modelo del discurso interior se ha traducido frecuentemente al lenguaje neurocientífico como una conexión existente entre la parte del cerebro que genera una declaración interior (concretamente, el giro frontal inferior izquierdo, o área de Broca) y la región que la percibe (parte del giro temporal superior, o área de Wernicke). Recuerda que, en el modelo de monitorización de la acción propuesto por Chris Frith y sus colegas, se envía una señal desde el sistema que produce el discurso interior hacia las áreas del cerebro que detectan el lenguaje, diciendo efectivamente, «No le prestes atención a esto, pues eres *tú* hablando». En la esquizofrenia, sostiene Frith, algo va mal con la transmisión de esta señal. La parte que «escucha» del cerebro no espera la señal que está llegando, y así la procesa como una voz externa.

El estudio de la conectividad entre estas áreas del cerebro debería permitirnos saber si realmente se está dando este tipo de error de transmisión. Los neurocientíficos hacen una amplia distinción entre dos tipos de materia cerebral: la materia gris, que toma su nombre de los cuerpos celulares de las neuronas o células nerviosas que la colorean; y la materia blanca, que consta de aquellas partes de la célula nerviosa que se comunican con otras células nerviosas (dicho toscamente, el cableado del cerebro). El estudio de la integridad de la materia blanca[21] te puede permitir ver cómo hablan entre sí diferentes partes del cerebro, o al menos cómo se interconectan para hablar. Por hacer una analogía, puedes aprender mucho acerca de la estructura de un sistema de comunicaciones –una centralita telefónica, por ejemplo– simplemente estudiando cómo está cableada, aunque no haya señales recorriendo el sistema en ese momento.

21. Esto se puede hacer mediante un método de IRM como el de las imágenes con tensor de difusión (ITD). En un reciente metaanálisis de cinco de tales estudios se encontró una integridad reducida de la materia blanca en el fascículo arqueado izquierdo de los pacientes con esquizofrenia que escuchaban voces, cuando se los comparo con los sujetos del grupo de control. Un metaanálisis es una especie de «estudio de estudios»: agrupa los resultados de cierto número de estudios diferentes llevados a cabo en diferentes momentos y lugares, y los analiza todos juntos. Pierre A. Geoffroy *et al.*, «The arcuate fasciculus in auditory-verbal hallucinations: A meta-analysis of diffusion-tensor-imaging studies», *Schizophrenia Research,* vol. 159, pp. 234-237, 2014.

Para el modelo del discurso interior de la escucha de voces, un tracto de la materia blanca ha sido de especial interés. Se trata de un tramo de cableado neural que, dicho de forma sencilla, conecta el área de Broca con el área de Wernicke, el área del giro temporal superior que percibe la palabra. Este grupo de fibras se denomina fascículo arqueado. Recuerda que, supuestamente, se genera una declaración en el discurso interior, pero que el área de percepción de la palabra no recibe la típica notificación acerca de ello. En la teoría de Frith, esto ocurre porque el área de Broca envía normalmente una copia de la instrucción al área de Wernicke, diciéndole efectivamente que no escuche fuera lo que está a punto de suceder. Pues bien, esa «copia eferente» se envía a lo largo del fascículo arqueado.

La totalidad de este tracto de materia blanca se ha llegado a vincular con las alucinaciones verbales auditivas. Además de observar la estructura física del sendero, los investigadores han utilizado métodos neurofisiológicos, tales como la electroencefalografía (EEG) para averiguar si la comunicación entre estas regiones cerebrales se ve perturbada de alguna manera. Judith Ford y sus colegas de la Universidad de Yale demostraron que la habitual «amortiguación» que tiene lugar en el área de Wernicke[22] como consecuencia de la recepción de la copia eferente no tiene lugar de forma tan marcada en los pacientes con esquizofrenia. Esta interpretación obtuvo apoyos a través de un estudio de IRMf que observó de qué modo respondía el cerebro de los pacientes cuando percibían un discurso externo en comparación con la generación de discurso interior. Cuando imaginaban frases, las áreas de «escucha» del cerebro de los participantes del grupo de control se activaban menos que al escuchar frases pronunciadas en voz alta.

Pero esta diferencia fue menos marcada en el cerebro de los pacientes, apuntando a un problema en la transmisión de la copia eferente entre el área de Broca y el área de Wernicke.

---

22. Judith M. Ford y Daniel H. Mathalon, «Electrophysiological evidence of corollary discharge dysfunction in schizophrenia during talking and thinking», *Journal of Psychiatric Research,* vol. 38, pp. 37-46, 2004; T. J. Whitford *et al.,* «Electrophysiological and diffusion tensor imaging evidence of delayed corollary discharges in patients with schizophrenia», *Psychological Medicine,* vol. 41, pp. 959-969, 2011; Claudia J. P. Simons *et al.,* «Functional magnetic resonance imaging of inner speech in schizophrenia», *Biological Psychiatry,* vol. 67, pp. 232-237, 2011.

Puede parecer contraintuitivo, pero otra manera de averiguar cómo hablan entre sí los diferentes sistemas neurales es observando un cerebro al que no se le está pidiendo que haga nada en absoluto. En los alrededores del cambio de milenio se descubrió que el cerebro puede ser de todo menos silencioso cuando un participante en el escáner no está haciendo nada ostensible. Más bien, existen unos patrones organizados de comunicación entre los sistemas cerebrales (considerados normalmente como una «red predeterminada»), que parece revelar algo importante acerca de la organización funcional del cerebro. En definitiva, un cerebro que hace tictac es una máquina afinada con precisión y enormemente activa.

Para investigar estos patrones de activación, los neurocientíficos utilizan lo que denominan el paradigma del «estado de reposo»,[23] que normalmente implica que el participante esté allí, en el escáner, mirando a la cruz de fijación. No hay tarea alguna que hacer ni instrucciones que seguir, y frecuentemente no se recogen datos psicológicos ni comportamentales. La observación de las activaciones espontáneas durante el estado de reposo nos puede dar información acerca de cómo hablan entre sí diferentes regiones del cerebro cuando la persona no está ocupada con una tarea (de forma similar, un electricista utilizaría un multímetro para comprobar la conectividad entre las partes de un circuito). Los hallazgos de tales estudios indican que en el cerebro de los pacientes con esquizofrenia que escuchan voces existen diferencias sutiles en la conectividad de reposo. Estos hallazgos se pueden resumir diciendo que estas personas muestran patrones inusuales de conectividad entre la región frontal y la temporal, que en términos generales apoyaría la idea de que las áreas frontales, co-

23. Debra A. Gusnard y Marcus E. Raichle, «Searching for a baseline: Functional imaging and the resting human brain», *Nature Reviews Neuroscience,* vol. 2, pp. 685-694, 2001; Randy L. Buckner, Jessica R. Andrews-Hanna y Daniel L. Schacter, «The brain's default network: Anatomy, function, and relevance to disease», *Annals of the New York Academy of Sciences,* vol. 1124, pp. 1-38, 2008; Russell T. Hurlburt, Ben Alderson-Day, Charles Fernyhough y Simone Kühn, «What goes on in the resting state? A qualitative glimpse into resting-state experience in the scanner», *Frontiers in Psychology: Cognitive Science,* vol. 6, artículo 1535, 2015; Ben Alderson-Day, Simon McCarthy-Jones y Charles Fernyhough, «Hearing voices in the resting brain: A review of intrinsic functional connectivity research on auditory verbal hallucinations», *Neuroscience & Biobehavioral Reviews,* vol. 55, pp. 78-87, 2015.

mo la de Broca, no están comunicándose correctamente con las áreas de percepción del lenguaje en el lóbulo temporal.

El modelo del discurso interior se ha puesto a prueba también a través de técnicas que pueden modificar artificialmente, durante breves períodos de tiempo, la actividad del cerebro de un voluntario. Un problema con los estudios de IRMf es que sólo pueden demostrar correlaciones, no causaciones. Un patrón particular de activación puede darse al mismo tiempo que un estado psicológico particular o una función cognitiva, pero nunca podrás saber cuál de ellos ha sido la causa del otro. Si pudieras entrar y cambiar el modo en que las neuronas se activan, y demostrar que a esos cambios les sigue un cambio psicológico concreto, entonces podrías estar bastante seguro de que los cambios en el cerebro son la causa, y no el resultado, del cambio psicológico.

Existen obvios problemas éticos en la utilización de tales técnicas para inducir alucinaciones en voluntarios, aunque los métodos sean seguros y más fiables que los utilizados por Penfield para estimular a sus pacientes con el cerebro a la vista. En lugar de intentar que la gente alucine, ¿podría un cambio en la actividad eléctrica del cerebro «apagar» las alucinaciones en aquellas personas que las padecen? Uno de los métodos, conocido como estimulación magnética transcraneal (EMT),[24] supone la aplicación de un campo magnético que cambia con rapidez sobre una zona del cuero cabelludo con el fin de inducir una corriente eléctrica en el córtex. Una versión de la EMT que genera un estímulo repetitivo ha tenido cierto éxito en el tratamiento de alucinaciones cuando se aplicaba en

---

24. Christina W. Slotema, Jan D. Bloom, Remko van Lutterveld, Hans W. Hock e Iris E. C. Sommer, «Review of the efficacy of transcranial magnetic stimulation for auditory verbal hallucinations», *Biological Psychiatry*, vol. 76, pp. 101-110, 2014. Entre los problemas encontrados para la interpretación de estos hallazgos se encuentra el hecho de que algunas de las regiones que han demostrado ser efectivas en el tratamiento EMT no son fáciles de conectar con los modelos cognitivos existentes. Otra dificultad es que la técnica no está bien ajustada para la estimulación de las regiones auditivas, en parte porque la aplicación de una corriente en esa parte del cráneo puede provocar contracciones musculares y otros fenómenos que no son relevantes en la escucha de voces. Peter Moseley, Amanda Ellison y Charles Fernyhough, «Auditory verbal hallucinations as atypical inner speech monitoring, and the potential of neurostimulation as a treatment option», *Neuroscience & Biobehavioral Reviews*, vol. 37, pp. 2794-2805, 2013.

regiones tales como el córtex temporal izquierdo, aunque los efectos no son prolongados. Un método alternativo, conocido como estimulación por corriente directa transcraneal (ECDt), genera cambios más persistentes en las activaciones cerebrales, con efectos que pueden prolongarse durante más o menos quince minutos. En este método, el voluntario lleva una banda en la cabeza en la que hay dos electrodos, uno de los cuales genera una corriente eléctrica en una zona concreta del cerebro. Uno de mis alumnos de grado, Peter Moseley, utilizó este método para poner a prueba la idea de que el giro temporal superior (GTS) está implicado en los juicios de control de origen[25] que se consideran tan importantes en las alucinaciones verbales auditivas. En una muestra de voluntarios sanos, aplicó las corrientes en el GTS posterior izquierdo con el fin de incrementar su actividad, y demostró que aquello hacía que los participantes fueran más susceptibles a los errores en una tarea de detección de señales auditivas del tipo previamente implicado en la escucha de voces.

Todavía nos encontramos en los inicios de la neurociencia de las alucinaciones verbales auditivas. Al menos algunos tipos de experiencias de escucha de voces parecen implicar un procesamiento atípico del discurso interior. Pero ¿qué tipos de discurso interior, exactamente?[26] Como he-

25. Peter Moseley, Charles Fernyhough y Amanda Ellison, «The role of the superior temporal lobe in auditory false perceptions: A transcranial direct current stimulation study», *Neuropsychologia,* vol. 62, pp. 202-208, 2014.

26. Una interesante vía para investigaciones futuras consistiría en preguntarse qué tipos de discurso interior son erróneamente atribuidos en un episodio de escucha de voces. Como hemos visto, el discurso interior no es sólo una cosa. En el modelo que propongo, es especialmente probable que las voces tengan lugar cuando el discurso interior condensado se reexpande hasta formar un diálogo interior plenamente desarrollado. Hasta el momento, no hemos podido comprobar si determinados tipos de discurso interior se relacionan con determinados tipos de experiencias de escucha de voces, entre otras cosas porque necesitamos saber más acerca de las bases neuronales de estas variedades del discurso interior en aquellas personas que no se ven afectadas por las voces. Otra distinción relevante –la existente entre discurso interior monológico y dialógico– está también madura para la investigación en personas que escuchan voces, dados los hallazgos iniciales realizados en nuestro laboratorio sobre cómo estos dos tipos de discurso interior se instancian de forma diferente en el cerebro típico. Si el discurso interior ordinario tiene una cualidad dialógica, tal como sugiere la teoría de Vygotsky, los estudios con neuroimágnes de las alucinaciones verbales auditivas deberían tenerlo en cuenta en sus diseños, e intentar elicitar un discurso interior dialógico en lugar de las formas monológicas, más artificiales, que se

mos visto, los investigadores del cerebro apenas han comenzado a abordar las distintas variedades de voces ordinarias de nuestra cabeza. Además, si las voces de las alucinaciones proceden de un discurso interior mal atribuido, entonces, ¿por qué no se atribuyen mal también *el resto* de los elementos del discurso interior? ¿Por qué las personas que escuchan voces no están escuchando voces a todas horas? Cierto es que algunas de estas personas padecen alucinaciones casi continuas, pero son una excepción más que la norma.

Las respuestas a estas preguntas deben hallarse más allá del sistema de lenguaje normal del hemisferio izquierdo. Una región cerebral en la que se han descubierto activaciones inusuales durante la escucha de voces es el área del córtex que hay en torno al hipocampo,[27] la central de energía de la memoria en el cerebro. Utilizando IRMf, Kelly Diederen y sus colegas en Utrecht demostraron que las señales neurales en una región conocida como el córtex parahipocampal disminuían justo antes de que los pacientes con esquizofrenia escucharan una voz. ¿Por qué los sistemas de memoria iban a estar implicados en un proceso que, supuestamente, supone una atribución errónea del discurso interior? Como veremos, existen buenas razones para creer que, al menos algunas experiencias de escucha de voces, tienen más que ver con el recuerdo del pasado que con hablarse a uno mismo en el presente.

Pero, además, existen también evidencias de la existencia de una activación anómala en el otro lado del cerebro, allí donde se alojarían normalmente las funciones del lenguaje. Recuerda que, en la mayoría de las personas, el procesamiento del lenguaje se centra principalmente en el hemisferio izquierdo, en regiones como el área de Broca y las áreas de percepción de la palabra del giro temporal superior. Sin embargo, paradójicamente, un par de estudios han mostrado activaciones en las regio-

---

han empleado en los estudios hasta el momento. Ben Alderson-Day, Susanne Weis, Simon McCarthy-Jones, Peter Moseley, David Smailes y Charles Fernyhough, «The brain's conversations with itself: Neural substrates of dialogic inner speech», *Social Cognitive & Affective Neuroscience,* vol. 11, pp. 110-120, 2016; Moseley *et al.,* «Auditory verbal hallucinations as atypical inner speech monitoring».

27. Kelly M. J. Diederen *et al.,* «Deactivation of the parahippocampal gyrus preceding auditory hallucinations in schizophrenia», *American Journal of Psychiatry,* vol. 167, pp. 427-435, 2010.

nes del lenguaje del hemisferio *derecho*[28] cuando la gente escucha voces en el escáner. Iris Sommer y su grupo en Utrecht demostraron que la experiencia de alucinaciones verbales auditivas en el escáner está relacionada con una mayor actividad en las regiones relacionadas con el lenguaje del hemisferio derecho que en las mismas regiones del hemisferio izquierdo (lo cual incluiría el área de Broca, frecuentemente activada durante las experiencias de escucha de voces). Aunque las regiones del lenguaje del hemisferio derecho no suelen tener mucho que ver con la producción del lenguaje, no por ello su efecto es nulo, especialmente en pacientes afectados por afasia (pérdida de la palabra) como consecuencia de una lesión cerebral. En tales pacientes, estas regiones del lenguaje del hemisferio derecho se han vinculado con la producción de «discurso automático», compuesto por pronunciamientos breves que suelen ser de carácter abusivo y repetitivo. (Uno de tales pacientes era incapaz de decir nada salvo la palabra *motherfucker* –«hijo de puta»–, pero la decía de forma fluida y con el énfasis apropiado). Quizás las voces –especialmente aquellas que son breves, burdas y repetitivas– surgen cuando estas regiones del lenguaje del hemisferio derecho interrumpen con sus característicos pronunciamientos, como resultado de un fallo en los procesos que normalmente inhiben esta área y mantienen el lenguaje en el lado dominante. Simon McCarthy-Jones sugiere que los hallazgos de activación en las regiones del lenguaje del hemisferio derecho ofrecen algún apoyo a la, por otra parte extravagante, teoría de Julian Jaynes: la de la activación anómala de un hemisferio cerebral normalmente callado.

Todavía hay mucho que aprender acerca de cómo surgen las alucinaciones verbales auditivas en el cerebro. Algunas personas sostienen que la neurociencia jamás podrá demostrar nada útil sobre estas alucinaciones, porque lo que hace es describir procesos biológicos, cuando lo que necesitamos es interesarnos en la experiencia. Pero sondear la escucha de voces en el cerebro puede ser de gran utilidad para el pensamiento científico

28. Iris E. C. Sommer *et al.*, «Auditory verbal hallucinations predominantly activate the *right* inferior frontal area», *Brain*, vol. 131, pp. 3169-3177, 2008; Iris E. Sommer y Kelly M. Diederen, «Language production in the non-dominant hemisphere as a potential source of auditory verbal hallucinations», *Brain*, vol. 132, pp. 1-2, 2009; Simon McCarthy-Jones, *Hearing Voices: The histories, causes and meanings of auditory verbal hallucinations*, Cambridge: Cambridge University Press, 2012.

en muchos aspectos, y ciertamente no supone una visión reduccionista en la cual las voces sean «exclusivamente» activaciones neurales. Por una parte, las complejidades de la investigación en esta área nos recuerdan especialmente lo importante que es prestar una atención cuidadosa a las preguntas de «¿A qué se parece?». Existen diferentes tipos de experiencias de escucha de voces y, como veremos, algunas de ellas no parecen tener mucho que ver con el discurso interior, en absoluto.

Pero la escucha de voces sigue generando importantes preguntas. ¿Qué significa generar una acción intencionadamente, conducirse bajo la impresión de que uno está ejerciendo su libre albedrío? ¿Qué implicaciones tendría el hecho de darnos cuenta de que algunas cosas de las que hacen nuestro cerebro y nuestro cuerpo parece que sucedan sin la intervención de nuestra voluntad? Probablemente, todos hemos tenido la experiencia de decir algo espontáneamente que nos sorprende, o de un pensamiento o un recuerdo que nos viene a la cabeza y que no tenemos la sensación de haberlo generado nosotros. ¿Acaso la sensación de haber hecho algo involuntariamente podría ser tan sencilla de explicar como que una parte del cerebro no se comunica con la otra? Imagina un mundo en el cual, sin las voces de los dioses para guiarlos, los héroes de Homero se hubieran (según la frase de un escritor) «quedado congelados en las playas de Troya,[29] como marionetas». La teoría de Jaynes podría estar plagada de agujeros, pero su análisis nos invita a imaginar. Si una parte importante de nuestra experiencia interior no es un producto de nuestra voluntad consciente, ¿qué significa eso para la convicción que tenemos de ser nosotros quienes capitaneamos el navío de nuestra mente? ¿Quién está al mando ahí arriba, y cómo nos enfrentamos al hecho de que, en ocasiones, no somos nosotros quienes estamos al mando?

29. Veronique Greenwood, «Consciousness began when the gods stopped speaking», *Nautilus,* n.º 204.

12

UNA MUSA HABLADORA

Yo no escucho voces. Nunca oigo palabras y luego me doy la vuelta para ver de dónde proceden, para descubrir de repente que no hay nadie allí. Sí que he tenido la experiencia, razonablemente común, de escuchar una voz diciendo mi nombre cuando no había nadie a mi alrededor, y con bastante frecuencia he alucinado con la presencia de alguno de mis hijos junto a la cama, pero siempre sé de dónde viene la cháchara de mis conversaciones internas. No tengo alucinaciones.

Sin embargo, escucho gente hablando, gente que no está aquí. No se dirigen a mí directamente, pero puedo escuchar cómo suenan sus voces, sus acentos y sus tonos de expresión. Sé que no están aquí en realidad porque me los estoy inventando o, al menos, los he generado a partir de una mezcolanza creativa con muchas personas diferentes que he conocido.

Les pongo nombres, caras e historias; sé qué música les gusta escuchar, cómo se visten en un día de ocio y qué guardan en el alfeizar de la ventana del baño. En las páginas de una novela, yo puedo decirles lo que tienen que hacer (aunque eso no significa que, en ocasiones, no me sorprendan). Nunca confundo estos personajes de ficción con gente real, pero les escucho hablar. Se podría decir que *necesito* escucharlos. Tengo que captar bien sus voces, transcribirlas con precisión, o de lo contrario no les parecerán reales a las personas que están leyendo sus historias.

Un escritor de ficción lo expresó del siguiente modo:[1] «Como escritor, es como si yo escuchara subrepticiamente una conversación, o conversaciones. Yo no compongo el diálogo. Yo escucho a los personajes hablar y transcribo lo que dicen, como un taquígrafo escribiendo al dictado». Para otro escritor, comunicarse con los personajes de ficción es un proceso más sutil, es «sintonizar»: «Es algo íntimo, como si te dejaran entrar en sus pensamientos. No me hablan ni yo les hablo a ellos. Es más como si te dieran acceso a su vida interior».

Los personajes dirán lo que quieran decir, y lo mismo ocurrirá con la historia. Me recuerdo riéndome a carcajadas, aquel día en el metro, con aquello de la pareja que estaba haciendo el amor en una oficina de Correos móvil. Aquel pensamiento llegó sin que se lo invitara, hasta el punto de sorprenderme y llevarme a hacer tal expresión pública de alegría. Pero ¿cómo? Tú no te puedes hacer cosquillas a ti mismo,[2] porque sabes (probablemente, a través del mismo tipo de transmisión de copia eferente que te garantiza que tu discurso interior es tuyo) que eres tú quien está haciéndolo. Si ya conoces el chiste, no te ríes con él; a menos que sea uno de esos clásicos que siempre te sacan una risita. Si yo me hago reír a mí mismo, tiene que haber algún elemento sorpresivo…, ¿pero cómo, si soy yo mismo quien ha generado la idea? Sin duda, yo sé lo que voy a pensar. Yo estoy eligiendo esas palabras, ¿no?

La idea de que existe una conexión entre la locura y la creatividad[3] tiene una larga historia. En las antiguas Grecia y Roma, la creatividad era una intervención divina, una intrusión de lo sobrenatural en lo humano; un error de transmisión que se consideraba también como una de las causas de la locura. En el período romántico de Keats, Wordsworth y Coleridge,

---

1. Las citas de escritores profesionales anónimos que aparecen en este capítulo proceden de las entrevistas realizadas por Jennifer Hodgson en el Festival Internacional del Libro de Edimburgo, agosto de 2014.
2. Sarah-Jayne Blakemore, Daniel M. Wolpert y Chris D. Frith, «Central cancellation of self-produced tickle sensation», *Nature Neuroscience,* 1, pp. 635-640, 1998.
3. Thomas O'Reilly, Robin Dunbar y Richard Bentall, «Schizotypy and creativity: An evolutionary connection», *Personality and Individual Differences,* vol. 31, pp. 1067-1078, 2001; Mark A. Runco, «Creativity», *Annual Review of Psychology,* vol. 55, pp. 657-687, 2004.

se veía la creatividad como la obra de una serie de musas un poco menos celestiales. Posteriormente, el psicoanálisis freudiano consideró la fecundidad mental como el resultado de acceder a las fuerzas del inconsciente, explicando así por qué el ego consciente podía sorprenderse con lo que le estaba llegando. La persona creativa, dice la sabiduría, es aquella que puede introducirse en una voz desde fuera de sí misma.

Las personas más creativas son susceptibles a todo tipo de experiencias inusuales, al igual que las personas ordinarias, pero los estudios han demostrado que existe una prevalencia particularmente alta de trastornos psiquiátricos (especialmente trastornos del estado de ánimo) en aquellas personas con una creatividad contrastada. Una de las explicaciones de tal conexión es genética. Si las experiencias psicóticas tienen un componente hereditario (como se ha demostrado ampliamente), es porque deben proporcionar alguna ventaja selectiva, algo que equilibra o protege frente a sus implicaciones negativas en cuanto a la adecuación para la supervivencia. De otro modo, los genes que le hacen a alguien proclive a la paranoia, las alucinaciones o los cambios de humor se habrían erradicado de nuestra reserva genética hace ya mucho tiempo. Quizás esos patrones inusuales de pensamiento confieren ciertas ventajas que hacen al individuo más creativo; es decir, más capaz de establecer conexiones inusuales, o de pensar fuera de las restricciones establecidas.

Los escritores son tan susceptibles a estas experiencias inusuales como cualquier pensador original. Y, sin embargo, parece haber algo específicamente relacionado con la voz en la locura ordinaria de la creatividad de un escritor. El escritor hace que el narrador y los personajes hablen, y a lo largo de toda la historia humana se ha pensado que la creatividad tiene lugar cuando se deja entrar a otra voz en el propio flujo de emociones y pensamientos del escritor. En palabras del experto literario Peter Garratt, «Escribir significa dejar que otro interrumpa tu propia voz, que se apodere de ella, que la tome prestada».[4]

Charles Dickens fue uno de tales escritores. Hacia el final de su vida, Dickens emprendió unos agotadores *tours* de lectura en los cuales daba voz a sus famosos personajes (se dice que entre 1853 y 1870, año de su

4. Peter Garratt, «Hearing voices allowed Charles Dickens to create extraordinary fictional worlds», *Guardian,* 22 de agosto de 2014.

muerte, lo hizo casi en 500 ocasiones). Además de hacer de ventrílocuo con sus inventados personajes en estas singulares representaciones, Dickens interpretaba el acto de creación como la recepción de una voz. «Cuando, en medio de esta angustia y este dolor, me siento ante mi libro –le escribió a su amigo John Foster en 1841–, algún poder benéfico me lo muestra todo, y me tienta para que me interese, y yo no lo invento; en verdad que no; *sino que lo veo* y lo transcribo».[5] El libro en cuestión era *Barnaby Rudge*.[6] El editor de Dickens en Estados Unidos, James T. Fields, recordaba que «mientras estaba escribiendo *La tienda de antigüedades*,[7] la pequeña Nell le seguía a todas partes; que, mientras escribía *Oliver Twist*,[8] Fagin el Judío no le dejaba en paz, ni siquiera en sus momentos más recluidos; que a medianoche y por la mañana, por tierra o por mar, el pequeño Tim y Bob Cratchit no hacían más que tirarle de la manga del abrigo, como si estuvieran impacientes por hacerle volver a su escritorio para continuar con la historia de sus vidas».

Otros escritores cuentan cosas parecidas acerca de las voces de su creatividad. En una carta escrita en 1899 a William Blackwood, el novelista polaco Joseph Conrad se quejaba de las deserciones de su musa: «Ya sabes lo desesperantemente lento que soy trabajando. Decenas de nociones se presentan, expresiones por docenas se sugieren a sí mismas, pero la voz interior que decide: esto está bien, esto es correcto, dejo de escucharla a veces durante días. ¡Y, mientras tanto, uno tiene que vivir!».[9] El experto

5. John Forster, *The Life of Charles Dickens*, vol. 2, Londres: J. M. Dent, 1966, p. 270; James T. Fields, «Some memories of Charles Dickens», *The Atlantic*, agosto de 1870. En ocasiones, las voces de los personajes de Dickens llegaban casi al nivel del acoso. El norteamericano J. M. Peebles, escritor de temas espiritualistas, contaba que la voz de la señora Gamp, la enfermera en *Vida y aventuras de Martin Chuzzlewit*, se inmiscuía en la vida de su creador «susurrándole cosas en los lugares más inoportunos –a veces, incluso en la iglesia– a tal punto que se vio obligado a reprimirla por la fuerza cuando no deseaba su compañía, y la amenazó con no querer saber nada más de ella a menos que se comportara mejor y viniera sólo cuando él la llamara». Téngase en cuenta que Peebles no ofrece fuente alguna sobre esta anécdota. Véase J. M. Peebles, *What is Spiritualism?*, Peebles Institute Print, 1903, p. 36.
6. Publicado en castellano por La Otra Orilla. Barcelona, 2010. *(N. del T.)*
7. Publicado en castellano por Alianza Editorial. Madrid, 2014. *(N. del T.)*
8. Publicado en castellano por Alfaguara. Barcelona, 2010. *(N. del T.)*
9. Joseph Conrad, carta a William Blackwood, 22 de agosto de 1899, en Frederick R. Karl y Laurence Davies (eds.), *The Collected Letters of Joseph Conrad*, vol. 2, 1898-

literario Jeremy Hawthorn señala que se trata de una voz interior que *se escucha* de verdad. Sea quien sea que da voz a esas palabras, no es el sujeto pensante, sino más bien una voz que llega hasta el escritor de manera involuntaria y expresa una sabiduría que él mismo sería incapaz de invocar.

Virginia Woolf tuvo una relación ciertamente complicada con las voces que escuchaba en su cabeza. En su novela de 1927, *Al faro*[10] la señora Ramsay está sentada haciendo punto cuando una voz, hablando en su cabeza aparentemente contra su voluntad, entona, «Estamos en las manos del Señor».[11] «Aquello la llevó a preguntarse "¿Realmente estamos en las manos del Señor?". Aquella doblez, deslizándose entre verdades, la soliviantaba, hacía que se sintiera molesta. Se puso a hacer punto de nuevo. Cómo podría Señor alguno haber hecho este mundo, se preguntó». Aunque deberíamos resistirnos a la tentación de inferir hechos reales a partir de una situación de ficción sobre escucha de voces, en el caso de Woolf, el arte y la vida se ponen en sintonía. En una de sus primeras crisis, tras la muerte de su padre en 1904, ya habló de «aquellas horribles voces». Y en su nota de suicidio, en 1941, las mencionaba como una de las causas de su insoportable angustia final: «Empiezo a escuchar voces y no me puedo concentrar. De modo que hago lo que me parece lo mejor que puedo hacer».

Woolf vinculaba sus propias experiencias de escucha de voces con traumas tempranos en su vida, como los abusos sexuales sufridos en su infancia, el acoso *(bullying)* al que se vio sometida y los fallecimientos de su madre y sus hermanos. En su novela *La señora Dalloway*,[12] de 1925, reflejó en la ficción una experiencia de voces en la cabeza en el personaje

---

1902, Cambridge: Cambridge University Press, 1986, pp. 193-194. Citado en Jeremy Hawthorn, «Conrad's Inward/Inner Voice(s)», conferencia pronunciada en el congreso anual de la Sociedad Joseph Conrad, Reino Unido, en Canterbury, julio de 2014.

10. Publicado en castellano por Alianza Editorial. Madrid, 2012. *(N. del T.)*

11. Virginia Woolf, *To the Lighthouse,* Londres: Grafton, 1977 (obra original publicada en 1927), p. 62; Virginia Woolf, «A Sketch of the Past», en *Moments of Being: Autobiographical writings* (Jeanne Schulking, ed.), Londres: Pimlico, 2002, p. 129; Hermione Lee, *Virginia Woolf,* Londres: Chatto & Windus, 1996, p. 756; Leonard Woolf, «Virginia Woolf: Writer and personality», en *Virginia Woolf: Interviews and recollections* (J. H. Stape, ed.), Iowa City: University of Iowa Press, 1995; Woolf, «Sketch of the Past», p. 93.

12. Publicado en castellano por Alianza Editorial. Madrid, 2009. *(N. del T.)*

de Septimus Smith, un veterano de guerra traumatizado por los bombardeos. Profundamente impactado por la muerte de su amigo, Evan, Septimus escucha la voz de su compañero muerto, pero también (al igual que en una experiencia que ella misma tuvo y de la cual dio cuenta) a los pájaros cantando en griego. Woolf encontró inspiración a través de «las voces que iban por delante» de sus pensamientos, asemejándola con otra entidad que hablara a través de ella, cuya influencia podía borrar a través del acto creativo. Su obra *Al faro,* por ejemplo, le llegó a través de «una gran acometida, aparentemente involuntaria», mientras paseaba por Tavistock Square, en Londres: «Escribí el libro muy rápido; y cuando estuvo escrito, dejé de estar obsesionada con mi madre. Ya no escucho su voz ni tampoco la veo».

La escucha de voces en la ficción puede dar lugar tanto a situaciones trágicas como cómicas.[13] En la novela de Hilary Mantel, *Tras la sombra,*[14] la protagonista, Alison, hace las paces con una infancia plagada de malos tratos reinventándose como una médium al estilo victoriano que «interpreta» las voces que escucha con una teatralidad que el propio Dickens habría reconocido con respeto. Mantel toma unos recuerdos desdichados y los pone al servicio de una original comedia negra, centrada en parte en un «demonio» de poco más de medio metro de alto llamado Morris, que no hace otra cosa que dar vueltas por el vestidor de Alison jugando con la cremallera de su pantalón. Los demonios del trauma de Alison se exteriorizan bajo la forma de visiones y voces. Hablando de cómo utilizan los escritores la escucha de voces, la experta literaria Patricia Waugh señala que deberíamos aproximarnos a la locura ordinaria de una novelista como intentando comprender «la relación existente entre las voces interiores que dan origen a la obra de ficción y aquellas otras que amenazan con destruir la integridad misma del yo». Tanto si escuchan como si no verdaderas alucinaciones auditivas, los novelistas utilizan representaciones ficticias de la experiencia para aprovechar esa disolución controlada del yo que todos podemos representar cuando leemos ficción.

---

13. Hilary Mantel, *Beyond Black,* Londres: Fourth State, 2005; Patricia Waugh, «Hilary Mantel and Virginia Woolf on the sounds in writers' minds», *Guardian,* 21 de agosto de 2014.

14. Publicado en castellano por Global Rhythm Press. Barcelona, 2007. *(N. del T.)*

Mantel escribió de forma autobiográfica acerca de las relaciones entre las voces, la enfermedad y la escritura[15] en un ensayo titulado «Ink in the Blood» (Tinta en la sangre), para el cual se inspiró en una estancia en el hospital plagada de experiencias psicóticas: «Mi monólogo interno lo interpretan muchas personas, con enfermeras y directores de banco al frente. Existe un vacío sin aliento en mi interior que necesita ser llenado». En una entrevista, Mantel comentó que ve la aprensión de lo que denomina «visiones auditivas» como algo decisivo en el proceso creativo: «Sólo un médium o un escritor disponen de licencia para sentarse en soledad en una habitación con una multitud de personas imaginarias, escuchándolas y respondiéndoles». El autor de ciencia ficción Philip K. Dick decía que escuchaba voces procedentes de su radio[16] por las noches, y escribió un documento de un millón de palabras, «The Exegesis» (La exégesis), para intentar explicar las sensaciones que tenía de estar recibiendo mensajes de una entidad espiritual. En una entrevista realizada en 1982, poco antes de su muerte, dijo escuchar la voz de una mujer que le hablaba de cuando en cuando desde los tiempos en que iba a la escuela: «Es muy parca en palabras. Se limita a unas cuantas frases cortas y sucintas. Yo sólo escucho la voz del espíritu cuando me estoy durmiendo o despertando. Tengo que estar muy receptivo para escucharla. Suena como si viniera de millones de millas de distancia».

«Todos los escritores escuchan voces[17] –dijo otro escritor de ciencia ficción, Ray Bradbury, en una entrevista en 1990–. Te despiertas por la mañana con las voces y, entonces, cuando alcanzan determinado nivel, saltas de la cama e intentas atraparlas antes de que se vayan». Lo que

---

15. Hilary Mantel, «Ink in the Blood», *London Review of Books,* 4 de noviembre de 2010; «A Kind of Alchemy», Hilary Mantel entrevistada por Sarah O'Reilly, en Hilary Mantel, *Beyond Black,* Londres: Fourth Estate, 2010, apéndice a la edición en rústica, p. 8.

16. Charles Platt, «The voices in Philip K. Dick's head», *New York Times,* 16 de diciembre de 2011; Philip K. Dick, *The Exegesis of Philip K. Dick* (Pamela Jackson, Jonathan Lethem y Erik Davis, eds.), Boston: Houghton Mifflin Harcourt, 2011; Philip K. Dick entrevistado por John Boonstra, *Rod Serling's The Twilight Zone Magazine,* vol. 2, n.º 3, junio de 1982, pp. 47-52.

17. Ray Bradbury, entrevistado por Terry Wogan, *Wogan,* BBC1, 1990; Ray Bradbury, The Art of Fiction, n.º 203, *The Paris Review,* n,º 192, primavera 2010.

comenta Bradbury es algo que se suele escuchar en las discusiones acerca de la creatividad. En el ensayo de Siri Hustvedt, *La mujer temblorosa o la historia de mis nervios,*[18] esta novelista habla de sus experiencias, muy similares a la «escritura automática»,[19] que tanto fascinaron a los espiritistas victorianos: «Cuando estoy escribiendo bien, suelo perder todo sentido de la redacción; las frases vienen como si yo no las invocara, como si fueran manufacturadas por otro ser... No escribo yo; escriben por mí».

Pero, ¿a qué se parecen realmente estas «voces»? ¿Tienen algo en común con las voces intrusivas que escuchan Jay o Adam, o que escuchan las personas diagnosticadas de esquizofrenia o de cualquier otro trastorno psiquiátrico? En los relatos clásicos de inspiración,[20] las voces de la creatividad se *escuchaban* literalmente: el hecho de que el pastor Hesíodo escuchara a las Musas en el monte Helicón, por ejemplo, se ha interpretado como una alucinación con genuinas propiedades auditivas. Pero también existe el riesgo real de hacer interpretaciones demasiado literales de las descripciones que hacen los escritores cuando dicen percibir voces inspiradoras, lo que podría no ser en última instancia más que una útil metáfora para describir los inefables procesos de la creatividad.

La única forma de responder a esta pregunta es prestar una atención mucho más estrecha a la experiencia. ¿Tienen las voces de los escritores cualidades sensoriales, como ocurre con muchas alucinaciones auditivas? Más allá de los relatos anecdóticos, casi no existen evidencias sobre las cualidades de las voces de la creatividad en los escritores. Un grupo nuestro del proyecto Hearing the Voice se puso en camino para llenar este vacío mediante una colaboración con el Festival Internacional del Libro de Edimburgo,[21] en el año 2014. Más de 800 escritores iban a pasar por el festival durante sus tres semanas de duración, de modo que pensamos que podríamos preguntarles acerca de las voces que escuchaban. ¿Acaso

18. Publicado en castellano por Editorial Anagrama. Barcelona, 2010. *(N. del T.)*

19. Siri Hustvedt, *The Shaking Woman or a History of Nerves,* Londres: Sceptre, 2010, p. 68.

20. Daniel B. Smith, *Muses, Madmen, and Prophets: Rethinking the history, science, and meaning of auditory hallucination,* Nueva York: Penguin, 2007, capítulo 7; Eric R. Dodds, *The Greeks and the Irrational,* Londres: University of California Press, 1951.

21. Jennifer Hodgson, «How do writers find their voices?», *Guardian,* 25 de agosto de 2014.

la idea de que los escritores «escuchan» las voces de sus personajes es algo más que un cliché o una metáfora?

Todos los escritores que participaron en el festival de aquel año fueron invitados a rellenar un cuestionario acerca de cómo experimentaban las voces de sus personajes. Noventa y un escritores profesionales –con diferentes especialidades, como ficción para adultos, ficción juvenil y no-ficción– rellenaron el cuestionario. A la pregunta de «¿Escucha usted alguna vez las voces de sus personajes?», el 70 por 100 de los escritores respondió que «Sí». En respuesta a la pregunta «¿Tiene usted alguna experiencia visual o sensorial de sus personajes, o bien siente su presencia?», la mayoría respondió afirmativamente. Un cuarto de los escritores dijo que escuchaba a sus personajes hablando como si estuvieran en la habitación, en tanto que un 41 por 100 dijo que podían establecer un diálogo con sus personajes. Sin embargo, muchos escritores negaron que sintonizar con la voz de un personaje fuera como tener una alucinación con una voz. Un escritor de ficción para adultos dijo, «Yo les "escucho" hablar de sí mismos dentro del mundo de la historia o dialogar con otros personajes. Pero no me "hablan" a mí como tal. No creo que sepan que existo. Yo los escucho subrepticiamente a ellos». En cambio, un escritor de libros infantiles experimentaba la voz en ocasiones en el espacio externo: «De vez en cuando, cuando estoy escribiendo o cuando estoy trabajando con la historia, puedo escuchar la voz del personaje principal, como si fuera una persona real que estuviera allí mismo, en la habitación, hablándome. Te genera cierta sensación de locura, pero no me perturba ni me molesta, porque pienso que forma parte de mi propio proceso creativo, desencadenado por la imaginación y la escritura».

Los escritores reflexionaron también sobre en qué medida esta experiencia difería de su experiencia interior ordinaria. «No es muy diferente al modo en que escucho mi propia voz en la cabeza (cuando estoy pensando, quiero decir, no cuando estoy hablando en voz alta). De modo que sus voces están simplemente ahí, mezcladas con todo lo demás. Aunque, ahora que lo pienso, sus voces proceden siempre de la derecha, de algo más abajo, como si hablaran junto a mi hombro derecho. Creo que nunca las he escuchado por la izquierda». Otro escritor dijo: «En realidad, suena como mi propia voz dentro de la cabeza, pero como si procediera de una persona completamente diferente. No difiere mucho de esos terroríficos anuncios de las golosinas Haribo en los que se ve a adultos hablando con voces de niños».

Alrededor de veinte de los escritores que rellenaron el cuestionario se ofrecieron voluntarios también para participar en una entrevista de seguimiento a través de la cual explorar sus ideas con más profundidad. Las entrevistas las llevó a cabo la investigadora de posdoctorado Jenny Hodgson, que dijo que el proceso reveló «un cuadro extraño, en ocasiones sorprendente, de los misteriosos mecanismos de la imaginación literaria». Casi todos los escritores a los que entrevistó Jenny reconocieron que la experiencia de sintonizar con la voz de un personaje era parte esencial del proceso. Un novelista de éxito dijo, «Ciertamente, no puedo escribir la obra en tanto no escuche la voz del personaje. Tengo que ser capaz de escuchar su voz, cómo suena, lo que dice, el estilo y el contenido de sus comentarios. Entonces intentas avivarlo con la esperanza de que se desarrolle un poco más». Otro dijo, «Los personajes suelen comenzar con una voz; la voz es lo que normalmente me lleva al personaje. A veces podría tener una idea general del tipo de personaje que es, pero es la voz la que me lleva hasta él [...]. Llega cuando estoy escribiendo. Es en realidad en el proceso de escribir cuando la voz aparece. No sé si es algo instantáneo, pero puedo escuchar la voz».

Las entrevistas de seguimiento revelaron también curiosas diferencias en el modo en que los escritores experimentan los personajes principales y los secundarios. La mayoría de los escritores dijeron que se introducían en la mente de un protagonista y contemplaban el mundo a través de sus ojos. Sin embargo, los personajes secundarios solían experimentarlos visualmente, de una forma más distante y objetiva. Un novelista observó, «Físicamente, se presentan ahí mismo, y puedo verlos, y describirlos [...]. Puedo escucharles hablar, pero no me meto dentro de ellos». En línea con esa idea, diversos escritores dijeron que no eran capaces de ver los rostros de sus protagonistas, y que en cambio tenían que construir su apariencia visual, con cierto esfuerzo, casi como *a posteriori.* Un escritor comentó: «Cuando me llega un personaje, apenas puedo verle la cara [...], es como si fuera una sombra, una especie de silueta [...]. Hay como una especie de vacío allí donde debería haber un rostro».

Con todo, nuestros hallazgos sugieren que existe una gran variabilidad en las experiencias de los escritores, pero también sustentan la idea de que la creación de prosa, tanto de ficción como no-ficción, es como «sintonizar» con una voz o unas voces, aunque la experiencia no se reciba de forma intrusiva (como ocurre en algunos casos de escucha de voces en toda regla). La poeta Denise Riley ha escrito extensamente sobre el discurso interno y sobre cómo navegan los escritores sobre la línea entre lo interior y lo exterior. Cuando le hablé de nuestros hallazgos en Edimburgo, ella me habló de la «sensación casi embarazosa de *escuchar* una voz como escritora, de sintonizar con algo que no es el yo que habla».

¿Constituyen estas voces literarias algún tipo de discurso interior? En cierto sentido, podríamos responder que sí. Ninguno de los escritores con los que hablamos pensaba de verdad que su creatividad emanara de algún otro lugar que no fuera su propio organismo. (La mayoría de las personas que escuchan voces reconocen que sus experiencias deben ser de su propia factura;[22] el problema es que las voces no *se sienten* como si lo fueran). Pero muchas de los escritores con las que hablamos dijeron también que es como sintonizar con la voz de otra persona, una persona que estuviera «hablando a través» de ellas. ¿Acaso nuestro discurso interior ordinario es más una cuestión de oír que de hablar?

Los hallazgos realizados con el MED sugieren que así podría ser. A lo largo de las décadas que lleva desarrollando su método, Russ Hurlburt cita varios casos en los cuales las personas informaban de algo parecido al discurso interior, pero con una cualidad que sugiere que lo que escuchaban se les estaba diciendo de algún modo, en lugar de estar hablándolo activamente la propia persona. Para afinar la distinción entre lo que denomina «habla interior» y «escucha interior»,[23] Russ utiliza la analogía de grabar y luego escuchar la propia voz en un dispositivo de grabación. El

22. Richard P. Bentall, *Madness Explained: Psychosis and human nature,* Londres: Allen Lane, 2003.

23. Russell T. Hurlburt, Christopher L. Heavey y Jason M. Kelsey, «Toward a phenomenology of inner speaking», *Consciousness and Cognition,* vol. 22, pp. 1477-1494, 2013; Simone Kühn, Charles Fernyhough, Ben Alderson-Day y Russell T. Hurlburt, «Inner experience in the scanner: Can high fidelity apprehensions of inner experience be integrated with fMRI?», *Frontiers in Psychology,* vol. 5, artículo 1393, 2014. Téngase en cuenta que también es posible escuchar sonidos interiormente que no sean verbales, como la música.

habla interior es la sensación de generar el lenguaje que se está produciendo, como cuando se habla ante el micrófono de una grabadora, y es la forma más habitual de discurso interior. Por otra parte, la escucha interior es más receptiva, como cuando uno escucha su propia voz hablando cuando le das al botón de reproducir en la grabadora. Claro está que no todos los participantes del MED dan cuenta de momentos de escucha interior (recuerda que algunos entrevistados del MED decían no experimentar discurso interior alguno), pero hemos observado el suficiente número de casos como para que resulte conveniente diferenciarla de los episodios de habla interior.

Una de nuestras participantes en Berlín, Lara, informó de varias de estas experiencias. Uno de sus bips la pilló describiéndose a sí misma en silencio, casi una experiencia extracorpórea: «Es como si me observara las manos a través de una tele». Había estado sentada en su escritorio, mirándose la mano izquierda y mirando el patrón de luces y sombras que generaba el escáner del despacho que había al lado. En otra ocasión, acostada en la máquina de IRM, se escuchó a sí misma diciendo «Todavía vale la pena», pensando en la problemática colaboración de un colega. En este ejemplo, sintió que lo que estaba experimentando era más escuchar que hablar, aunque había elementos de ambas cosas. Al igual que otras participantes MED, Lara comentó que la distinción «habla-escucha» no siempre era nítida, y que sus experiencias se podrían situar normalmente en un continuo entre esos dos extremos.

Lara había sido reclutada para una muestra de cinco voluntarios cuyo papel consistía en ayudarnos a averiguar si podríamos integrar el método MED con neuroimágenes. Nunca antes se habían combinado ambos métodos y, para hacerlo adecuadamente, los participantes tenían que estar muy bien entrenados en el método MED, y ser capaces de informar de forma clara y coherente acerca de su propia experiencia antes de intentar repetir el truco en el escáner. Lara tuvo cuatro días completos de muestreo en su entorno natural antes de ser sometida a los bips en el escáner, a la semana siguiente. Durante estos períodos, no se le dieron tareas específicas que hacer; simplemente tenía que yacer allí con los ojos abiertos sin pensar en nada en concreto (éste es el paradigma de «estado de reposo» estándar del neurocientífico). Aunque tenía que mantener la cabeza absolutamente quieta, montamos las cosas de tal manera que pudiera tomar notas en una libreta, pudiendo ver lo que escribía mediante la cuidadosa ubicación de algunos espejos. En cuatro puntos determinados durante cada sesión de 25 minutos, Lara escuchaba un bip al azar y tenía que tomar nota de sus impresiones en el instante anterior al bip, tal como se la había entrenado. Después de aquello, la ayudábamos a salir del escáner y la entrevistábamos acerca de los bips de la forma habitual. Al término de la jornada, pasaba por otra sesión de bips en el escáner, y ese patrón de dos sesiones de escáner al día se repitió durante cinco días en total.

Debido a que Lara experimentó bastantes casos de escucha interior, pudimos comparar las activaciones de su cerebro cuando escuchaba interiormente con las activaciones cuando hablaba interiormente. Tal como esperábamos, el área de Broca se activaba menos cuando estaba escuchando que cuando hablaba. Este hecho encaja con la idea de que el área de Broca se encarga de la parte del «habla» en el discurso interior. Aunque no pudimos llegar a conclusiones acerca de cómo podría operar la escucha interior en el cerebro sobre la base de un único estudio de caso, esta integración metodológica pudo suponer un importante paso adelante, pues nos mostró que los estudios con neuroimagen podrían en un futuro ampliarnos tales momentos de la experiencia interna tal como ocurren de forma natural.

¿Existe alguna otra manera de capturar la experiencia de la escucha interior sin tener que basarnos en el método, un tanto fastidioso, del MED? Bajo la inspiración de Russ Hurlburt, añadimos a nuestro cuestionario unos cuantos ítems nuevos diseñados para detectar estas cualidades del discurso interior. Ante la afirmación de «Cuando pienso con palabras, es más como si hablara que como si escuchara», alrededor del 90 por 100 de nuestras 1400 participantes respondieron afirmativamente de un modo u otro. En respuesta a la afirmación de «Cuando pienso con palabras es como si escuchara una grabación de mi voz», en torno a un quinto de nuestros participantes dijo que «con mucha frecuencia» o «siempre». Sólo en torno a un cuarto dijeron que no habían tenido nunca esta experiencia. Sin embargo, los nuevos ítems de la «escucha interior» no se agruparon en factor alguno, lo cual significaría que esta cualidad de la experiencia interior o bien no es lo suficientemente común como para que la detecte una medida de tipo autoinforme como el de nuestro cuestionario, o bien requiere de un método más sensible para poder detectarlo, como es el caso del MED.

Parece que al menos algunas personas experimentan su propio discurso interior de un modo similar al del Innombrable de Beckett, siendo a la vez el que habla y el que escucha en la narrativa de su consciencia. Todavía hay que hacer muchas más investigaciones sobre la pregunta de cómo funciona la escucha interior en el cerebro, y también sobre si las experiencias de Lara y de otras personas encajan con lo que los escritores describen cuando escuchan sus voces creativas. Russ se halla actualmente buscando novelistas profesionales que pudieran estar dispuestos a someterse al MED con él con el fin de ayudarnos a abordar esta pregunta. Ha hecho también muchísimo muestreo con personas que no escriben profesionalmente, pero que no obstante tienen mucho que decir sobre cómo suena el discurso interior en la cabeza durante el proceso de la escritura. Aunque todavía no lo ha estudiado sistemáticamente, sus muchos años de observaciones sugieren que el discurso interior es muy común cuando las personas están escribiendo. A los niños se les suele ver musitando las palabras, o incluso pronunciándolas en voz alta, cuando las plasman por escrito. Antes siquiera de empezar a escribir, mi hija Athena hablaba consigo misma mientras garabateaba en un papel, diciendo cosas repetitivas como «uno, dos, tres, cuatro» o «mamá, papá, yo», aunque lo que trazaba en el papel no se parecía todavía a lenguaje escrito en modo alguno. Aquello me indicó que Athena comprendía la conexión existente entre la palabra y el proceso de realizar marcas en un papel, algo que le vendría bien cuando comenzara a trabajar con la escritura formalmente en la escuela.

Estas observaciones casuales están respaldadas por investigaciones más sustanciales sobre el papel del discurso interior en el proceso de escritura. Un celebrado alumno de Vygotsky, el neuropsicólogo A. R. Luria, observó que, cuando se les pedía a los niños que escribieran con la boca abierta[24] o con la lengua fija entre los dientes, sus errores de escritura se incrementaban. El mismo Vygotsky observó que el discurso interior puede cumplir una función crucial en la preparación del lenguaje en voz alta, pero también como preludio de la redacción: «Frecuentemente, nos

24. A. R. Luria, *Higher Cortical Functions in Man,* Nueva York: Basic Books, 1966; L. S. Vygotsky, *Thinking and Speech,* en *The Collected Works of L. S. Vygotsky,* vol. 1 (Robert W. Rieber y Aaron S. Carton, eds.; Norris Minick, trad.), Nueva York: Plenum, 1987 (obra original publicada en 1934), p. 272.

decimos a nosotros mismos lo que vamos a escribir antes de hacerlo. Nos encontramos aquí con un simple boceto en el pensamiento». El proceso de escritura sería así un proceso de reexpansión de ese lenguaje del discurso interior fragmentario y condensado.

De hecho, un importante modelo psicológico de la escritura sostiene que ésta se apoya completamente en los procesos de lenguaje hablado,[25] lo cual significa que el discurso interior debe estar operando en esos momentos. En efecto, las habilidades de escritura en los niños, que se hallan en proceso de desarrollo, parecen rezagarse con respecto al lenguaje hablado, lo cual apuntaría a la idea de que primero hay que desarrollar este último antes de que puedan desarrollarse las habilidades de escritura. Los estudios que incluyen lesiones cerebrales muestran también que los déficits de escritura tienden a surgir como consecuencia de discapacidades en el lenguaje hablado, aunque no en todos los casos. En el caso del paciente descrito con anterioridad que había perdido la capacidad de palabra debido a una apoplejía, el discurso interior no le era necesario para la lectura, pero tampoco lo era para la escritura. Un ejemplo más sorprendente nos llega del estudio de un «cooperativo y animado» chaval de 13 años de Cerdeña,[26] que tenía una apraxia oral completa; es decir, una incapacidad total para hablar o producir cualquier sonido vocal. Sin embargo, el chico había adquirido las habilidades de lectura y de redacción habituales, y durante los siguientes diez años continuó desarrollándose normalmente, obtuvo un diploma en agricultura y, posteriormente, logró un empleo en una oficina local de la administración. Dado lo improbable que era que hubiera podido desarrollar el discurso interior, su caso sugiere insistentemente que la capacidad para hablar con uno mismo no es un requisito previo de la escritura.

---

25. M. Perrone-Bertolotti, L. Rapin, J.-P. Lachaux, M. Baciu y H. Lœvenbruck, «What is that little voice inside my head? Inner speech phenomenology, its role in cognitive performance, and its relation to self-monitoring», *Behavioural Brain Research,* vol. 261, pp. 220-239, 2014; Cynthia S. Puranik y Christopher J. Lonigan, «Early writing deficits in preschoolers with oral language difficulties», *Journal of Learning Disabilities,* vol. 45, pp. 179-190, 2012.
26. David N. Levine, Ronald Calvanio y Alice Popovics, «Language in the absence of inner speech», *Neuropsychologia,* vol. 20, pp. 391-409, 1982; Giuseppe Cossu, «The role of output speech in literacy acquisition: Evidence from congenital anarthria», *Reading and Writing: An interdisciplinary journal,* vol. 16, pp. 99-122, 2003.

Quizás no sea esencial, pero el discurso interior es, qué duda cabe, una útil herramienta en el proceso de escritura.[27] En un estudio diseñado para sondear esta conexión con más profundidad, James Williams, de la Universidad del Sur de California, identificó dos grupos de alumnos: uno por encima de la media y otro por debajo en un test estandarizado de habilidades de escritura. Los participantes tenían que escribir durante quince minutos sobre dos temas sucesivamente, siendo la primera de las tareas relatar todo lo que había ocurrido desde el momento en que habían entrado en el laboratorio, y la segunda discutir cómo habrían resuelto ellos la crisis de los rehenes con Irán (el estudio se llevó a cabo poco después de la crisis de Teherán de 1979-1981). Mientras los alumnos estaban escribiendo en silencio y pensando, Williams medía las activaciones electromiográficas de los músculos articulatorios de la lengua, el labio inferior y la laringe, tomándolas como un indicio del uso del discurso interior.

La lógica era que los alumnos variarían en la medida en que utilizaran el discurso interior para planificar sus frases, y que esto se correlacionaría con sus habilidades de escritura. Tal como se había pronosticado, el grupo con habilidades por debajo de la media mostró una menor activación electromiográfica durante las pausas de la tarea, cuando sería de esperar que un escritor hábil utilizara el discurso interior para planificar su siguiente fragmento de escritura. No era simplemente que los escritores menos habilidosos fueran menos proclives a utilizar el discurso interior en general, dado que sus activaciones eran en realidad más elevadas durante la escritura en sí. Todo esto encaja con la idea de que la palabra encubierta, tal como se mide mediante la actividad eléctrica en los músculos relevantes, facilita el proceso de producción de frases escritas. Cuanto más utilices el discurso interior para la planificación del discurso, mayor será la calidad de la prosa que produzcas.

Muchos escritores dicen que necesitan silencio para escribir. Yo mismo soy incapaz de componer textos con la música puesta, y cualquier conversación me distrae (como suelo observar cuando estoy intentando trabajar con mi ordenador portátil en el «vagón silencioso» de un tren).

---

27. James D. Williams, «Covert linguistic behavior during writing tasks», *Written Communication,* vol. 4, pp. 310-328, 1987.

Uno de los motivos de esto podría ser que las palabras pronunciadas por otras personas hablando a nuestro alrededor, o la letra de una canción, crean los que los psicólogos llaman el *efecto de la voz no atendida,*[28] según el cual hasta las palabras que no se escuchan pueden bloquear el componente del bucle fonológico del sistema de memoria de trabajo, interfiriendo así con nuestra capacidad para generar discurso interior. La música instrumental puede tener un efecto menor, dado que no desencadena el procesamiento automático de palabras en el cerebro. Sin embargo, en mi caso, hasta los ritmos de la música instrumental interrumpen los patrones del lenguaje que estoy intentando producir en mi cabeza. Algunos escritores menos exigentes dicen que pueden trabajar perfectamente bien con la música puesta, incluso con canciones. Es posible que tengan un modo de escritura más visual, menos susceptible a las interferencias verbales. En cualquier caso, sería peligroso dar por supuesto que estos procesos operan del mismo modo en todos los escritores, sean o no profesionales.

Tampoco deberíamos olvidar que una grandísima parte de lo que supone escribir lo constituye leer; no sólo la lectura de libros que ya están publicados, sino también de materiales propios. En un ensayo sobre el proceso de la escritura creativa, el novelista David Lodge observó que «el 90 por 100 del tiempo que se emplea nominalmente en "escribir" se emplea en realidad leyendo; leyéndote a ti mismo... Eso es esencialmente lo que diferencia el escribir del hablar».[29] Una parte del valor que tiene para un escritor el hecho de leer su propio trabajo, sobre todo después de no haber podido retomarlo durante algunos días, consiste en que le proporciona la oportunidad de valorar el efecto que puede tener sobre el lector. Varios de los escritores que participaron en nuestra encuesta dijeron que necesitaban escuchar las voces de sus personajes resonando en sus cabezas para poder concluir si habían plasmado el pasaje de forma correcta o no, y que la relectura es una de las maneras más importantes de llevar a cabo esa comprobación. Virginia Woolf solía hacerlo en su propio discurso privado. Louie Mayer, que fue cocinera y ama de llaves de Woolf

28. Pierre Salamé y Alan Baddeley, «Disruption of short-term memory by unattended speech: Implications for the structure of working memory», *Journal of Verbal Learning and Verbal Behaviour,* vol. 21, pp. 150-164, 1982.

29. David Lodge, «Reading yourself», en Julia Bell y Paul Magrs (eds.), *The Creative Writing Coursebook,* Londres: Macmillan, 2001.

durante varias décadas, decía que en ocasiones la escuchaba hablando sola en el baño del piso superior, poniendo a prueba las frases que había escrito la noche anterior: «Iba una y otra vez, y hablaba, hablaba y hablaba, haciendo preguntas y respondiéndose ella misma. Daba la impresión de que había dos o tres personas allí, con ella». El marido de Woolf, Leonard, le explicaba a la desconcertada ama de llaves que Virginia estaba simplemente poniendo a prueba su prosa en voz alta. Se repetía las frases una y otra vez porque «ella necesitaba saber si sonaban bien».[30]

Los escritores mantienen una relación compleja con las voces de su creatividad, y recurren a diferentes métodos para «desfamiliarizarse» de su propia prosa y verla a través de los ojos de un nuevo lector. Y sin embargo, como hemos visto, existen muchas formas en las cuales los escritores se pueden sorprender con las palabras que les llegan. Varias de las personas que respondieron a nuestro estudio de Edimburgo señalaron que, en ciertos aspectos, la experiencia estaba fuera de su control. Los personajes de ficción parece que adquieran voluntad propia, que tomen una existencia que pareciera ir más allá de la imaginación de la mente que los creó, del mismo modo que las personas que escuchan voces dicen que éstas se hallan en gran medida más allá de su propio control. Dickens le habló a su editor en Estados Unidos, Fields, sobre este tema, diciendo que «cuando los niños de su cerebro habían sido botados al mundo de una forma libre y meridianamente clara, en ocasiones se daban la vuelta de la forma más inesperada para mirar a su padre a la cara».[31] En una ocasión, Fields comentó recordar a Dickens exhortándole a cruzar la carretera con él para no toparse con el señor Pumblechook o el señor Micawber.

En el último capítulo, comenzamos a explorar lo que esta experiencia de voluntad propia de los personajes nos puede decir acerca del modo en que operan en la mente y el cerebro el discurso interior y la escucha de voces. Una forma de plantearse esta pregunta es en relación con otro tipo de alucinación que se considera normalmente como completamente benigna. Entre los cuatro y los diez años, entre un tercio y dos tercios de los niños juegan, hablan y tienen aventuras con personas que no existen. Conside-

30. Louie Mayer, en Joan Russell Noble (ed.), *Recollections of Virginia Woolf by Her Contemporaries,* Athens, Ohio: Ohio University Press, 1972.

31. Fields, «Some memories of Charles Dickens».

rado en otro tiempo como un fenómeno del cual los progenitores debían preocuparse, el tener amigos imaginarios[32] se considera ahora como algo completamente normal en el desarrollo infantil (tan normal como para que, cuando lo menciono en mis charlas, a veces hay madres o padres que preguntan si deberían preocuparse por el hecho de que su hija *no* tenga una amiga imaginaria). ¿Hasta qué punto los personajes generados por un novelista adulto no son como los compañeros de juegos imaginarios de un niño?

Esta pregunta la formuló una de las más importantes expertas mundiales en compañías imaginarias, Marjorie Taylor, de la Universidad de Oregón. Al cabo de muchos años de investigar el fenómeno en los niños, Taylor puso su atención en si los amigos imaginarios persistían en la edad adulta, particularmente entre las personas creativas. Hay algunas evidencias que vinculan a las compañías ficticias con los procesos imaginativos. En uno de esos estudios, los alumnos que recordaban haber tenido un amigo producto de su fantasía en la infancia puntuaron más alto en una medida de creatividad. En una muestra aparte de alumnos, aquellos que habían tenido un compañero imaginario obtuvieron puntuaciones más elevadas en una dimensión de personalidad que guarda relación con cuánto se absorbe la persona en sus propios actos de imaginación.

Una cosa de la que se percató Taylor en lo relativo a las compañías imaginarias de la infancia fue que con frecuencia se comportaban mal o se resistían a las exigencias de su infantil creadora.[33] Taylor y sus colegas

32. Marjorie Taylor, *Imaginary Companions and the Children Who Create Them,* Oxford: Oxford University Press, 1999; Lucy Firth, Ben Alderson-Day, Natalie Woods y Charles Fernyhough, «Imaginary companions in childhood: Relations to imagination skills and autobiographical memory in adults», *Creativity Research Journal,* vol. 27, pp. 308-313, 2015; Marjorie Taylor, Stephanie M. Carlson y Alison B. Shawber, «Autonomy and control in children's interactions with imaginary companions», en I. Roth (ed.), *Imaginative Minds: Concepts, controversies and themes,* Londres: OUP/ British Academy, 2007; Marjorie Taylor, Sara D. Hodges y Adèle Kohányi, «The illusion of independent agency: Do adult fiction writers experience their characters as having minds of their own?», *Imagination, Cognition and Personality,* vol. 22, pp. 361-380, 2003; Evan Kidd, Paul Rogers y Christine Rogers, «The personality correlates of adults who had imaginary companions in childhood», *Psychological Reports,* vol. 107, pp. 163-172, 2010.

33. Taylor *et al.,* «The illusion of independent agency»; John Fowles, *The French Lieutenant's Woman,* Londres: Triad/Panther, 1977 (obra original publicada en 1969),

observaron que esta misma cualidad de no-acatamiento es característica de las relaciones de algunos novelistas adultos con sus personajes. Se dice que Philip Pullman, por ejemplo, tuvo que negociar con un personaje en particular, la señora Coulter, para que le permitiera situarla en una cueva al principio de *El catalejo lacado.*[34] En su novela *La mujer del teniente francés,*[35] John Fowles señalaba: «Nuestros personajes y nuestros acontecimientos sólo cobran vida cuando comienzan a desobedecernos. Cuando Charles dejó a Sarah al borde del acantilado, le ordené que se fuera sin mirar atrás y que volviera a Lyme Regis. Pero no lo hizo; gratuitamente, se dio la vuelta y bajó a la Lechería».

Taylor entrevistó a cincuenta escritores acerca de cómo experimentaban la voluntad propia de sus personajes. La mayoría informó de algunos casos de personajes que se comportaban de formas que iban más allá del control de su autor, o lo que Taylor denominó la «ilusión de voluntad independiente». El 42 por 100 dijo que habían tenido compañías imaginarias en la infancia, una proporción más alta de la que suele aparecer cuando se formula esta pregunta a adultos en general. 5 de los 50 escritores dijeron que todavía conservaban sus amistades imaginarias de la infancia. El hecho de tener un historial de compañías imaginarias no predice cuán susceptible pueda ser el escritor a los personajes que se le rebelan, pero eso podría haberse debido a que la ilusión de voluntad independiente no era predominante en esta muestra. Los escritores cuyos libros habían sido publicados eran ligeramente más susceptibles a esta ilusión que aquellos que aún no habían visto su libro impreso, aunque las diferencias eran sólo marginalmente significativas.

Aunque nosotros estábamos preguntando acerca de personajes de ficción en lugar de compañías imaginarias, esta cualidad del no-acatamiento emergió también en nuestras entrevistas con escritores. Un escritor de ficción para adultos dijo, «Para mi deleite, mis personajes no coinciden conmigo, pues en ocasiones me piden que cambie cosas en la historia de lo que sea que esté escribiendo, y normalmente hablan como si tuvieran que

---

p. 86; «Inner Voices: How writers create character», BBC Academy podcast, www.bbc.co.uk/academy/production/article/art20141127135622425.

34. Publicado en castellano por Punto de Lectura. Barcelona, 2002. *(N. del T.)*

35. Publicado en castellano por Editorial Anagrama. Barcelona, 2012. *(N. del T.)*

hablar conmigo sólo para tenerme contenta». Una de las formas en que los escritores tenían la sensación de que quizás se habían «equivocado» era intentando poner palabras en la boca de un personaje que no fueran el tipo de cosas que ese personaje diría. Sin embargo, unos pocos de los escritores entrevistados sintieron que podían entablar un genuino diálogo con sus personajes. Quizás le podían plantear una pregunta al personaje como «¿Por qué estás haciendo eso?» o «¿Qué haces ahora?», sin esperar realmente, o sin obtener, una respuesta.

Esa naturaleza ligeramente unilateral de la relación salió a la luz en el caso de muchos escritores cuando la relación terminó. Algunos de nuestros entrevistados tuvieron algo parecido a una sensación de duelo cuando terminaron el libro y las voces guardaron silencio por fin, si es que lo hicieron. Un escritor de libros infantiles comentó que las voces de determinados personajes se habían introducido en los mundos de ficción de otras historias a las cuales no pertenecían: «A lo mejor estaba trabajando con un libro de una serie y, de repente, escuchaba (en mi mente) un comentario de otro personaje de una serie diferente. O quizás estaba escribiendo una situación y, súbitamente, escuchaba o pensaba lo que los diferentes personajes podrían responder ante aquello, aunque no pertenecieran a ese libro o a esa serie». El dramaturgo Nick Dear decía que escribió su monólogo sobre Jorge III, *In the Ruins (En las ruinas),* tras completar otra obra sobre el tema y descubrir que «el viejo no quería callarse». En una entrevista radiofónica, la guionista Sarah Phelps lo describió de esta manera: «Tienes una sensación de duelo absoluta y oscura cuando te das cuenta de que esas personas que estaban tan vivas ya no están ahí [...]. La gente que habita en tu cabeza es a menudo más real que la gente con la que te encuentras por ahí a diario. A veces lo sientes como una forma de locura».

Las voces de las alucinaciones pueden tener un papel similar al poblar los paisajes imaginarios por los que transita la gente. La académica Lisa Blackman me describió cómo las voces que su madre escuchaba poblaron su mundo de fantasía cuando era niña. Se convirtieron en sus compañeras de juegos,[36] unas visitantes e interlocutoras con los que estaba familia-

36. Lisa Blackman, *Immaterial Bodies: Affect, embodiment, mediation,* Londres: Sage, 2012, capítulo 6.

rizada. A su madre la estaban tratando con Largarctil (conocido también como clorpromazina) y con terapia electroconvulsiva; y, en su adolescencia, le ofrecieron a Lisa asesoramiento genético, cosa que rechazó. Una de las maneras en que la niña interactuaba con las voces de su madre era mientras jugaba con una caja de lápices de diferentes colores, tamaños y formas, cada uno de los cuales tenía un nombre y un carácter y personalidad diferenciados, basados en las voces de su madre. «Me podía pasar horas en mi dormitorio –me dijo Blackman– construyendo diferentes entornos y escenarios. Simplemente, me echaba en el suelo, tomaba diferentes lápices y los movía como si estuvieran hablando unos con otros. Ésa era mi vida de fantasía». A pesar de las dificultades que pudo suponer para ella crecer en un hogar con un progenitor que atravesaba problemas de salud mental, Lisa afirma que aprendió más de su madre durante su psicosis que en cualquier otro momento de su vida. En la actualidad, se describe a sí misma como «escuchadora de voces honoraria», en sintonía con la rica fascinación de las alucinaciones verbales auditivas a través de un tipo particular de experiencia personal.

Del mismo modo que los escritores utilizan las múltiples voces de su discurso interior para construir sus mundos de ficción, también pueden darle sentido a voces francamente más alucinadas. Para Patricia Waugh, las novelas son «mundos de ficción construidos a partir de voces»,[37] tanto de las voces ordinarias del discurso interior como las de las alucinaciones auditivas, más intrusivas y extrañas. Además, representar las voces de entidades ausentes puede ser un poderoso recurso de ficción. En la novela de Salman Rushdie *Los hijos de la medianoche,*[38] el protagonista, Saleem Sinai, escucha las voces de todos los otros niños que nacieron con las campanadas de la medianoche del día en que la India se dividió, creando literalmente un coro que habla de una nación dividida. Por su parte, William Golding, en su novela *Martín el náufrago,*[39] utiliza de forma indistinta voces interiorizadas y exteriorizadas para recrear la consciencia de su protagonista ahogado. En su primera novela, *The Comforters (Las consoladoras),* la novelista escocesa Muriel Spark utilizó la alucinación de

37. Patricia Waugh, «The novelist as voice-hearer», *The Lancet,* vol. 386, e54-e55, 2015.
38. Publicado en castellano por Debolsillo. Barcelona, 2005. *(N. del T.)*
39. Publicado en castellano por Editorial Magisterio. Barcelona, 1984. *(N. del T.)*

la voz de una máquina de escribir para crear un mundo de ficción en el cual la protagonista, la escritora Caroline, escucha cómo le narra sus propias actividades. Al igual que Woolf antes que ella, Spark escribía desde la experiencia personal. En torno a la época de su conversión al catolicismo, a principios de la década de 1950, se llegó a convencer de que el poeta[40] T. S. Eliot estaba intentando comunicarse con ella a través de mensajes codificados, evidencia de la misma confusión entre el mundo de ficción y el mundo real que acosa a Caroline en su novela.

Claro está que no hace falta que hayas escuchado voces alucinadas por ti misma para ser capaz de controlar su poder y crear ficción. Muchos de los escritores a los que entrevistó Jenny decían escuchar las voces de sus personajes, pero rara vez de forma tan abierta como en las experiencias de las que hablaban Spark y Woolf. ¿No será todo esto de las «voces de la creatividad» más que una metáfora? Convendrá ser cautos. Daniel B. Smith plantea que, cuando uno observa con cierta distancia cómo se han expresado estas ideas en el mundo occidental, las voces de la inspiración parecen ser menos sustanciales físicamente que aquellas que escuchó Hesíodo en el monte Helicón. El artista y poeta William Blake decía escuchar las voces de las entidades que le inspiraban, entre las cuales estaba la del fantasma de su hermano fallecido: «Con su espíritu converso a diario, y a cada hora [...]. Escucho sus consejos e incluso ahora escribo al dictado suyo».[41] En contra de algunas teorías actuales que afirman que el artista tenía alucinaciones de verdad, Smith sostiene que Blake hablaba metafóricamente intentando hacer más comprensible la inspiración artística a aquellas personas menos dotadas, y probablemente con cierta nostalgia por una época en la que a las Musas *se las escuchaba* de verdad hablar en voz alta.

---

40. *T. S. Elliot* Martin Stannard, *Muriel Spark*, Londres: Weidenfeld & Nicolson, 2009, p. 153.
41. William Blake, carta a William Hayley, 1800. Hayley había perdido recientemente a un hijo pequeño, y Blake intentaba consolarlo haciendo memoria de la pérdida de su propio hermano. Existen motivos, por tanto, para no tomarse de un modo excesivamente literal este relato, es decir, para no tomarlo como el relato de una alucinación. Es casi seguro que Blake tenía experiencias inusuales, pero este ejemplo demuestra que conviene estar en guardia para no tomarse de forma demasiado literal los posibles usos metafóricos de la «voz». *Véase* la discusión de la «voz de la conciencia». Michael Davis, *William Blake: A new kind of man,* Londres: HarperCollins, 1977; Smith, *Muses, Madmen, and Prophets,* capítulo 7.

Es hora de cerrar el círculo y volver sobre la cuestión con la que comenzábamos, y preguntar de nuevo si esas voces de la creatividad tienen realmente algo en común con las voces de las que se quejan los pacientes psiquiátricos. La restrictiva etiqueta de «alucinación» es, ciertamente, de un uso limitado aquí. Se supone que una alucinación es involuntaria, que está más allá del control de la persona que la experimenta; y, sin embargo, no está claro si habría que excluir necesariamente de esa definición a una compañía imaginaria con voluntad propia o un personaje de ficción disruptivo.

Muchas personas que escuchan voces, como Jay, dicen que tienen algún tipo de control sobre sus voces y que, de vez en cuando, les pueden dar la orden de marcharse y que vuelvan en otro momento concreto. Por tanto, ni siquiera algunas alucinaciones clásicas justifican realmente el término, como señala Oliver Sacks en relación con las múltiples experiencias de diversas modalidades que emborronan los límites entre alucinación, engaño e ilusión.[42] Se podría decir que una persona como Jay, que sabe lo que le ocurre y puede controlar su reacción ante ello, tiene simplemente un «insight» del que carecen otras personas. El problema es que, en ausencia de cualquier definición objetiva de *insight,* tal razonamiento no deja de ser circular.

Una cosa que sí que podemos decir de las experiencias de los escritores es que, en cierto sentido, van en busca de ellas. Habiendo terminado recientemente de escribir una novela, me doy cuenta de que ha habido muchas ocasiones en las que me he interpuesto activamente en el camino de esas voces. Al igual que Juliana de Norwich con sus revelaciones, los escritores se abren a la experiencia de formas que no se ven en los pacientes con alucinaciones auditivas. Es bien sabido que la imaginación[43] puede difuminar los límites entre la fantasía y la realidad, como lo evidencia el hallazgo de que los acontecimientos imaginados que nunca sucedieron incrementan la probabilidad de generar falsos recuerdos a partir de ellos. Dado el inmenso papel que la imaginación activa juega en el proceso, sería de todo punto conveniente no precipitarse en llegar a la conclusión de que los escritores están teniendo el mismo tipo de experiencias que las personas

42. Oliver Sacks, *Hallucinations,* Londres: Picador, 2012.

43. Charles Fernyhough, *Pieces of Light: The new science of memory,* Londres: Profile, 2012.

que escuchan voces. Ése fue uno de los motivos por los que las entrevistas personales de Jenny con escritores profesionales fueron tan valiosas, en la medida en que le permitieron obtener un relato del proceso creativo más sobrio del que hubiéramos podido extraer a partir de los cuestionarios o de las entrevistas de promoción de sus libros.

Deberíamos ver las voces de la creatividad como un fértil diálogo interior, en el cual las perspectivas de la experiencia y la memoria se unen de formas variadas, problemáticas y regeneradoras. Esa interpretación es válida, según creo, incluso cuando la sensación es la de escuchar subrepticiamente una voz, en lugar de entablar activamente una conversación con ella. Aunque estas voces pueden portar con frecuencia un potente sabor de «otredad», las voces proceden del interior, todas ellas. Ver cómo encajan es algo parecido a ensamblar un yo:[44] «No es como un sistema endocrino –como dice Patricia Waugh–, sino como una experiencia que cubre cuerpo, mente, entorno, lenguaje y tiempo». Hilary Mantel expresa de forma muy bella este acto de autocreación: «Hay veces en que siento que cada mañana tengo que escribirme para ser [...]. Cuando has entregado suficiente número de palabras al papel tienes la sensación de tener una espina dorsal lo bastante fuerte como para erguirte frente al viento. Pero cuando dejas de escribir te das cuenta de que eso es todo cuanto eres, una espina dorsal, una hilera de vértebras crujientes y secas como el cálamo de una pluma».

Estaría bien que las últimas palabras, de momento, nos lleguen de otra novelista. Jeanette Winterson escribió sobre sus propias experiencias en su autobiografía *Por qué ser feliz cuando puedes ser normal:*[45] «Con frecuencia escucho voces. Soy consciente de que eso me sitúa en la categoría de las locas, pero no me preocupa demasiado. Si tú crees, como yo, que la mente quiere sanarse, y que la psique busca la coherencia y no la desintegración, no te resultará difícil llegar a la conclusión de que la mente manifestará cualquier cosa que sea necesaria para trabajárselo».[46] En una

44. Waugh, «Hilary Mantel and Virginia Woolf'; Hilary Mantel, *Giving up the Ghost: A memoir,* Londres: Harper Perennial, 2004, p. 222.

45. Publicado en castellano por Editorial Lumen. Barcelona, 2012. *(N. del T.)*

46. Jeanette Winterson, *Why be Happy When You Could be Normal?* Londres: Jonathan Cape, 2011, p. 170; entrevista con Jeanette Winterson, *Lighthousekeeping,* Harcourt Books, www.harcourtbooks.com/authorinterviews/bookinterview_Winterson.asp.

entrevista realizada en 2004, dijo, «Los escritores han de tener el don de escuchar. Yo tengo que ser capaz de escuchar lo que me dicen las voces que creo. Justo al otro lado de la creatividad se encuentra el manicomio, y con frecuencia me percato de que la gente me mira de forma extraña cuando estoy hablando en voz alta, pero no hay más remedio».

13

MENSAJES DEL PASADO

—No sé. Suena a chifladura, pero a veces él dice cosas que son realmente divertidas.

La que habla así es Margaret, una mujer de setenta y tantos años con una cara resplandeciente y una sonrisa amable. Hoy ha venido con su hija, que está desesperada por encontrar ayuda para su madre, que escucha voces frecuentemente. Somos alrededor de veinte personas en la sala. Aparte de un par de psicólogos clínicos y unos cuantos de nosotros, del equipo académico, todo el mundo aquí es un experto por experiencia. Nos hemos reunido en una sala de conferencias de la Universidad de Durham, durante una fría y chispeante tarde de primavera. Estamos organizando el evento junto con nuestra invitada especial Jacqui Dillon, presidenta de la UK Hearing Voices Network (Red Escuchando Voces del Reino Unido) y una vieja amiga de nuestro proyecto.

—Sí, mi voz también dice cosas divertidas.

Antes de que entrara en esta habitación, Margaret nunca había conocido a otra persona que escuchara voces. Ahora está rodeada de ellas. Veo que conversa animadamente con Julia, una escritora de una edad similar que ha venido en varias ocasiones a contarnos cosas sobre sus experiencias. Dos ancianas damas, tomando té y conversando acerca de las voces de su cabeza. Julia es una veterana, pero Margaret es un territorio completamente inexplorado. Se la ve radiante, transformada. Tengo la sensación de que una existencia podría estar cambiando delante de mis ojos.

Tampoco es que esté teniendo un día aburrido. He estado hablando con un hombre de mediana edad y tez oscura que tiene el hábito de reírse para sí mientras habla. Dice que sus voces le han salvado la vida... dos veces. (No amplía detalles). A Alison también le salvó la vida una voz. Ella tiene cuarenta y tantos años, con el pelo gris muy corto y una expresión severa que se transforma en una generosa sonrisa cuando entablas conversación con ella. En una vida anterior fue una ratera que robaba cosas en las tiendas, y en una ocasión oyó una voz que le gritaba «¡Alto!», mientras huía calle abajo de la escena de un hurto. Ella se detuvo y, cuando dio la vuelta a la esquina, vio a un automóvil estampándose contra la pared justo delante de ella, derribando un poste de la luz. Alison cree que algunas de sus voces tienen un origen interno, y que otras son el resultado de conectar con lo que ella llama la «consciencia cósmica». Dice que nuestras mentes y las mentes de todos los seres vivos están conectadas en una singular unidad del ser. No estoy seguro de compartir su punto de vista, pero creo en sus explicaciones. Creo que ella lo cree y que eso le es útil.

El evento de hoy es para establecer vínculos, para personas que tienen la experiencia pero que todavía no han asistido a un grupo de escucha de voces. Se está hablando mucho de aprovechar la oportunidad para poner en marcha nuevos grupos, y se intercambian números de teléfono. Los grupos de escucha de voces los montan y los dirigen personas que han tenido la experiencia por sí mismas –lo cual me excluye–, de modo que esto es lo más cerca que voy a poder estar de asistir personalmente a un grupo. En el otro extremo de la sala está Simon, que tiene dificultades de aprendizaje, provocadas por el síndrome X Frágil. Su cuidadora nos dice que Simon se frustra porque cree que todos los demás pueden escuchar sus voces, y que la gente que le rodea finge que no las oye porque quieren tomarle el pelo. La cuidadora es de una organización benéfica que trabaja con personas con discapacidades intelectuales, pero ella, como la mayoría de sus colegas, no tiene formación ni experiencia en la escucha de voces. Ha venido para intentar recoger algunas ideas para ayudar a Simon a que gestione sus voces. Simon se echa a reír cuando Adam, contándole al grupo sus experiencias, jura y perjura mientras explica las trastadas que le hace el Capitán. Adam es también un viejo amigo de nuestro proyecto, y habla a la gente nueva como un experto; alguien que, como Jacqui, ha pasado por el sistema psiquiátrico y ha salido por el otro extremo, para vivir confortablemente, aunque no exactamente feliz, con sus voces.

Otro participante, Richard, comenzó a escuchar voces tras una conversación en el trabajo. Las personas que estaban hablando se fueron al otro extremo de la oficina, pero sus voces se quedaron allí, con él. Decían cosas acerca de la esposa de Richard, y de las aventuras que ella había estado teniendo, supuestamente, a sus espaldas. Richard abandonó la oficina y se fue directamente a casa a confrontar a su mujer. La acalorada discusión que vino a continuación terminó con Richard en un calabozo de la policía, donde las voces continuaron hablando. La cosa terminó en delirio, con un diagnóstico de esquizofrenia paranoide. Él cree que sus dos episodios de psicosis vinieron como consecuencia del estrés, generado entre otras cosas por las dificultades de su matrimonio y por la presión de tener que sacar adelante a su familia. Cuando escuchaba las voces era como si escuchara a alguien en la misma habitación en la que estaba él. Como parte de su recuperación, se le invitó a que escribiera una narración de sus experiencias. «Me acuerdo de estar tomando el té con mi madre cuando, de repente, apareció una voz en mi mente. Era una dirección [de una calle] y era muy clara [...]. Me acuerdo que miré hacia arriba, como si mirara a mi cerebro, y me eché a reír. Me acuerdo que dije, "Te estás echando unas risas", como si hablara con mi cerebro/mente. Me preguntaba qué demonios estaba pasando, porque las voces eran muy claras, casi retumbaban en mi cabeza».

Muchas de las personas presentes en el evento de hoy tienen historias de estrés y traumas que contar. Los grupos como éste se reúnen en torno a una suposición de entrada: que las voces tienen sentido, y que transmiten valiosos mensajes emocionales. La idea de que las voces pueden tener un profundo significado humano tiene unas hondas raíces, donde destaca, por ejemplo, el argumento del psicoanalista Carl Jung de que las alucinaciones contienen un «germen de significado»[1] que si se identifica con precisión, puede marcar el inicio de un proceso de sanación. Pero esto es antitético al punto de vista tradicional biomédico de la psiquia-

1. Carl Jung, *Memories, Dreams, Reflections* (registrado y editado por Aniela Jaffé; Richard y Clara Winston, trad.), Londres: Collins and Routledge & Kegan Paul, 1963, p. 127.

tría, que tiende a ver las voces como desperdicios neurales, como fallos absurdos del cerebro. En el emocionante y desgarrador libro de Eleanor Longden, *Learning from the Voices in My Head (Aprendiendo de las voces de mi cabeza),* basado en su popular charla TED, esta mujer cuenta cómo un brote psicótico siendo estudiante la llevó hasta un diagnóstico de esquizofrenia, enfermedad de la cual le dijeron que jamás se recuperaría. La primera voz que escuchó Eleanor fue benigna, y comentaba sus acciones en tercera persona: «Ella está abandonando el edificio».[2] «Está abriendo la puerta». La voz siguió siendo neutral, pero incrementó su frecuencia y, ocasionalmente, reflejaba las propias emociones no expresadas de Eleanor, adoptando entonces un tono irritado, por ejemplo, para reflejar la cólera reprimida de su anfitriona. Cuando Eleanor le habló de su voz a una amiga fue cuando comenzó a establecer una relación positiva con ella. Instaron a Eleanor para que buscara ayuda médica, y un colega médico la remitió a un psiquiatra; aquél fue el inicio de un viaje que la llevó de ser una alumna intachable y con magníficas notas a convertirse en una paciente psiquiátrica acobardaba y deteriorada. Un ayudante de psiquiatría le dijo a Eleanor que hubiera sido preferible que hubiera tenido un cáncer a esquizofrenia, «porque el cáncer es más fácil de curar».

Al igual que muchísimas otras personas, Eleanor se ha beneficiado mucho del marco alternativo que ofrece el Movimiento Escuchando Voces a la hora de entender su problema. Después de sus siniestros días en el hospital, se puso en las manos de un psiquiatra bien informado, Pat Bracken, que la ayudó a comprender sus voces no como síntomas de una enfermedad, sino como estrategias de supervivencia. Eleanor había sido maltratada por sus experiencias, y su psique estaba luchando por adaptarse. Comenzó a comprender que sus voces eran el resultado de una tortura sexual horrible y organizada que había padecido siendo niña. «Fue una blasfemia –escribió refiriéndose a los abusos sufridos–, una profanación inenarrable; y lo que quedó fue una niña pequeña con la mente rota y destrozada en un millón de minúsculos pedazos». Eleanor creció hasta convertirse en una joven organizada y con éxito en los estudios, experta en presentar una faz serena ante el mundo. Pero por detrás de la fachada había una mente destrozada por una «guerra civil psíquica».

---

2. Eleanor Longden, *Learning from the Voices in My Head,* TED Books, 2013.

Con la ayuda de Bracken, Eleanor tomó la determinación de darle sentido a sus voces. Aprendió del psiquiatra holandés Marius Romme que las voces son mensajeras[3] que comunican información importante acerca de problemas emocionales no resueltos.[4] En la metáfora de Romme, no tiene sentido dispararle al mensajero simplemente porque el contenido del mensaje sea desagradable. En lugar de eso, el enfoque del Movimiento Escuchando Voces consiste en animar a las personas que escuchan voces para que intenten comprender los acontecimientos que llevaron a la angustia emocional que las voces expresan. «Lo que deberíamos preguntarnos –dice Longden– no es "¿Cuál es tu problema?", sino "¿Cuál es tu historia?"».

El movimiento tiene sus orígenes en una peculiar relación terapéutica que Romme tuvo con una de sus pacientes, una joven holandesa llamada Patsy Hage. Como médico de formación convencional, Romme no podía ver las perturbadoras y destructivas voces de Hage más que como los absurdos síntomas de una enfermedad biomédica. Pero Hage insistió en que sus voces eran tan reales y significativas como las deidades a las que rezaban las personas que la rodeaban. A Hage le había influido mucho la teoría de Julian Jaynes acerca de nuestros antepasados en la época de la *Ilíada,* quienes, según él, escuchaban realmente a los dioses; y se convenció por lo mucho que sus experiencias se parecían a lo que Jaynes decía que había sido, en otro tiempo, el modo estándar de pensamiento. Tal como se lo explicó a Romme, la epifanía que la llevó a comprender sus extrañas voces fue el darse cuenta de algo muy simple: «¡No soy una esquizofrénica, soy una griega de la antigüedad!».

---

3. Marius A. J. Romme y Sandra D. M. A. C. Escher, «Hearing voices», *Schizophrenia Bulletin,* vol. 15, 209-216, 1989; Marius Romme, Sandra Escher, Jacqui Dillon, Dirk Corstens y Mervyn Morris (eds.), *Living with Voices: Fifty stories of recovery,* Ross-on-Wye: PCCS, 2009; Dirk Corstens, Eleanor Longden, Simon McCarthy-Jones, Rachel Waddingham y Neil Thomas, «Emerging perspectives from the Hearing Voices Movement: Implications for research and practice», *Schizophrenia Bulletin,* vol. 40, supl. n.º 4, pp. S285-S294, 2014; Gail A. Hornstein, *Agnes's Jacket: A psychologist's search for the meaning of madness,* Emmaus, PA: Rodale Press, 2009.
4. Louis Jolyon West, «A general theory of hallucinations and dreams», en L. J. West, ed., *Hallucinations,* Nueva York: Grune & Stratton, 1962; Simon McCarthy-Jones, *Hearing Voices: The histories, causes and meanings of auditory verbal hallucinations,* Cambridge: Cambridge University Press, 2012.

El punto de vista de Romme sobre su paciente comenzó a cambiar, y empezó a tomarse sus testimonios más en serio. Cuando aparecieron juntos en la televisión holandesa para hablar del trabajo que habían estado haciendo y para pedir a las personas que escuchan voces que se pusieran en contacto con ellos, hubo una respuesta abrumadora. Alrededor de 150 de las personas que contactaron con ellos habían descubierto una u otra manera de vivir contentas con sus voces. A medida que el movimiento crecía, sus principios básicos comenzaron a tomar consistencia: que escuchar voces es un aspecto común de la experiencia humana; que puede ser angustioso, pero que no es inherentemente un síntoma de enfermedad; y que las voces portan mensajes acerca de verdades emocionales y de problemas que, tomándose a las voces en serio y con el apoyo adecuado, pueden ser resueltos. En palabras de Lisa Blackman, las voces «dicen lo indecible». Por desagradables y angustiosas que sean, las voces portan una información que precisa ser escuchada.

El método que Romme y su compañera de investigaciones, Sandra Escher, desarrollaron trabajando con personas que escuchan voces se conoce ahora como «el enfoque de Maastricht». «Preguntamos por el significado de las voces –me dijo el propio Romme–, con el foco puesto en sus características particulares». Escher recoge la historia: «En nuestros primeros estudios, preguntábamos qué decían las voces, a quiénes representaban y cómo se habían desarrollado. Y luego intentábamos relacionar aquello con lo que había ocurrido en la vida de la persona y de qué modo le había influido emocionalmente. Alrededor del 90 por 100 de las personas con las que trabajamos tenían evidentes problemas emocionales». En la entrevista de Maastricht se hacen preguntas acerca de las diferentes voces que se escuchan, de la edad en la cual aparecieron, de las experiencias personales adversas y de cómo aparecen las voces ante diferentes desencadenantes. Yo mismo he utilizado la entrevista con una persona que escucha voces, como parte de la formación que Sandra Escher dirigió cuando ella y Marius fueron invitados nuestros en la Universidad de Durham, y ciertamente es mucho más detallada que la mayoría de los instrumentos diseñados hasta la fecha para evaluar estas experiencias. Particularmente notable es el hecho de que les pregunten a las propias personas que escuchan las voces cuál es su interpretación sobre el origen de éstas, con opciones de respuesta entre las que se encuentran la emanación de las voces desde una persona real, entidades sobrenaturales como dioses, fantasmas, ángeles, espíritus y demonios, y la expresión de un dolor sentido por otras personas. El objetivo último de la entrevista es crear lo que Romme y Escher llaman un «constructo», una descripción detallada de las experiencias de la persona y de su relación con los acontecimientos de su vida.

Buscar el origen de estas experiencias en acontecimientos traumáticos es un enfoque poderoso para muchas personas que escuchan voces. Después de sus primeras experiencias siendo acosado en la escuela, cosa que le confirmó el hecho de ser una persona sensible, Adam se alistó en la Artillería Real. Casi de la noche a la mañana, al frágil escolar se le pidió que se convirtiera en un hombre agresivo. Durante su entrenamiento, Adam comenzó a tener problemas para controlar su ira, destrozó su dormitorio en varias ocasiones y daba puñetazos en el suelo en sus ataques de cólera. En vez de ir a un curso para la gestión de la ira en el que se había inscrito, se presentó voluntario para la guerra de Irak, asumiendo un papel en la escolta del comandante de la batería y proporcionando cobertura a su sargento de señales mientras se desplazaba por el sur del país. Durante este *tour*, recibió mucho apoyo y un valioso tratamiento psiquiátrico, pero las cosas se deterioraron mucho tras su regreso de Irak en 2004. Dejó el Ejército en 2007 y aceptó un empleo como operario de fundición, haciendo conducciones especializadas de gas y de petróleo. Pero, aunque disfrutaba de su trabajo, las voces regresaron con una fuerza renovada. Eran ruines y críticas, sobre todo el Capitán, que no le ha dejado desde entonces.

Adam tomó parte en el curso de formación de Sandra Escher en Durham, que culminó con un acontecimiento público en el cual las personas que escuchaban voces contaban la historia de su recuperación. Hasta cuando Adam estaba escribiendo su historia, manifestando su esperanza de que algún día pudiera desterrar sus voces, el Capitán estaba intentando persuadirle para que borrara lo que había escrito: «¡Joder, voy a estar aquí para siempre!». Trabajando con Sandra, Adam empezó a comprender sus experiencias, tomando conciencia de que todo aquello procedía del acoso que había sufrido en la escuela. Pero, para él, el viaje de recuperación fue aún más lejos. Con nuestra ayuda, hizo un cortometraje de sus experiencias, *Adam Plus One (Adam más uno)*, que desde entonces hemos proyectado en multitud de contextos para intentar aminorar el estigma social sobre estas personas. Cuando la presentadora de la BBC Sian Williams le preguntó a Adam qué tipo de persona sería él sin el Capitán, Adam no encontró respuesta. «Lo único que sé ahora es que soy una persona que escucha voces [...]. Eso es lo que soy. Y no creo que haya nadie que quiera desprenderse de su propia identidad. No creo que me gustara estar en un lugar de la mente donde él no estuviera. Sí, hay veces en que el Capitán es muy molesto, y me hace sentir muy incómodo. Pero no tengo ni idea de quién sería yo sin él».[5]

El objetivo del Movimiento Escuchando Voces es, según las propias palabras de Jacqui Dillon, «difundirse como un incendio».[6] Hay redes en 23 países y, actualmente, hay más de 180 grupos de escuchando voces sólo en Reino Unido. El movimiento se está estableciendo también en Estados Unidos. Cuando estuve en *Radiolab,*[7] de la Radio Pública Nacional, en 2010, para hablar de la escucha de voces, los productores intentaron encontrar a alguien de algún grupo de escuchando voces para hablar con él, y no encontraron grupos en la ciudad de Nueva York. (A principios de 2015, ya existían seis grupos). La organización tiene planes bastante avanzados para crear redes regionales y fomentar un crecimiento acelerado del movimiento al otro lado del Atlántico. Con estos avances en la patria de la psiquiatría biológica, el movimiento ha adquirido talla de fenómeno mundial.

Una de las piedras angulares del movimiento, con el que Jacqui y Eleanor están estrechamente vinculadas, es su teoría acerca de dónde vienen las voces, según la cual éstas tienen sus raíces en acontecimientos traumáticos que han llevado a problemas emocionales no resueltos. A primera vista, este enfoque podría parecer completamente diferente de la idea de que las voces son el resultado de un procesamiento atípico del discurso interior. En lugar de apuntar al procesamiento del lenguaje y a las redes de percepción del discurso en el cerebro, sugiere que deberíamos buscar un enlace con determinados recuerdos traumáticos. Clínicamente, y desde las evidencias obtenidas a través de testimonios personales, esto tiene

---

5. Entrevista en el programa *Saturday Live* de BBC Radio 4, 2 de marzo de 2013.
6. Entrevista con Jacqui Dillon, 25 de noviembre de 2013.
7. «Voices in Your Head», *Radiolab,* 7 de septiembre de 2010.

perfecto sentido. Sin embargo, ¿qué apoyo científico tiene la idea de que las voces guardan relación con recuerdos del pasado?

Una forma de abordar esta cuestión es preguntarnos si las experiencias de escucha de voces tienen la cualidad de recuerdos.[8] Simon McCarthy-Jones y sus colegas analizaron una serie de entrevistas en profundidad fenomenológicas de casi 200 personas con alucinaciones auditivas, la mayoría de las cuales tenían un diagnóstico de esquizofrenia. Más de un tercio de estas personas dijeron que sus voces parecían, en ciertos aspectos, como una reposición de conversaciones previas con otras personas. Pero sólo una minoría de este grupo pensaba que sus voces implicaban reproducciones literales de experiencias previas, en tanto que la mayoría afirmaba que lo que escuchaban era «similar».

Una aproximación alternativa consiste en ver si las personas que escuchan voces muestran alguna diferencia en el modo en que procesan los recuerdos.[9] Flavie Waters y sus colegas en la Universidad de Australia Occidental plantean que las alucinaciones auditivas son el resultado de un fallo en la inhibición de recuerdos que no son relevantes para lo que la persona está haciendo en estos momentos. La idea, que ha obtenido apoyos en los estudios experimentales de Waters, es que a las personas que tienen tales experiencias se les da bastante mal mantener fuera de la consciencia la información irrelevante. Junto con un problema en la memoria de contexto –que hace referencia a la capacidad de recordar los detalles del contexto en el cual sucedió un acontecimiento–, esto podría llevar a que los recuerdos se introdujeran en la consciencia despojados de sus anclajes contextuales, que normalmente nos permitirían reconocerlos como un recuerdo en vez de como una alucinación.

Otra línea de evidencias procede de las asociaciones con el trauma. Existen actualmente evidencias potentes de la existencia de un vínculo entre la escucha de voces y determinadas adversidades en la infancia,

---

8. Simon McCarthy-Jones, Tom Trauer, Andrew Mackinnon, Eliza Sims, Neil Thomas y David L. Copolov, «A new phenomenological survey of auditory hallucinations: Evidence for subtypes and implications for theory and practice», *Schizophrenia Bulletin,* vol. 40, pp. 231-235, 2014.
9. Flavie A. Waters, Johanna C. Badcock, Patricia T. Michie y Murray T. Maybery, «Auditory hallucinations in schizphrenia: Intrusive thoughts and forgotten memories», *Cognitive Neuropsychiatry,* vol. 11, pp. 65-83, 2006.

particularmente abusos sexuales en los primeros años.[10] En un estudio reciente, dirigido por Richard Bentall, la violación infantil se vinculó de forma potente y específica con alucinaciones en las etapas posteriores de la vida. Para ofrecer un indicio de la fuerza de la relación, Bentall la asemejó a la del tabaco y el cáncer de pulmón. Se observó también una relación dosis-respuesta; es decir, cuanta más adversidad afrontaba la persona, mayor era el riesgo. «Las relaciones dosis-respuesta se consideran una evidencia bastante buena de que el efecto es causal –me dijo Bentall–, porque no se pueden explicar fácilmente de otra manera. Por tanto, el hallazgo de es más probable que escuchen voces las niñas que experimentan múltiples traumas que aquellas que sólo experimentan un único acontecimiento traumático nos permite mostrarnos confiados en que el trauma juega un papel causal».

Sin embargo, con todo, existen razones para ser precavidos. «La causa es algo difícil de fijar –explica Bentall–. En este caso podemos mostrarnos bastante confiados, aunque no podamos tener un 100 por 100 de certidumbre, de que el efecto es causal. Pero, evidentemente, esto no quiere decir que los traumas causen siempre voces, o que sea la única causa de las voces». Aunque la literatura existente sobre la memoria en el trauma[11] es enormemente compleja, el punto de vista de la causación está apoyado por la evidencia de que las imágenes y las impresiones de acontecimientos horribles pueden permanecer en un estado libremente flotante, listas para introducirse en la consciencia separadas de la información contextual que permitiría a la persona reconocerlas como recuerdos.

Otra ventaja que la explicación de la memoria tiene sobre el discurso interior es que este último tiene dificultades para explicar las alucinaciones auditivas no-verbales, como las de escuchar música, ladridos de

---

10. Richard P. Bentall, Sophie Wickham, Mark Shevlin y Filippo Varese, «Do specific early-life adversities lead to specific symptoms of psychosis? A study from the 2007 The Adult Psychiatric Morbidity Survey», *Schizophrenia Bulletin,* vol. 38, pp. 734-740, 2012. Acerca de un reciente metaanálisis, véase A. Trotta, R. M. Murray y H. L. Fisher, «The impact of childhood adversity on the persistence of psychotic symptoms: A systematic review and meta-analysis», *Psychological Medicine,* vol. 45, pp. 2481-2498, 2015.
11. Charles Fernyhough, *Pieces of Light: The new science of memory,* Londres: Profile, 2012, capítulo 10.

perros, gritos, clics, zumbidos, sonido de agua o el murmullo de una multitud. En el estudio de McCarthy-Jones, un tercio de los participantes informaron tener este tipo de alucinaciones. A menos que pretendamos afirmar que la experiencia interior ordinaria incorpora también tales sonidos, va a ser difícil de explicar cómo este tipo de alucinaciones pueden ser el resultado de un discurso interior mal atribuido.

Sin embargo, la explicación de la memoria se enfrenta también a serios problemas. Por una parte, tiene que explicar de qué modo permanecen aletargados durante tantos años los recuerdos de acontecimientos horribles hasta que vuelven a la superficie al principio de la edad adulta, que es cuando más diagnósticos de trastornos como la esquizofrenia se realizan. Otro problema es que la memoria, simplemente, no funciona así. La creación de un recuerdo es un proceso reconstructivo[12] que implica la conjunción de multitud de diferentes fuentes de información, algunas de las cuales se incluyen erróneamente, a pesar de no figurar en el acontecimiento original en absoluto. Se nos da especialmente mal, incluso tras un corto período de tiempo, recordar las palabras exactas que la gente nos dice, pues tendemos a recordar la esencia de los mensajes, en lugar de la información literal. Esto resultaría problemático si intentáramos plantear que las voces son reproducciones literales de conversaciones previas. En general, la idea de que un recuerdo traumático puede reproducir fielmente los detalles del acontecimiento para reactivarse décadas después no encaja con lo que sabemos acerca del modo en que recordamos.

El eslabón perdido entre el trauma y la escucha de voces podría ser un fenómeno psicológico conocido como disociación.[13] Descrito por vez primera por el psiquiatra francés Pierre Janet a finales del siglo XIX, la disociación hace referencia a aquel fenómeno en el que pensamientos, sentimientos y experiencias no se integran en la consciencia de la manera

---

12. Fernyhough, *Pieces of Light.*

13. Pierre Janet, «L'anesthésie systématisée et la dissociation des phénomènes psychologiques», *Revue Philosophique de la France et de l'Étranger,* T. 23, pp. 449-472, 1887; Onno van der Hart y Rutger Horst, «The dissociation theory of Pierre Janet», *Journal of Traumatic Stress,* vol. 2, pp. 397-412, 1989; Marie Pilton, Filippo Varese, Katherine Berry y Sandra Bucci, «The relationship between dissociation and voices: A systematic literature review and meta-analysis», *Clinical Psychology Review,* vol. 40, pp. 138-155, 2015.

habitual. La conexión con la escucha de voces proviene del hallazgo de que las personas que viven acontecimientos horrorosos suelen experimentar el trauma de un modo disociado. Escindirse en partes separadas es uno de los más poderosos mecanismos de defensa de la mente. Es como si la psique realizara un intento drástico por alejarse del horror que está viviendo; drástico porque supone, efectivamente, que la psique se parte en pedazos.

Las investigaciones científicas sugieren que la disociación podría actuar de puente entre el trauma y la escucha de voces. En un estudio del grupo de Richard Bentall se preguntó a un grupo de pacientes con un trastorno del espectro de la esquizofrenia y a un grupo de control formado por no-pacientes acerca de la susceptibilidad a las alucinaciones, las tendencias disociativas y los traumas en la infancia. El análisis confirmó los hallazgos previos de que los abusos sexuales en la infancia estaban relacionados con las alucinaciones, y demostraron a través de análisis estadístico que la relación estaba «mediada» por la disociación.[14] La mediación es un término estadístico que hace referencia a cómo el factor A se relaciona con el factor C debido al modo en que ambos se relacionan con el factor B. El análisis de Bentall es consistente con (aunque no demuestra) la idea de que el trauma (factor A) provoca una disociación (factor B) que es la que provoca las alucinaciones (factor C), en vez de que el trauma provoque las alucinaciones directamente.

Los investigadores también han utilizado el hecho de que la disociación varía en la población general, del mismo modo que lo hace la escucha de voces. En un estudio realizado con nuestro cuestionario de discurso interior, pedimos a un grupo de estudiantes de grado voluntarios que contestaran también a un instrumento denominado Escala de Experiencias Disociativas, que valora la experiencia de la persona en un rango de estados disociativos (por ejemplo, descubriendo que no tienes recuerdos de un acontecimiento importante en tu vida, como la boda o la

14. Filippo Varese, Emma Barkus y Richard P. Bentall, «Dissociation mediates the relationship between childhood trauma and hallucination-proneness», *Psychological Medicine,* vol. 42, pp. 1025-1036, 2012; Ben Alderson-Day *et al.,* «Shot through with voices: Dissociation mediates the relationship between varieties of inner speech and auditory hallucination proneness», *Consciousness and Cognition,* vol. 27, pp. 288-296, 2014.

graduación). Descubrimos que la disociación mediaba el vínculo entre la propensión a las alucinaciones auditivas y dos de nuestros factores del discurso interior; concretamente, el que se relaciona con la evaluación de tu propio comportamiento y el que describe la presencia de otras personas en tu discurso interior. Es decir, el discurso interior (factor A) guardaba relación con la disociación (factor B), que a su vez guardaba relación con la escucha de voces (factor C). Aunque en este estudio no hicimos medición alguna del trauma infantil (algo ciertamente difícil de hacer con un cuestionario), nuestros hallazgos sustentan la idea de que la disociación es un mecanismo importante a la hora de explicar por qué algunas personas escuchan voces.

Quizás la disociación describa nada más una versión extrema de lo que es normal en el resto de las personas. Eleanor Longden es ahora una investigadora de posdoctorado especializada en cómo los procesos psicológicos de disociación podrían ayudarnos a explicar la ocurrencia de voces relacionadas con traumas. Recientemente le pregunté acerca de su trabajo, y coincidió conmigo en que supone un importante problema conceptual reemplazar la idea de un yo unitario con un relato que plantea una multiplicidad de yoes, todos los cuales se conciben todavía como si tuvieran la estructura básica de un yo ordinario, aunque en plural, en vez de en singular. «Creo que todas las personas tenemos múltiples *aspectos* del yo –señaló Eleanor–, y que ésta es una experiencia con la cual se va a relacionar la mayoría de la gente: una parte que es muy crítica, una parte que quiere apaciguar a todo el mundo, una parte que es juguetona e irresponsable, etc. En la mayoría de los casos, las voces se repudian y se exteriorizan, pero creo que esencialmente representan un proceso similar».

Las voces, por tanto, podrían darnos importantes claves acerca de la constitución fragmentaria del yo humano ordinario. La disociación tiene sentido como una reacción natural ante acontecimientos espantosos, un argumento que Eleanor puede plantear desde la experiencia personal: «Algunos de los recuerdos de disociación más dramáticos que tengo son ciertamente agudos durante la exposición real al trauma; la sensación de verme en el suelo, como si yo flotara por encima del horror que estaba teniendo lugar abajo, completamente separada de aquello. Es como si tu mente supiera cuándo ha llegado el momento de perder contacto con lo que le está ocurriendo a tu cuerpo y simplemente se libera: un vuelo mental». Esta visión del yo disociado está ya dando sus frutos en la investigación de la escucha de voces, aunque todavía queda mucho por hacer para explicar exactamente qué aspecto tienen estos fragmentos del yo, cómo operan y cómo se comportan. La explicación de la disociación aún tiene que recorrer un trecho para explicar de qué modo los recuerdos traumáticos se transmutan en alucinaciones –y, en particular, por qué esas experiencias son con tanta frecuencia verbales–, pero es un enfoque prometedor para futuras investigaciones. En particular, podría proporcionar una respuesta parcial al enigma de por qué una voz puede ser «yo» y «no yo».

Al mismo tiempo, estos argumentos no significan que tengamos que rechazar el modelo del discurso interior, sino que más bien nos empujan a reconocer que las voces adoptan diferentes formas,[15] que pueden tener por debajo diferentes mecanismos cognitivos y neurales y que necesitan, por tanto, diferentes explicaciones acerca de sus causas y diferentes teorías acerca de por qué persisten y cómo se pueden gestionar. Algunas de las voces de las que nos informan las personas que escuchan voces pueden tener sus raíces en el discurso interior, en tanto que otras se podrían describir mejor como intrusiones de la memoria. A menos que escuchemos con más cuidado y atención a las personas que oyen voces cuando detallan sus experiencias, se nos van a pasar por alto distinciones que podrían ser cruciales.

Quizás lo más valioso de ver las voces desde esta perspectiva sean sus implicaciones para la gestión de la experiencia. Si las voces tienen que ver, al menos en parte, con cosas que te han sucedido, entonces ya tienes algo con lo cual trabajar. Nos ofrecen una esperanza de recuperación.

Ésta es una idea que el Movimiento Escuchando Voces ha utilizado con poderosos efectos. Cuando Eleanor Longden le ofreció el perdón a su voz más desagradable, ésta cambió el tono de sus comunicaciones con ella. «En esencia –me dijo Eleanor–, fue un proceso de hacer las paces conmigo misma, porque las voces negativas encarnaban muchos recuer-

15. Simon R. Jones, «Do we need multiple models of auditory verbal hallucinations? Examining the phenomenological fit of cognitive and neurological models», *Schizophrenia Bulletin,* vol. 36, pp. 566-575, 2010; David Smailes, Ben Alderson-Day, Charles Fernyhough, Simon McCarthy-Jones y Guy Dodgson, «Tayloring cognitive behavioural therapy to subtypes of voice-hearing», vol. 6, artículo 1933, 2015.

dos dolorosos y emociones no resueltas. El punto crucial fue cuando me di cuenta de que las voces no eran las de quienes abusaron de mí realmente, sino que representaban mis sentimientos y creencias acerca del abuso. Así, aunque aparecían como increíblemente negativas y maliciosas, en realidad encarnaban los aspectos de mí más profundamente heridos y, como tales, precisaban de grandes dosis de compasión y cuidados».

Del mismo modo que pensar en los procesos psicológicos subyacentes a las voces dio sus frutos, una comparación con la memoria puede ser útil para ver de qué modo podemos ayudar a la gente que sufre con angustia sus voces. Las voces puede que no sean recuerdos en un sentido literal, pero podemos aprender a tratarlas observando a gente que ha aprendido a vivir con los recuerdos de acontecimientos espantosos. Las terapias de recuerdos traumáticos,[16] tales como las que caracterizan el trastorno de estrés postraumático, no buscan tanto que la persona olvide el acontecimiento como que lo recuerde con más precisión. Esto significa encajarlo en una red de recuerdos de tal manera que se haga menos intrusivo, con menos distorsiones y menos autonomía.

En lo referente a las voces, eso significa reconocer que las propias voces son facetas extrañas, disruptivas y retorcidas del yo, pero que no por ello dejan de ser partes del yo. Si guardan relación de un modo u otro con la memoria, puedes hacer las paces con ellas del mismo modo que harías las paces con unos recuerdos desagradables: reintegrándolos en la psique de la cual se escindieron.

Una forma de facilitar este proceso de integración es dándole a la voz alguna realidad externa concreta. Algunas personas que escuchan voces me han dicho que utilizan marionetas para reflejar aquello que dicen sus voces, a fin de desapegarse de ellas y facilitarles su manejo. En otra técnica muy utilizada por el Movimiento Escuchando Voces, se trae la voz directamente a la sesión de terapia. En este método, conocido como Diálogo con la Voz[17] o Hablando con las Voces, el facilitador le pregunta a la persona que escucha voces si puede hablar directamente con la voz. En uno de los estudios de caso de Eleanor Longden, el terapeuta (en este

16. Fernyhough, *Pieces of Light,* capítulo 10.
17. Dirk Corstens, Eleanor Longden y Rufus May, «Talking with voices: Exploring what is expressed by the voices people hear», *Psychosis,* vol. 4, pp. 95-104, 2012.

caso, el psicoterapeuta holandés Dirk Corstens) pide hablar con una de las voces dominantes de un participante llamado Nelson, una voz que se hace llamar Judas. A Judas se le percibe como bien intencionado, pero de maneras dominantes y atemorizadoras. Tras establecer contacto con Judas, Nelson adopta una postura militar y empieza a pasearse por la habitación (había servido previamente en el Ejército), mientras habla con la voz de Judas, con sus características frases abruptas. Judas resulta ser una figura sobreprotectora y paternal que le hace a Nelson demandas excesivas (obligándole a ir a clubes nocturnos para que conozca a mujeres, por ejemplo). Lo que quiere es que Nelson le acepte, no que le aparte. El objetivo consiste en averiguar todo lo posible acerca de Judas y qué quiere, así como darle a Nelson algunas opciones más a la hora de manejarse con Judas. Al término de la sesión, Nelson vuelve en sí mismo y dice ser consciente de todo lo sucedido, incluso de haberse sentido intrigado con la explicación de Judas de su nombre, que emerge de la asociación de Judas como (al menos originariamente) protector de Cristo. La terapia tuvo efectos positivos y duraderos, ya que Nelson descubrió que podía mantener una relación distinta con sus visitantes mentales y, más importante aún, se efectuó un acercamiento entre sus distintas voces –y, por tanto, entre distintas partes de sí mismo–, que previamente estaban en guerra.

Otra técnica que supone la exteriorización de la voz tiene algunos paralelismos con el Diálogo con la Voz, si bien emerge de un planteamiento diferente. El psiquiatra inglés Julian Leff realizó algunos avances muy importantes en la década de 1970 en relación con los factores sociales que podían desencadenar una recaída en la esquizofrenia. Más recientemente, tuvo la idea de montar una situación terapéutica en la cual los pacientes que escuchaban voces pudieran interactuar con ellas a través de un avatar informático.[18] Utilizando un *software* de generación de caras, a los pacien-

18. Julian Leff, Geoffrey Williams, Mark A. Huckvale, Maurice Arbuthnot y Alex P. Leff, «Computer-assisted therapy for medication-resistant auditory hallucinations: Proof-of-concept study», *British Journal of Psychiatry*, vol. 202, pp. 428-433, 2013. Cuando visitamos al equipo Avatar en junio de 2014 y probamos la tecnología nosotros mismos, los investigadores se hallaban en medio de una importante prueba clínica de la técnica, cuyos resultados deberán publicarse en 2016. Si se confirman los resultados de la prueba piloto, la terapia del avatar podría convertirse en una potente herramienta más para el psicoterapeuta en el tratamiento de voces angustiosas.

tes se les pedía primero que crearan un rostro adecuado para la voz con la cual querían trabajar, y que utilizaran un *software* de síntesis de voz para construir una voz que se le pareciera. El terapeuta, situado en otra habitación, hablaba entonces con el paciente a través de la voz de la alucinación, sincronizada con el rostro del avatar animado, si bien dándole a un interruptor podía volver a ser el confortante terapeuta. Habitualmente, se animaba al paciente a enfrentarse a la voz y confrontar lo que decía. Pues bien, un estudio piloto ofreció unos resultados impresionantes, con una marcada reducción en la frecuencia de las voces, así como en la creencia de su malevolencia y omnipotencia. Tres de los dieciséis pacientes de la prueba piloto dejaron de oír voces por completo. Leff cree que la visualización de la experiencia alucinatoria permite a los pacientes obtener control sobre sus voces, especialmente en los casos en que la persona tiene miedo de cómo podría reaccionar la voz al ser confrontada o desafiada.

Jacqui Dillon señala que no hay nada de nuevo en este enfoque. Cuando nos encontramos para comer juntas durante un soleado día de noviembre en el Barbican Centre de Londres, me dijo que el proyecto Avatar tiene buenísimas intenciones, pero que parece carecer de fundamentos teóricos. «Da la impresión de hacerlo todo mucho más complejo y tecnológicamente más pesado de lo que sería necesario –me explicó–. Porque, esencialmente, lo que parece que funciona es que tú estás hablando de estas cosas como si fueran reales y tuvieran sentido para mí, y estás teniendo la amabilidad de mantener una conversación conmigo acerca de eso. El hecho de que tengas que irte a otra habitación para mantener una conversación a través de un avatar que hemos tenido que crear me parece algo así como charlatanería, de verdad. ¿Por qué no sentarnos cara a cara en la misma habitación y mantener esa conversación?».

Jacqui me explica que el Movimiento Escuchando Voces plantea en parte la pregunta de quién tiene derecho a decirle a nadie lo que significan sus experiencias. «Es algo que tiene que ver con el poder, con quién tiene la experiencia y la autoridad».[19] Jacqui lo compara con el enfoque de la TCC

19. En tanto que la eficacia de la TCC está suficientemente contrastada, el Movimiento Escuchando Voces aún no ha recopilado tales datos, al menos hasta el punto de llevar a cabo pruebas clínicas. La norma de oro para poner a prueba la eficacia de un tratamiento en cualquier rama de la medicina es el ensayo controlado aleatorizado (ECA), un diseño de investigación en el cual se asigna aleatoriamente a los pacientes

(terapia cognitiva conductual), el sistema de modificación de conducta y pensamiento del que tantos beneficios obtuvo Jay. «Una de las críticas que se le hace a la TCC es que trata de un experto que le hace algo *a;* y, claro está, en general, el enfoque de escuchando voces es de hacer algo *con,* y no tiene nada que ver con experto alguno [...]. La gente que ha pasado por la experiencia tiene mucho que decir acerca de eso, sabe mucho acerca de lo que es vivir eso, vivir con eso, enfrentarse a eso. Si queremos aprender algo de la experiencia humana extrema, tendremos que escuchar a personas que la viven».

Conozco a Jacqui desde hace varios años. Fue la primera persona a la que conocí de la que sabía seguro que escuchaba voces. Fue cuando yo comenzaba a investigar estos temas, y todavía siento la aprensión que me embargaba el no saber cómo se comportaría alguien con una experiencia tan inusual. Recuerdo que tuve la impresión de que Jacqui se acercaba a mí con cierta suspicacia, y probablemente así fuera. Ella es una figura muy influyente en el mundo de la salud mental, que viaja con frecuencia para dar charlas sobre su propia vida y sus experiencias, y sobre su papel en este creciente movimiento internacional. A medida que nuestro proyecto se desarrolló y Jacqui vio que nuestro interés por comprender la escucha de voces era auténtico, nos terminamos haciendo amigos, aunque sigue habiendo unas cuantas cosas en las que no estamos de acuerdo. Como otras muchas personas en el Movimiento Escuchando Voces, Jacqui es escéptica

---

a un grupo de tratamiento o un grupo de no-tratamiento, sin que ellos sepan (en la medida de lo posible) en qué grupo están, y sin que la información sea conocida por aquellas personas que están evaluando los resultados. Tras revisar el crecimiento del movimiento y las evidencias de la eficacia de sus prácticas, Dirk Corstens y sus colegas señalan que el carácter autónomo y orgánico de los grupos de Escuchando Voces no se presta a la formalización necesaria para realizar un ECA. Otro problema es que los grupos son abiertos, y las personas pueden unirse al grupo o dejarlo a voluntad; de ahí que inscribirse para un curso de «tratamiento» sería anatema. También sería difícil cuantificar las ventajas del enfoque, entre las que se incluye lo que deberían ser medidas altamente subjetivas de satisfacción y de angustia relativa. Aunque en Australia se está llevando a cabo actualmente una prueba piloto de apoyo mutuo entre iguales uno a uno, es poco probable que se haga un ECA importante sobre este enfoque a corto plazo. Sin duda, el método funciona para algunas personas (he conocido a muchas que lo atestiguan), pero va a ser difícil que persuadan al mundo de su eficacia en tanto en cuanto tengan ese vacío en su base de evidencias. Corstens *et al.,* «Emerging perspectives from the Hearing Voices Movement».

con el modelo del discurso interior de la escucha de voces, porque le parece que no hace justicia con el significado de la experiencia. El hecho de ponerme al corriente con ella hoy es, en parte, para persuadirla de que mi interés en el modo en que funcionan las voces –el querer comprender sus mecanismos en la mente y en el cerebro– no supone intentar explicarlas. Ni tampoco quiero que *desaparezcan,* en el sentido de conseguir que dejen de hablar por completo. Admitido esto, y como científico, el querer saber cómo funcionan las cosas no quiere decir que desee negar la importancia de la experiencia de la persona, ni hacer que se desvanezcan las voces de nadie.

Sospecho que parte de la antipatía que despierta el modelo del discurso interior procede del hecho de haber pasado por alto la complejidad del fenómeno. «¿Pero cómo va a ser sólo el discurso interior?», me pregunta la gente. Y yo respondo que no hay nada de «sólo» en el discurso interior. Como hemos visto, las voces de nuestra cabeza contienen multitudes: no sólo una considerable variedad de formas, sino también voces diversas en diálogo, representaciones de acontecimientos recordados, interacciones con imaginería visual y otras experiencias sensoriales, etc. Ese miedo al reduccionismo es comprensible, pero en este caso es erróneo. Decir que el discurso interior no puede explicar el por qué las voces son significativas sólo tiene sentido si sostienes que el discurso interior no tiene sentido. Como espero haber demostrado, nada podría estar más lejos de la realidad.

Un punto de vista pluralista no es sólo posible y necesario. Rachel Waddingham, que ha llevado a cabo un trabajo revolucionario en Camden, Londres, con gente joven que escucha voces, cree que el discurso interior podría tener un papel como uno entre muchos mecanismos.[20] El peligro estriba en que la gente asuma que es el único posible. Cuando estuvo en el Instituto de Estudios Avanzados de Durham como invitado nuestro en 2011, Marius Romme y yo tuvimos varias conversaciones sobre si el modelo del discurso interior se puede integrar con un modelo de trauma. Como otras muchas personas en el movimiento, Marius se mostraba escéptico con el modelo del discurso interior a la hora de explicar la relación

20. Rachel Waddingham, Sandra Escher y Guy Dodgson, «Inner speech and narrative development in children and young people who hear voices: Three perspectives on a developmental phenomenon», *Psychosis,* vol. 5, pp. 226-235, 2013.

con un trauma del pasado. Pero pensaba que el discurso interior podría cumplir un papel a la hora de tratar con las propias voces en silencio, aprender de ellas y comprenderlas mejor, facilitando así la reintegración en el yo. Jay, por ejemplo, dice que nunca les habla a sus voces en voz alta, sino que lo hace exclusivamente en silencio, dentro de su cabeza, y sólo en determinados momentos del día. Aun en el caso de que no explicara el fenómeno, el discurso interior puede ofrecer un canal para mantener el contacto con las propias voces.

Será necesario algún tipo de acercamiento entre los dos modelos, pero las cosas se pueden complicar aún más en principio. En cierto nivel básico, las voces *deben* guardar relación con el discurso interior, simplemente por el punto definitorio de que son lenguaje que resuena silenciosamente en la cabeza. Jacqui escucha más de un centenar de voces diferentes, y ella se halla en mejor situación que yo para decir si las teorías científicas tienen sentido. Jacqui dice que escuchar una voz es como recibir «una llamada telefónica de tu inconsciente».[21] Es un mensaje que, por horrible y disruptivo que pueda ser, te sientes obligada a escuchar. «Es un aspecto del yo, ¿no? –me dice Jacqui–, aunque sea un aspecto desagradable–. Me he encontrado con un montón de gente que escucha voces, la cual, cuando les preguntas, te dicen que no pretenden que desaparezcan. Lo que no quieren es que las voces les generen tanta angustia, pero no dejas de tener esa sensación de que son parte de ti de algún modo, aunque digan cosas tan perturbadoras y molestas».

Si preguntamos por cómo se relaciona la gente con sus recuerdos traumáticos, nos encontraremos exactamente con la misma cuestión. Algunas investigaciones del laboratorio de Elizabeth Loftus, en la Universidad de California en Irvine, han demostrado que la gente se siente muy apegada a sus recuerdos, aunque sean traumáticos. En uno de los experimentos, Loftus les presentó a los participantes un escenario en el cual uno podía (hipotéticamente) tomar una droga[22] para eliminar el recuerdo de

21. Jacqui Dillon entrevistada para «Voices in the Dark: An audio story», *Mosaic,* Wellcome Trust, 9 de diciembre 2014; Jacqui Dillon, «The tale of an ordinary little girl», *Psychosis,* vol. 2, 79-83, 2010.

22. Cuando el escenario era militar, tratándose de combatientes traumatizados, la proporción de los que decían que sí tomarían la droga ascendió hasta el 50 por 100. Eryn J. Newman, Shari R. Berkowitz, Kally J. Nelson, Maryanne Garry y Elizabeth

un trauma. El 50 por 100 de las personas dijeron que no se tomarían aquella droga, que preferían conservar su horrible recuerdo. Aunque los recuerdos sean terribles, parece que nos aferramos a ellos, que los vemos como parte de nosotros mismos, aunque sean aspectos que sólo podemos mirar con horror.

Sin embargo, la terapia puede ayudar con los recuerdos traumáticos.[23] Puede llevar a reprocesarlos de tal modo que se hagan menos intrusivos, disruptivos y distorsionados. En una de mis investigaciones estuve hablando con el conductor de un camión, Colin, que había reconformado sus horribles y distorsionados recuerdos de un accidente de tráfico mediante un método denominado EMDR. Durante la peor fase de su trastorno de estrés postraumático, habría dado lo que fuera por hacer que aquellos recuerdos desaparecieran, pero ahora, después de la terapia, los acepta como parte de sí mismo. Y yo diría lo mismo acerca de un par de recuerdos muy angustiosos que albergo en mi memoria. Son horribles, pero son míos. ¿No es eso exactamente lo que algunas personas dicen de sus voces?

Jacqui está de acuerdo. Desterrar las voces no es la mejor opción para la experiencia de las voces angustiosas. La escucha de voces puede, de hecho, enriquecer a una persona, ya que el proceso que se sigue para dominarlas nos cambia. «Nos lleva a profundizar como seres humanos –dice Jacqui–. Impacta en todos los niveles en cuanto a la capacidad para sentir cosas, o la capacidad para sentir una conexión con el resto de seres que sufren». Pero las voces no sólo son comprensibles desde la analogía con los recuerdos traumáticos, sino que en muchos casos *son* recuerdos traumáticos en sí mismos o, al menos, reconstrucciones de recuerdos traumáticos. El enigma para mí, le digo a Jacqui, es cómo explicar el hecho de que ese acontecimiento horrible que le sucedió a la persona vuelva ahora en forma de voz. Eso es muy difícil de explicar sólo desde el punto de vista convencional de la memoria. La disociación puede ser parte de ello, pero todavía tienes que llegar al lenguaje. Todavía tienes que explicar por qué lo escuchas como una voz.

F. Loftus, «Attitudes about memory dampening drugs depend on context and country», *Applied Cognitive Psychology*, vol. 35, pp. 675-681, 2011.

23. EMDR son las siglas de *eye movement desensitization and reprocesing* (desensibilización y reprocesamiento por movimiento ocular). Véase Fernyhough, *Pieces of Light*, capítulo 10.

En cierto modo, eso se hallaba también en el núcleo de mis desacuerdos con Marius Romme. Yo le sugerí que quizás ambos tuviéramos razón, que quizás estábamos trabajando sobre aspectos diferentes del mismo problema. Para Marius, el punto clave a explicar era cómo un trauma puede llevar hasta los mensajes emocionales que ahora gritan por hacerse oír. Para mí, era cómo y por qué ese mensaje se escuchaba como una voz y no de cualquier otro modo. La memoria es útil aquí como modelo, porque la memoria es reconstructiva. Cambia a medida que nosotros lo hacemos. Aun en el caso de que el acontecimiento sucediera en un distante pasado, la historia que construimos de él se conforma a través del quién somos ahora: qué queremos, en qué creemos y qué ha ocurrido entretanto. Llevar más allá esta analogía quizás nos permita comprender cómo cambian las voces con la vida de una persona, envejeciendo algunas de ellas con la propia persona que las escucha, en tanto que otras quizás queden congeladas en el tiempo.

Una de las razones por las cuales distorsionamos el pasado es porque la antigua versión ya no encaja con nuestra historia actual, de modo que cambias los hechos para que se adapten a la historia. Le planteo a Jacqui que quizás las personas que escuchan voces están haciendo algo similar con sus pedazos de experiencia en el recuerdo, que quizás están reconformándolos en una historia que no sea tan destructiva para su sentido de identidad, de quiénes son. Esto resuena con sus intuiciones como persona que escucha voces. «Supongo que lo vería como aspectos del yo de una persona, y la analogía que yo utilizaría es la de la terapia familiar [...] es una familia disfuncional. Las vería como fragmentos de un yo, los aspectos que componen una persona».

Y todos estamos fragmentados. No hay un yo unitario. Todos estamos a piezas, esforzándonos por crearnos la ilusión de un «yo» coherente a cada instante. Todos estamos más o menos disociados. Nuestros yoes se construyen y reconstruyen constantemente de formas que suelen funcionar bien, pero que a veces se desmoronan. Algo ocurre, y el centro no puede soportarlo. Algunas personas estamos más fragmentadas debido a las cosas que nos han sucedido; esas personas se enfrentan a un desafío más arduo con el fin de recomponerse. Pero nadie nunca da con el lugar de la última pieza y lo hace entero. Como seres humanos, parece que deseemos esa ilusión de un yo completo, unitario, pero supone un duro trabajo llegar hasta ahí. Y, de todas formas, nunca llegamos ahí.

Mientras tanto, las personas como Jacqui se quedan con sus voces. Bromeando con ella en la cafetería del Barbican, yo diría que se encuentra a gusto conmigo. «La mayoría de las veces me hacen reír –diría Jacqui más tarde en una entrevista–; son realmente muy divertidas. Pasamos muy buenos ratos juntas. Son perspicaces, son cariñosas, son confortantes y me ayudan a sentirme menos sola. Me conocen mejor que nadie, y siempre están ahí cuando las necesito».[24]

---

24. Jacqui Dillon entrevistada para «Voices in the Dark: An audio story», *Mosaic,* Wellcome Trust, 9 de diciembre de 2014.

14

UNA VOZ QUE NO HABLA

Una mujer que antes escuchaba voces –llamémosla Rumer– me estaba contando cómo desaparecieron de repente un día. Su principal voz era una voz femenina, y estaba conectada con su trastorno alimentario. Le decía a Rumer que estaba gorda y era fea, y le decía lo que debía o no debía comer. Pero, entonces, un día, ya no estaba ahí. Cuando hablé con Rumer de todo esto, habían pasado unos cuantos meses desde la última vez en que escuchara aquella voz. No podía precisar con exactitud el momento en que ocurrió, y todavía no estaba segura de que la voz no fuera a volver.

Pero lo interesante de todo esto era cómo sabía Rumer que había desaparecido. Era la sensación de que su entorno social había cambiado, del mismo modo que sabes que alguien ha salido de la habitación en la que te encuentras sentado, aunque no haya una despedida explícita. A Rumer le resultaba difícil expresarlo con palabras, pero era la sensación de la desaparición de una persona que había dejado de hablar hacía algún tiempo. No era el cese de una experiencia auditiva; era el fin de la sensación de hallarse habitada.

Ésta no es una historia poco habitual entre las personas cuyas voces desaparecen. Alguien está ahí y, de pronto, ya no hay nadie. Me acordé de lo que me habían dicho acerca del comienzo de la escucha de voces: que era como sintonizar con una transmisión que siempre había estado presente. «En cuanto escuchas las voces –escribió Mark Vonnegut sobre sus experiencias–, te das cuenta de que siempre habían estado ahí. Es sólo una cuestión de sintonizar con ellas».[1] Pero, si puedes sintonizar con algo, quizás también puedas desintonizar.

Esa sensación de presencia se halla también en el testimonio de Jay. En el momento en que estaba escuchando las voces fuera de Wetherspoons, él sabía que una de las voces estaba allí aunque no estuviera hablando. En aquel otro momento en el túnel del tren, la audición de las voces iba aparte de la percepción de su existencia. Jay podía escuchar a la Bruja, pero no podía sentir su presencia; en cambio, sabía que sus otras voces estaban ahí, aunque no dijeran nada.

Se han hecho muy pocas investigaciones sobre la experiencia psicológica de la «la sensación de presencia».[2] Una versión habitual de ésta, entre los progenitores primerizos, es la sensación de que tu bebé está ahí, en la cama, contigo. Sentir la presencia de alguien que ha fallecido recientemente es asimismo una ocurrencia frecuente entre las personas que se hallan en duelo. La sensación de presencia destaca en distintos trastornos neurológicos, entre los que hay que incluir la epilepsia, y suele acompañar a la experiencia, más habitual, de la parálisis del sueño, en la cual la persona tiene la fugaz experiencia de estar paralizada en el momento de quedarse dormida o de despertarse. Por otra parte, la sensación de una presencia benigna es, claro está, un rasgo típico de la experiencia religiosa, y muchas personas sienten que tienen ángeles guardianes que cuidan de ellas, pero tales entidades no siempre se manifiestan vocalmente.

En circunstancias más extremas, la sensación de presencia parece que tenga una implicación más directa en la propia supervivencia. El explorador polar *sir* Ernest Shackleton escribió que, en su peligrosa travesía con dos compañeros a través de las montañas y los glaciares de Georgia del Sur, sintió frecuentemente que un cuarto viajero iba con ellos. «No

1. Mark Vonnegur, *The Eden Express: A memoir of insanity,* Nueva York: Praeger, 1975, p. 137.
2. Tore Nielsen, «Felt presence: Paranoid delusion or hallucinatory social imagery?», *Consciousness and Cognition,* vol. 16, pp. 975-983, 2007; Gillian Bennett y Kate Mary Bennett, «The presence of the dead: An empirical study», *Mortality,* vol. 5, pp. 139-157, 2000; Ben Alderson-Day y David Smailes, «The strange world of felt presences», *Guardian,* 5 de marzo de 2015; John Geiger, *The Third Man Factor: Surviving the impossible,* Edimburgo: Canongate, 2010; Sara Maitland, *A Book of Silence,* Londres: Granta, 2008.

les dije nada a mis compañeros en aquel momento pero, posteriormente, Worsley me dijo, "Jefe, durante la marcha, tenía la curiosa sensación de que había otra persona con nosotros"».[3] Era una presencia guía, protectora. El frío extremo, el agotamiento y el aislamiento son también terreno fértil para la escucha de voces, como descubrió el alpinista Joe Simpson durante los acontecimientos que describe en su *bestseller Tocando el vacío.*[4] Aunque Simpson no describe la sensación de una presencia como hizo Shackleton, descubrió que la voz cumplía con una función orientadora y motivacional.[5] Algunos argumentan que estas experiencias podrían ser incluso un mecanismo básico de supervivencia que quizás evolucionó para mantenernos a salvo cuando nuestra vida corre peligro.

¿Hasta qué punto es habitual que una de estas personas sienta una presencia cuando escucha una voz, y cómo conecta eso a su vez con la sensación de que una entidad está intentando comunicarse con ella? Uno de los problemas estriba en que, cuando los investigadores o los clínicos preguntan a estas personas acerca de las voces, tienen la costumbre de no preguntar acerca del resto de las experiencias que las acompañan. Este punto ciego es algo de lo que se vienen lamentando desde hace tiempo en el Movimiento Escuchando Voces, y muchos grupos del movimiento lo reconocen explícitamente en sus nombres y en el material publicitario (el título completo de la Red Escuchando Voces en Inglaterra, por ejemplo, hace referencia adicionalmente a las visiones y «otras percepciones inusuales»). Este olvido de las experiencias concomitantes es posiblemente un subproducto del hecho de que la escucha de voces haya asumido un rol tan importante en el diagnóstico de la esquizofrenia. Cuando uno trata con el símbolo sagrado del símbolo sagrado, es fácil perder de vista el resto de pistas cruciales que lo acompañan.

---

3. *Sir* Ernest Shackleton, *The Heart of the Antarctic* y *South,* Ware: Wordsworth Editions, 2007 (obra original publicada en 1919), p. 591. T. S. Eliot reconoció que las experiencias de Shackleton y su equipo le sirvieron de inspiración para la sección de «¿Quién es el tercero que camina siempre a tu lado?» de *The Waste Land,* líneas 359-365.
4. Publicado en castellano por Editorial Desnivel. Madrid, 2012. *(N. del T.)*
5. Joe Simpson, *Touching the Void,* Londres: Jonathan Cape, 1998; Peter Suedfeld y John Geiger, «The sensed presence as a coping resource in extreme environments», en J. Harold Ellis (ed.), *Miracles: God, science, and psychology in the paranormal,* vol. 3, Westport, CT: Greenwood Press, 2008.

Nosotros decidimos ponernos en marcha y preguntar por esos aspectos adicionales de la experiencia de escucha de voces.[6] Para ello, se organizó un gran estudio a través de Internet dirigido por Angela Woods, investigadora de humanidades médicas y codirectora de Escuchando la Voz. A las personas que escuchan voces se les pidió que respondieran de forma anónima a preguntas tales como «¿De qué modo difieren tus voces de tus pensamientos, si es que difieren?» o «La voz o voces que escuchas, ¿sientes que tienen su propio carácter o personalidad?». Un grupo de preguntas se centró en qué otras sensaciones iban asociadas con las experiencias inusuales de la persona. Los resultados de alrededor de 150 personas que escuchan voces demostraron que, decididamente, la experiencia no trata exclusivamente de alucinaciones auditivas. De hecho, menos de la mitad de las personas hablaron de experiencias que tenían, exclusivamente, rasgos auditivos. Dos tercios de ellas dieron audazmente cuenta de otras sensaciones que acompañaban a sus voces, como la sensación de tener el cerebro en llamas o la de sentirse desconectadas del cuerpo. Se observó cierta tendencia a que estos cambios en la experiencia corporal fueran relacionados con voces que parecían haber emergido de traumas violentos y abusos. «Los resultados son claros –explica Woods–. La escucha de voces no es en modo alguno una experiencia exclusivamente auditiva».

Sin embargo, esto no equivale a preguntar si la escucha de voces es siempre una experiencia *verbal.* Hemos visto ya multitud de ejemplos de «voces» no-verbales y, sin embargo, auditivas. En un estudio seminal de la fenomenología de las alucinaciones auditivas,[7] Tony Nayani y Anthony David, del Instituto de Psiquiatría, descubrieron que dos tercios de su muestra de personas que escuchan voces (la mayor parte de las cuales tenían un diagnóstico de esquizofrenia) escuchaban alucinaciones auditivas no-verbales junto con sus voces verbales. Entre las experiencias descritas se incluían susurros, gritos, clics y golpes, y alucinaciones musicales, especialmente de música coral. Muchas de estas personas clasifican espontáneamente las alucinaciones auditivas no-verbales como voces, y

6. **Angela Woods, Nev Jones, Ben Alderson-Day, Felicity Callard y Charles Fernyhough, «Experiences of hearing voices: Analysis of a novel phenomenological survey»,** *Lancet Psychiatry,* vol. 2, pp. 323-331, 2015.

7. Tony H. Nayant y Anthony S. David, «The auditory hallucination: A phenomenological survey», *Psychological Medicine,* vol. 26, pp. 177-189, 1996.

las experiencias suceden frecuentemente a la vez o pueden incluso fundirse entre sí. Margery Kempe escuchaba la voz de Dios como el sonido de un fuelle, el arrullo de una paloma o el canto de un petirrojo. Y Juliana de Norwich hablaba también de experiencias que no siempre eran de voces claras e inteligibles, sino más bien (en al menos una ocasión) un murmullo indiferenciado en el cual no se podían distinguir palabras concretas.

Todo esto apunta a que quizás pudiéramos ampliar la red aún más con el fin de capturar fenómenos que ni siquiera son auditivos. Algunas experiencias que se perciben como voces no tienen elementos acústicos en absoluto, como las voces que tanto Margery como Juliana recibían con su «entendimiento fantasmal» –palabras implantadas en la mente sin concomitante auditivo alguno–. La mística alemana del siglo XII Hildegarda de Bingen decía que escuchaba palabras que no eran «como esas que suenan de boca de hombre, sino como una llama temblorosa, o como una nube movida por el aire puro».[8] Voces silenciosas aparecen también en informes psiquiátricos más modernos, como en los «pensamientos vívidos» de los que hablaban algunos pacientes de Eugen Bleuler a comienzos del siglo XX. En uno de los estudios de caso de Bleuler, un paciente decía: «Era como si alguien me señalara con el dedo y me dijera "ve y ahógate"».[9] Por tanto, no parece descabellada la idea de incluir otras percepciones inusuales, como visiones, sensaciones de presencia y sensaciones adicionales. Puede que no haya nada particularmente «vocero» en escuchar una voz.

Si buscamos un enfoque diferente, podemos volver de nuevo a los relatos medievales sobre la escucha de voces. Los testimonios de Juana de Arco, Margery Kempe y Juliana de Norwich apuntan, todos ellos, a una experiencia que era mucho más parecida a la percepción de una presencia en todas sus facetas: tanto la visual como la corporal, así como la auditiva. Ya mencioné antes que uno de los motivos de tal fenómeno podría ser social o religioso: si vas a recibir una visita del Espíritu Santo, es más probable que informes de un asalto en todos tus sentidos[10] (sobre

8. Hildegarda de Bingen, *Selected Writings* (Mark Atherton, trad.), Londres: Penguin, 2001, p. xx.

9. Eugen Bleuler, *Dementia Praecox or the Group of Schizophrenias,* Nueva York: International Universities Press, 1950 (obra original publicada en 1911), p. 111.

10. Obsérvese que, en la era moderna, los casos de alucinaciones «fusionadas» son relativamente raras. R. E. Hoffman y M. Varanko, «Seeing voices: Fused visual/auditory

todo si sospechas que la gente no te va a creer). Quizás las personas que tienen alucinaciones con voces sean en realidad *personas* alucinadas, cuyas experiencias se manifiestan en una de las diversas modalidades sensoriales posibles.

Tomemos a Adam por ejemplo. «No es una voz –nos dice acerca del Capitán–. Es una persona». En vez de ser el Capitán una experiencia auditiva, supongamos que la mente de Adam está creando la representación de un individuo que no existe realmente. Esa persona se manifiesta a veces como una voz, a veces como una presencia y otras veces como una imagen visual. La idea de que las personas que escuchan voces sean personas alucinadas en lugar de datos sensoriales ayuda a explicar por qué hay tanto en las voces que no es exclusivamente vocal. Quizás la demostración más sorprendente de este hecho nos llegue de casos de escucha de voces en personas que nunca han escuchado nada en absoluto.

Una mujer de 28 años[11] fue ingresada en el hospital psiquiátrico de Aalborg, en Dinamarca, quejándose de estar escuchando voces que la exhortaban a hacerse daño a sí misma. Sin embargo, la mujer estaba profundamente sorda debido a una discapacidad auditiva congénita que se le diagnosticó cuanto tenía 2 años de edad. Había comenzado a aprender el lenguaje de signos a los 10 años, y se desenvolvió hasta aquel momento con la lectura de labios y la palabra. Sobre los 16 o 17 años comenzó a escuchar las alentadoras voces de sus progenitores en el oído derecho, resonando con fuerza y de un modo «bastante musical» en su cabeza. Poco después de aquello, comenzó a tener alucinaciones visuales y olfativas de un primo suyo, recientemente fallecido. Lo percibía exteriormente a ella, y escuchaba su voz con diferentes volúmenes y niveles de claridad. Tras una traumática agresión física a los veintitantos años, comenzó a escuchar una voz masculina que le ordenaba que se hiciera daño a sí misma o hiciera daño a otras personas, instándola, por ejemplo, a tomar un cuchillo y clavárselo. Escuchaba la voz en ambos oídos y resonaba

verbal hallucinations in the psychosis spectrum and comparative information from neurodegenerative disorders and eye disease», *Schizophrenia Bulletin,* vol. 40, supl. n.º 4, pp. S233-S245, 2014.

11. Natalia Pedersen y René Ernst Nielsen, «Auditory hallucinations in a deaf patient: A case report», *Case Reports in Psychiatry,* vol. 2013, artículo 659698, 2013.

con fuerza en su cabeza, en un tono más elevado que su propia voz. Se le prescribió un fármaco antipsicótico, el aripiprazol, y la voz desapareció no mucho después.

La esquizofrenia y otros trastornos psicóticos parecen estar tan extendidos entre la comunidad de sordos como lo están entre las personas que oyen, y más o menos la mitad de las personas sordas con estos diagnósticos escuchan «voces». El primer caso registrado data de 1886, y es el informe de una mujer sordomuda que padecía un trastorno conocido como *folie circulaire*[12] (una denominación primitiva del trastorno bipolar). A partir de la década de 1970, aparecieron una serie de informes de tal tipo de alucinaciones en personas entre las que había sordos congénitos, los cuales, evidentemente, no habían podido tener ningún tipo de experiencia auditiva. En un estudio del año 1971, un hombre que se había quedado sordo a los 12 meses de edad, decía escuchar la voz de Dios,[13] e incluso procedía a atraer a la entidad implicada con una elaborada disposición de cables conectados a diferentes partes de su cuerpo, que llevaban las señales comunicativas a sus oídos.

Existe cierta controversia acerca de en qué medida estos informes de escucha de «voces» tratan en realidad de algo similar a las experiencias de las que hablan las personas que escuchan voces. Desde el bando de los escépticos[14] se propone que los informes de escucha de voces en sordos reflejan en realidad el *deseo* de oír; algo así como una ilusión. Otro punto de vista sostiene que tales personas están malinterpretando en realidad otras experiencias de carácter no auditivo, tales como percepciones anómalas de corrientes de aire o vibraciones. Algunas sostienen que estos informes se basan más en las ideas preconcebidas de las personas que hacen las entrevistas que de experiencias reales de las personas sordas. Por otra parte, existen diversos informes muy detallados de personas sordas

---

12. Henry Putnam Stearns, «Auditory hallucinations in a deaf mute», *Alienist and Neurologist,* vol. 7, pp. 318-319, 1886.
13. Kenneth Z. Altshuler, «Studies of the deaf: Relevance to psychiatric theory», *American Journal of Psychiatry,* vol. 127, pp. 1521-1526, 1971.
14. Altshuler, «Studies of the deaf»; J. Remvig, «Deaf mutes in mental hospitals», *Acta Psychiatrica Scandinavica,* vol. 210, pp. 9-64, 1969: Robin Paijmans, Jim Cromwell y Sally Austen, «Do profoundly prelingually deaf patients with psychosis really hear voices?», *American Annals of the Deaf,* vol. 151, pp. 42-48, 2006.

que utilizan señales que son inequívocamente auditivas. En un estudio británico se entrevistó a 17 personas profundamente sordas[15] que tenían un diagnóstico de esquizofrenia, de las cuales 10 dijeron escuchar voces cuyos contenidos podían describir. 5 eran profundamente sordas de nacimiento, desechando así la posibilidad de que hubieran podido tener alguna experiencia limitada de audición en épocas muy tempranas de su vida que pudiera explicar los resultados. Una mujer de 33 años, que nunca había sido capaz de percibir sonidos, podía no obstante escuchar la voz de un hombre diciéndole palabras soeces en el oído derecho. Afirmando que era «completamente sorda», esta mujer era perfectamente consciente de que no podía escuchar físicamente ni su propia voz ni las voces de los demás.

Los relatos hacían referencia enfáticamente a escuchar voces más que a cualquier otra experiencia; de hecho, varios de los pacientes utilizaron el signo de hablar. Pero, cuando los investigadores plantearon la incómoda pregunta de «¿Cómo puedes estar escuchando voces, si nunca has escuchado nada en absoluto?», las respuestas de los pacientes resultaron poco esclarecedoras. «Lo más habitual –escriben los autores– era que los pacientes se encogieran de hombros, dieran un "no lo sé" por respuesta, o indicaran que no podían comprender la pregunta. Otros intentaban dar explicaciones superficiales, fáciles o insatisfactorias, como "Quizás están hablando en mi cerebro" o "A veces estoy sorda, a veces oigo" [...]. Una paciente, que fue diagnosticada como sorda a los 2 años, afirmaba que podía oír antes de los 5 años, pero que entonces se golpeó con una pared y se quedó sorda. Otro paciente creía que Dios le había devuelto la audición».

En otro estudio, un investigador diferente preguntó a un grupo de personas sordas con esquizofrenia acerca de las propiedades acústicas de sus voces (tono, volumen, acento) y se encontró con respuestas agrias, como «¿Cómo lo voy a saber? ¡Soy sordo!».[16]

---

15. M. du Feu y P. J. McKenna, «Prelingually profoundly deaf schizophrenic patients who hear voices: A phenomenological analysis», *Acta Psychiatrica Scandinavica,* vol. 99, pp. 453-459, 1999.

16. A. J. Thacker, «Formal communication disorder: Sign language in deaf people with schizophrenia», *British Journal of Psychiatry,* vol. 165, pp. 818-823, 1994.

Tal vaguedad sobre la naturaleza de la experiencia[17] no debería llevarnos a concluir que los informes de estos pacientes no sean auténticos. Una persona que escuchara algo por vez primera en su vida (aun en el caso de que la experiencia fuera totalmente alucinatoria) carecería sin duda del adecuado marco de referencia necesario para comunicar esa experiencia a una persona que oye. Pero otro intrigante hecho de estos informes es que suelen incluir experiencias de otras modalidades, como la sensación de que se les habla a través de signos o deletreando con los dedos, alucinaciones visuales y vibraciones que experimentan en el interior del cuerpo. En el estudio británico, varias de las personas sordas que escuchaban voces vieron también cosas como luces parpadeantes, imágenes del demonio e, incluso en un caso, una «visión panorámica del cielo». Entre las alucinaciones de olores se incluían el humo, la menta o huevos podridos; en tanto que, entre las alucinaciones corporales, hubo retortijones abdominales y la sensación de estar a punto de reventar, así como la sensación de que había otras personas en el interior del cuerpo de los pacientes.

Para la psicóloga londinense Joanne Atkinson (que es completamente sorda desde la infancia), estos concomitantes no auditivos de las personas sordas que escuchan voces[18] nos ofrecen una pista para entender el enigma de cómo unas personas que no perciben sonidos pueden, no obstante, escuchar a veces cosas que no están ahí. Durante una visita a nuestro centro de investigación en Durham, Jo me comentó que una versión del modelo del discurso interior[19] podría ayudarnos a comprender las alucinaciones de voces en personas sordas, pero sólo con algunas importantes modificaciones. Aquélla fue la primera vez que yo interactuaba extensamente con una persona sorda, y me descubrí a mí mismo forcejeando con el ritmo de la interacción, y dividiendo mi atención entre ella y su

---

17. Joanna R. Atkinson, «The perceptual characteristics of voice-hallucinations in deaf people: Insights into the nature of subvocal thought and senroy feedback loops», *Schizophrenia Bulletin,* vol. 32, pp. 701-708, 2006.

18. Joanna R. Atkinson, Kate Gleeson, Jim Cromwell y Sue O'Rourke, «Exploring the perceptual characteristics of voice-hallucinations in deaf people», *Cognitive Neuropsychiatry,* vol. 12, pp. 339-361, 2007.

19. Charles Fernyhough, «Do deaf people hear an inner voice?», blog post en The Voices Within, *Psychology Today,* 24 de enero 2014, www.psychologytoday.com/blog/the-voices-within/201401/do-deaf-people-hear-inner-voice.

intérprete. Me dio vergüenza no ser capaz de comunicarme con ella a través de los signos, si bien hice un buen trabajo para vencer mi habitual tendencia a mascullar las palabras, facilitándole así que leyera mis labios. Jo ha llevado a cabo un trabajo pionero, ofreciendo nuevos métodos para evaluar si lo que escuchan las personas sordas que alucinan es realmente una voz o no. En uno de sus estudios, Jo desarrolló unas señales a través de imágenes que permitían a estas personas referirse a sus experiencias sin tener que traducirlas al lenguaje formal de signos ni al inglés (que para muchas personas sordas no es su primera lengua). Por ejemplo, en una de las imágenes se veía una cabeza con un pensamiento emanando de ella con la forma del típico «bocadillo» de los comics, dentro del cual había dos manos haciendo señales activamente. Esta imagen en particular representaba la afirmación (reproducida también en inglés en la tarjeta) de «Cuando experimento voces, veo a alguien haciéndome signos en mi mente».

El modelo de discurso interior estándar afirmaría que las voces que se escuchan deberían adoptar la forma de lo que sería una comunicación interior ordinaria para esa persona. Por tanto, la primera pregunta sería si las personas sordas experimentan algo equiparable al discurso interior ordinario de una persona dotada del sentido de la audición. Esta pregunta se formuló recientemente en el fórum *online* Quora, y hubo algunas respuestas de personas sordas que dieron mucho que pensar. Una de ellas afirmó, «Yo tengo una "voz" en mi cabeza, pero no se basa en el sonido. Yo soy un ser visual, de modo que, en mi cabeza, o bien veo el lenguaje de signos americano, o bien imágenes; en ocasiones, incluso, palabras impresas». Para esta persona, el sonido no era un rasgo de su experiencia. Otra de las personas que respondió experimentaba una mezcla de modalidades: «[M]i voz interior me habla figurativamente, y yo la oigo y también le leo los labios». En este caso, la experiencia tenía tanto propiedades auditivas como visuales. Otra persona que había perdido la audición a los dos años dijo que pensaba en palabras, pero palabras sin sonido, en tanto que otra persona que había perdido la audición también a temprana edad decía «oír» una voz en sueños en ausencia de signos o de movimientos de labios. Todas las evidencias sugieren que la voz interior cumple funciones similares, tanto para las personas sordas como para las que oyen. Por ejemplo, el signo interior parece jugar un papel en la memoria a corto plazo de las personas que se comunican por signos, del mismo modo que el discurso interior hace un papel de mediación en el recuerdo a corto plazo de las personas que oyen.[20]

Por tanto, quizás las voces que escuchan los sordos tengan lugar cuando el signo interior ordinario se atribuye erróneamente como una experiencia procedente del exterior. Como ocurre con el discurso interior auditivo, la versión interior no tiene por qué «sonar» exactamente igual que la versión externa; de hecho, es muy probable que no suene igual, quizás debido a otros procesos, como el de la condensación. Algunas descripciones de voces en personas sordas vendrían a corroborar esta idea.[21] Diversas personas, por ejemplo, han contado que un acosador interior les deletreó palabras con los dedos sin tener una percepción clara de los movimientos de las manos, o bien le leyeron los labios sin tener una imagen directa del rostro de quien se comunicaba. Pero sería un error suponer que las voces que escuchan los sordos activarán zonas visuales del cerebro del mismo modo que las voces que escuchan las personas que oyen están relacionadas con las zonas auditivas. De hecho, el discurso interior y el signo interior parecen compartir similares recursos neurales. El procesamiento del lenguaje en las personas sordas[22] parece basarse en regiones muy similares a aquellas que se activan en las personas que oyen, y los signos encubiertos en los sordos parece que recurren a la red clásica del «discurso interior».

Esto sugiere la idea de que el cerebro codifica la información relacionada con la comunicación de un modo que no es específico para ningún canal sensorial concreto. Eso explicaría por qué las personas sordas que dicen oír voces suelen dar cuenta de una mezcla de experiencias, y también encaja con las observaciones realizadas de que las voces en las personas que oyen suelen venir acompañadas por experiencias en otros sentidos. En uno de los estudios de Jo Atkinson, por ejemplo, no hubo diferencias

20. Ursula Bellugi, Edward S. Klima y Patricia Siple, «Remembering in signs», *Cognition,* vol. 3, pp. 93-125, 1975.

21. Thacker, «Formal communication disorder».

22. Mairéad MacSweeney *et al.,* «Neural systems underlying British Sign Language and audio-visual English processing in native users», *Brain,* vol. 125, pp. 1583-1593, 2002; P. K. McGuire *et al.,* «Neural correlates of thinking in sign language», *Neuroreport,* vol. 8, pp. 695-678, 1997.

entre las muestras de personas que oían voces sordas y oyentes en cuanto a la imaginería visual que acompañaba a sus experiencias. Ambos grupos podrían haberse basado en canales sensoriales completamente diferentes para la mayor parte de su comunicación (auditiva para las personas que oían y visual para las sordas), pero ambas fueron igualmente susceptibles a las experiencias visuales cuando escuchaban las voces.

Por tanto, la pregunta pasa ahora del misterio de cómo una persona que nunca ha oído nada puede «escuchar» una voz alucinada, a cómo las personas –sean sordas u oyentes– pueden tener la experiencia de que alguien se comunique con ellas *en ausencia absoluta de cualquier entrada sensorial.* De hecho, volvemos así a algo muy parecido a la experiencia de sentir una presencia. Algunos han argumentado que sentir una presencia debería entenderse como una ilusión, puesto que parece que no implica percepción sensorial alguna, fantasmal o auténtica. Pero será más útil pensar en ello como en una alucinación de un agente social con intenciones comunicativas.[23] Cuando sientes la presencia de tu bebé en la cama, o sientes que tu pareja fallecida está en la habitación contigo, estás, efectivamente, teniendo la alucinación una persona: no su voz ni su cara, sino a todo su ser. El motivo de esto podría ser que hay, o hubo, una persona real ahí cuya presencia has estado rastreando, como un tendero rastrea los movimientos de un cliente de aspecto sospechoso, o como un progenitor rastrearía el paradero de su inquisitivo bebé. Las investigaciones en psicología evolutiva han demostrado que la capacidad para seguirles el rastro a los agentes sociales[24] se desarrolla muy pronto en

23. Los psicólogos canadienses Allan Cheyne y Todd Girard definen la sensación de presencia como «un *sentimiento* de la presencia de un *Ser,* y no como algo meramente existente, sino un Ser *intencional* con una mente o alma»: J. Allan Cheyne y Todd A. Girard, «The nature and varieties of felt presence experiences: A reply to Nielsen», *Consciousness and Cognition,* vol. 16, pp. 984-991, 2007, p. 985, énfasis en el original. La sensación de presencia tiene un sentimiento asociado, no es sólo una creencia. Y la presencia que se siente no es la de algún antiguo objeto; es una entidad con intencionalidad, en el sentido de tener alguna conexión mental con el mundo. Véase J. Allan Cheyne y Todd A. Girard, «Paranoid delusions and threatening hallucinations: A prospective study of sleep paralysis experiences», *Consciousness and Cognition,* vol. 16, pp. 959-974, 2007; Suedfeld y Geiger, «The sensed presence as a coping resource».

24. Amanda L. Woodward, «Infants selectively encode the goal object of an actor's reach», *Cognition,* vol. 69, pp. 1-34, 1998; Charles Fernyhough, «Getting Vygotski-

la vida, o incluso podría ser innato. En el caso del duelo,[25] una persona cuya presencia has estado monitorizando durante mucho tiempo, quizás durante décadas, desaparece de repente. Pero tu cerebro sigue manteniendo la expectativa de su presencia, llenando el hueco que ha dejado. No es de extrañar que la escucha de voces sea tan común en aquellas personas que acaban de perder a un ser amado.

El fenómeno de la sensación de presencia puede convertirse en una poderosa idea para comprender las complejidades de la escucha de voces. Las voces se escuchan, y tienen diversas propiedades sensoriales asociadas a ellas. Pero una entidad, al igual que una persona, también se siente. Es así como Adam sabe que el Capitán está ahí aunque no esté hablando, y como Rumer sabía que su voz había desaparecido. Muchas personas que escuchan voces dicen que, antes de oírlas, son conscientes de una presencia particular. La artista Dolly Sen describía este fenómeno en una entrevista diciendo que era como captar la sensación de una persona aunque no la percibas directamente: «Es algo así como cuando estás en un autobús y alguien se sienta a tu lado; no puedes ver a esa persona, pero tratas de adivinar cómo es simplemente estando a tu lado».[26]

En última instancia, una voz es algo que entra en comunicación, y una entidad que se pone en comunicación se puede representar con independencia de sus pronunciamientos. Si yo estoy hablando por teléfono con alguien y se da una pausa en la conversación, yo sigo representando mentalmente a mi interlocutor aunque no escuche su voz. Las voces son algo más que fragmentos de percepción sensorial o de intrusiones de la memoria, como me explicó Rachel Waddingham: «En realidad, son como personas». Y los agentes comunicativos que se experimentan o se alucinan tienen intenciones; quieren cosas que no necesariamente se corresponden

---

an about theory of mind: Mediation, dialogue, and the development of social understanding», *Developmental Review,* vol. 28, pp. 225-262, 2008; Ben Alderson-Day y Charles Fernyhough, «Auditory verbal hallucinations: Social but how?», *Journal of Consciousness Studies,* en prensa.

25. W. Dewi Rees, «The hallucinations of widowhood», *British Medical Journal,* vol. 4, pp. 37-41, 1971; A. Grimby, «Bereavement among elderly people: Grief reactions, post-bereavement hallucinations and quality of life», *Acta Psychiatrica Scandinavica,* vol. 87, pp. 72-80, 1993.
26. Dolly Sen entrevistada para «Voices in the Dark: An audio story», *Mosaic,* Wellcome Trust, 9 de diciembre de 2014.

con lo que quieren las personas que las oyen. Como hemos visto, algo parecido puede ocurrir con las compañías imaginarias y con las creaciones de ficción que un novelista se inventa.

Tales descripciones de voces que poseen propiedades de agente vienen dándose a lo largo de toda la historia de la escucha de voces. Tomemos como ejemplo esta conversación, que tuvo lugar en la década de 1890, entre un paciente y uno de los pioneros de la psiquiatría, Pierre Janet:

—Me hablan en todo momento… Me dicen que tengo que ir a ver al Papa y pedirle su perdón.[27]

—¿Reconoce la voz que le habla?

—No, no la reconozco, no es la voz de nadie.

—Esa voz, ¿está lejos o cerca?

—Ni lejos ni cerca, es como si estuviera en mi pecho.

—¿Es como una voz?

—En realidad no, no es una voz, *no oigo nada,* siento que me están hablando.

Cuando le preguntábamos a la gente por sus voces en nuestra encuesta *online,* descubrimos casos en los que la urgencia comunicativa y emocional de las voces insonoras era tan clara como si hubiera habido un estímulo auditivo. «Es difícil describir cómo pude "oír" una voz que no era auditiva –escribió una de las personas–, pero las palabras que dijo y las emociones que contenían (odio y disgusto) eran completamente claras, distintas e inequívocas, quizás incluso más que si las hubiera oído auditivamente».[28]

Desde nuestro enfoque inicial sobre las voces como discurso interior no reconocido como tal, estamos llegando a ver las cosas de un modo bastante diferente.[29] Cuando una persona está oyendo una voz, tal perso-

---

27. Pierre Janet, «Étude sur un cas d'absoluie et d'idées fixes», *Revue Philosophique de la France et de l'*Étranger, T. 31, pp. 258-287, 1891, p. 274, traducción mía (con la ayuda de Sam Wilkinson). Para más información sobre el tratamiento de Janet en la escucha de voces, véase Ivan Leudar y Philip Thomas, *Voices of Reason, Voices of Insanity: Studies of verbal hallucinations,* London: Routledge, 2000, capítulo 4.

28. Woods *et al.,* «Experience of hearing voices».

29. **Sam Wilkinson y Vaughan Bell, «The representation of agents in auditory verbal hallucinations»**, *Mind & Language,* vol. 31, pp. 104-126, 2016. Ciertamente, las dimensiones sociales de la escucha de voces no han recibido la atención que se merecían. Uno de los motivos es, probablemente, la dominancia del modelo del

na experimenta una intención por comunicarse. El término «alucinación verbal auditiva» comienza a parecernos equivocado. Deberíamos dejar a un lado nuestra fijación sobre las cualidades auditivas de la experiencia y fijarnos más en algunos hechos que se han obviado: que las voces son entidades con las que se puede interactuar, que las personas que escuchan voces normalmente pueden responder a preguntas como «¿Cuántas voces escuchas?», y que incluso puede parecerles que las voces constituyen una buena compañía. Estas señales apuntan con fuerza a que algunas personas que escuchan voces no experimentan tanto alucinaciones verbales auditivas como alucinaciones de gente. Eso no significa que las voces no vayan a diferir en sus propiedades como agentes. El filósofo Sam Wilkinson y el psicólogo Vaughan Bell establecen cuatro niveles en la experiencia de la escucha de voces, desde aquellos que tienen muy poca agencia adherida a las voces (como serían los casos de alucinaciones de gritos o gemidos) hasta aquellos otros donde el sujeto puede identificar a la persona específica que le está hablando. En torno al 70 por 100 de las personas de nuestra encuesta dijo que sus voces tenían una identidad consistente.

Si adoptamos este punto de vista diferente de la escucha de voces emergerán muchas preguntas nuevas. En vez de preguntar por qué el discurso interior podría ser erróneamente atribuido, deberíamos preguntarnos por qué existen estos cambios en el modo en que se rastrean los agentes sociales. Ahora sabemos algo acerca de los sistemas cognitivo y neural que subyacen a nuestras representaciones de los seres sociales. ¿Se deberá la escucha de voces a que uno de esos procesos funciona mal? No, según las actuales evidencias en neuroimagen, que no muestran señales fuertes de anormalidad en el modo en que la cognición social opera durante la escucha de voces. Pero existen pistas interesantes. La lesión de la unión temporoparietal (UTP),[30] un área estrechamente asociada con las

discurso interior, que, como hemos visto, tiende a basarse en una concepción de la autoconversación que ignora sus orígenes sociales. Posiblemente, el enfoque del discurso interior que lo considera como un diálogo interiorizado se halle en mejor situación para explicar las cualidades de agencia de las voces, si las voces son en parte intrusiones de recuerdos de interacciones con los demás. Véase Alderson-Day y Fernyhough, «Auditory verbal hallucinations: Social but how?».

30. Peter Brugger, Marianne Regard y Theodor Landis, «Unilaterally felt "presences»: The neuropsychiatry of one's invisible *Doppelgänger*», *Neuropsychiatry, Neuropsychol-*

capacidades de la teoría de la mente, se ha vinculado con la sensación de presencia en personas voluntarias ordinarias. Curiosamente, un área cercana a la UTP apareció en nuestro estudio de la firma neural del discurso interior dialógico. Nuestro hallazgo de que la conversación interna recurre a partes del sistema de la teoría de la mente podría plantear una nueva forma de comprender cómo el procesamiento social podría interactuar con la red del discurso interior en la experiencia de escuchar una voz.

Preguntar cómo se desarrollan las voces con el transcurso del tiempo podría darnos también algunas pistas valiosas. En un caso como el de Jay, los distintos personajes sociales de sus voces (la Doctora, la Bruja) ¿aparecieron totalmente configurados desde un principio o comenzaron siendo algo que no se parecía demasiado a una persona, adquiriendo las características de seres sociales progresivamente, poco a poco? Las experiencias de Eleanor Longden evolucionaron desde voces que simplemente comentaban detalles de su comportamiento hasta alucinaciones de agentes con intenciones específicas, frecuentemente desagradables. Pero sería un error sugerir que tal evolución se da en todos los casos. Determinar las distintas formas en que las voces podrían desarrollarse es todo un desafío, que en última instancia requeriría de una investigación longitudinal en la que se hiciera un seguimiento de las personas a lo largo de sus inusuales experiencias.

Esta nueva perspectiva sobre la escucha de voces nos trae también interesantes enigmas sobre la naturaleza social del discurso interior. Cuando nos hablamos y nos escuchamos a nosotros mismos con nuestra propia voz ordinaria, ¿sentimos la presencia de una agente social? ¿Podría nuestro multivocal discurso interior ser incluso una de las maneras en las que representamos tales agentes para nosotros mismos, mientras llenamos nuestra mente con las voces de las personas que llevamos con nosotros? ¿Ese «tú» que hay en tu cabeza es realmente como una persona que se comunica contigo? Si así fuera, ¿qué significaría eso para lo que sabes de ti mismo, y para el reto vital de seguir el rastro a quién eres?

---

ogy, and Behavioral Neurology, vol. 9, pp. 114-122, 1996; Shahar Arzy, Margitta Seeck, Stephanie Ortigue, Laurent Spinelli y Olaf Blanke, «Induction of an illusory shadow person», *Nature,* vol. 443, p. 287, 2006; Ben Alderson-Day, Susanne Weis, Simon McCarthy-Jones, Peter Moseley, David Smailes y Charles Fernyhough, «The brain's conversation with itself: Neural substrates of dialogic inner speech», *Social Cognitive & Affective Neuroscience,* vol. 11, pp. 110-120, 2016.

Una forma de aproximarse a esta cuestión es preguntar si nuestro discurso interior tiene un tono de voz, o alguna otra cualidad que haga de la voz algo parecido a un agente, capaz de expresar emociones e intenciones. Prueba a preguntarte, por ejemplo, si tu discurso interior ha sido alguna vez sarcástico o deshonesto. (En mi caso, estoy bastante seguro de haberme dicho cosas a mí mismo tales como «Hoy va a ir todo *muy* bien», cuando en realidad quería decir exactamente lo contrario). ¿Puedes mentirte a ti mismo en el discurso interior, o decirte algo que realmente no querías decir? Las evidencias sobre la dialogicidad del discurso interior ordinario sugieren ciertamente que nuestro yo hablador dispone de tal multiplicidad. Y, sin embargo, ese yo no nos parece un extraño; no tenemos la sensación de que alguien nos haya colonizado, habitado o secuestrado, como afirman muchas personas que escuchan voces. ¿Qué es lo que hace que tu yo hablador se parezca a «ti» en el caso típico? Sea lo que sea, su perturbación genera una experiencia abrumadoramente desorientadora.

Conviene también tener en cuenta que, para muchas personas que escuchan voces, la distinción entre voces y pensamientos no siempre está clara. En nuestra encuesta, un tercio de la muestra habló bien de una combinación de voces auditivas y voces parecidas a pensamientos, o bien de experiencias que se encontraban a mitad de camino entre las voces auditivas y los pensamientos. Una de las personas que respondió a la encuesta dijo, «La voz que yo escuchaba estaba siempre dentro de mi cabeza. No la escuchaba como se escucha un ruido; era más como cuando escuchas tus propios pensamientos, salvo que más fuerte y más potente que tus pensamientos, y normalmente discurriendo junto con ellos».

Si las voces son la mitad de un diálogo interno, entonces esa zona gris existente entre los pensamientos y las voces tiene bastante más sentido. Comprensiblemente, Adam decía que era «confuso», pero yo creo que también es muy revelador en cuanto a cómo fluye la corriente de la consciencia, tanto en casos típicos como inusuales. Considerar las voces como actos comunicativos nos proporciona una idea más clara de en qué medida nuestra consciencia está poblada de agentes sociales. La queja de que algo importante se pierde al considerar las voces «sólo» como discurso interior nos lleva a perder de vista el hecho de que la autoconversación interna tiene sus orígenes en las interacciones entre las personas,[31] y que representa las diferentes perspectivas de los agentes sociales que la comprenden. No obstante, el discurso interior sólo puede ser una parte de la explicación. Hemos de tener en cuenta el resto de las experiencias auditivas y no auditivas que acompañan al diálogo interior, y comprender que, al igual que la escucha de voces, el discurso interno es más que mero lenguaje.

Contemplar la escucha de voces como un acto comunicativo nos permite comprender también por qué la gente se implica emocionalmente con sus voces de todas las maneras posibles. Como hemos visto, las voces nos ofrecen multitud de pistas sobre las identidades sociales que hay tras ellas. Allí donde haya personas, existirá la posibilidad de que haya apegos e, incluso, simpatía. «He tenido una temporada terrible», se lamenta la voz de Margaret mientras mantiene su casi incesante monólogo; en tanto que Rumer, que anteriormente escuchaba voces, parecía un tanto pesarosa cuando hablé con ella por el hecho de que su acompañante verbal ya no estuviera allí. La echaba de menos hasta cierto punto, aunque lo que aquella voz decía era en su mayor parte negativo.

Adam también teme que el Capitán desaparezca algún día para nunca más volver. Le echaría de menos, a pesar de lo burlón y lo cruel que suele ser con él. Pongamos como ejemplo aquella vez en que Adam estaba hablando con un miembro de su equipo de salud mental, diciendo, «Tengo pánico a ser un esquizofrénico», ante lo cual el Capitán dijo, «¿Puedes oírme, jodido idiota? ¡Pues claro que eres esquizofrénico!». Tus amigos pueden gastarte bromas, burlarse de ti y resultar irritantes más allá de toda medida, pero no dejan de ser tus amigos. «Hasta cierto punto hay una sensación de seguridad –dijo Adam en la BBC–. A veces viene y se pone allí de pie con unos binoculares gigantescos tipo Acme. Y te sientes como si tuvieras un amigo que vela también por ti, que intenta asegurarse de que estás bien».[32]

---

31. Felicity Deamer, «The pragmatics of inner speech: Reconciling theories of linguistic communication with what we know about inner speech», en revisión; Charles Fernyhough, «The dialogic mind: A dialogic approach to the higher mental functions», *New Ideas in Psychology*, vol. 14, pp. 47-62, 1996.

32. Entrevista con Adam en el programa *Saturday Live* de BBC Radio 4, 2 de marzo de 2013.

15

CONVERSANDO CON NOSOTROS MISMOS

—Es estupendo ser quien entrevista.

Susan está acostada en el escáner cerebral del Instituto Max Planck de Berlín. Está recordando los momentos previos a que la introdujeran en la máquina, cuando le preguntaba a Russ Hurlburt por su familia. Se regodea con la idea de ser ella, Susan, la que le hace las preguntas a Russ, y no al revés. En el momento del bip hay una canción en su cabeza, que suena suavemente de fondo. Es *Ignoreland* de REM, y la escucha tal como la banda la interpretaba, con la música de guitarra *jangly* y la voz de Michael Stipe. Cuando el bip se apaga, Susan se está diciendo a sí misma, «Es estupendo ser quien entrevista». Se ha sentido bastante bien durante toda la mañana, pero ésa no es su experiencia justo en el momento en que el MED ha hecho el muestreo.

Susan guarda silencio, su discurso privado le recorre la cabeza y se desborda en su alma feliz, hablando para sí con una sola voz, en lugar de volver hacia atrás a la persona que lo originó, con cierta separación entre la que habla y la que escucha.

—No me lo estaba diciendo a mí misma, como si fuera dos personas. Lo decía como una persona que hace una exclamación.

Es difícil construir el discurso interior de Susan como algo con lo que pretende dirigir su propio comportamiento, o bien animarse, motivarse o amonestarse a sí misma. Si su discurso interior tiene alguna función en este caso, podría ser simplemente la de expresar un pensamiento de satisfacción. Es un fragmento bastante inédito de discurso interior, como mi idea en el metro de Londres; un aspecto de la experiencia cuya mera cotidianeidad puede hacer que no nos demos cuenta de él ni le prestemos atención. «El hecho de su insistente morada en ti mismo –señala la poeta Denise Riley acerca del discurso interior– puede cegarnos a sus peculiaridades».[1]

Si observamos lo que estaba sucediendo en el cerebro de Susan en aquel momento, veremos que este fenómeno cotidiano es de todo menos simple. Uno de los objetivos de nuestro estudio de Berlín era saber si el tipo de discurso interior que emerge al instruir a los participantes para que produzcan discurso interior tenía algún parecido, en términos de activaciones neurales, con el tipo de discurso mental que emerge de manera natural. Tres de nosotros en el equipo de investigación reunimos todos los casos MED y, trabajando de forma independiente, nos aseguramos de que podríamos conformar un subconjunto que supusiera inequívocamente discurso interior. Después, hicimos lo mismo con el resto de los bips, identificando aquellos que, claramente, *no* incluían discurso interior. Cualquier historia que mostrara alguna ambigüedad acerca del grado de discursividad interior sería excluida de nuestro análisis.

Posteriormente, echamos la vista atrás sobre algunos datos de imágenes cerebrales que habíamos conseguido al comienzo de la participación de cada voluntario. En esta parte del estudio, se le pidió a la gente que se dijeran palabras en silencio para sí mismas: efectivamente, se las instruyó para que realizaran discurso interior a petición, como en todos los estudios previos con neuroimágenes sobre el tema. Nuestro análisis se centró en dos áreas del cerebro que en anteriores investigaciones habían sido identificadas como potencialmente importantes: el giro de Heschl, que se asocia normalmente con la percepción auditiva, y un área más o menos equivalente al área de Broca (que, como hemos visto, se suele activar en los estudios sobre discurso interior). A continuación, comparamos esas activaciones con las que habíamos visto cuando capturamos discurso interior emergiendo de forma espontánea utilizando el MED.

Los patrones fueron sorprendentemente diferentes. Cuando se daba instrucciones a las personas para que usaran el discurso interior, el área

1. Denise Riley, «"A voice without a mouth": Inner speech», en Denise Riley y Jean-Jacques Lecercle, *The Force of Language,* Londres: Palgrave Macmillan, 2004, p. 8.

de Broca estallaba de vida –como sería de esperar por los estudios previos que pedían a la gente que hicieran cosas similares–, pero el área de la percepción auditiva (el giro de Heschl) se *des*activaba. En completo contraste, cuando se capturaba el discurso interior emergiendo de forma natural, el área de Broca se excitaba sólo de forma ligera, en tanto que la región de la percepción auditiva mostraba una importante activación. Los dos tipos de discurso interior producían patrones opuestos de actividad neural.[2] Como hemos visto a lo largo de este libro, el discurso interior es un fenómeno resbaladizo, y estos hallazgos demuestran que es difícil conseguir que los voluntarios lo realicen de una forma natural. No puedes dar por supuesto que la gente lo ha hecho sólo porque tú se lo hayas pedido. Una implicación preocupante sería que, si nuestros hallazgos se confirman, tendremos que preguntarnos de nuevo cómo interpretar los estudios (incluidos aquellos que supuestamente revelan las bases neurales de las alucinaciones verbales auditivas) que simplemente le pedían a la gente que se metiera en el escáner y produjera discurso interior a petición.

La ciencia del discurso interior ha dado grandes pasos desde que yo me planteara este tema siendo un alumno de doctorado, en la década de 1990. De ser un fenómeno que, supuestamente, era imposible de estudiar, la autoconversación interior se ha convertido en un área productiva de investigación.[3] En una revisión que Ben Alderson-Day y yo publicamos en 2015, había en torno a 250 referencias de investigaciones publicadas que cubrían temas que iban desde la evolución infantil hasta la lesión cerebral. Nadie, nunca más, volverá a decirle a un alumno de grado que el discurso interior no es un tema digno de estudio por no poderse estudiar empíricamente.

---

2. Russell T. Hurlburt, Charles Fernyhough, Ben Alderson-Day y Simone Kühn, «Exploring the ecological validity of thinking on demand: Neural correlates of elicited vs. spontaneusly occurinig inner speech», *PLOS ONE,* vol. 11, artículo e0147932, 2016; Simon R. Jones y Charles Fernyhough, «Neural correlates of inner speech and auditory verbal hallucinations: A critical review and theoretical integration», *Clinical Psychology Review,* vol. 27, pp. 140-154, 2007.
3. Ben Alderson-Day y Charles Fernyhough, «Inner speech: Development, cognitive functions, phenomenology, and neurobiology», *Psychological Bulletin,* vol. 141, pp. 931-965, 2015.

Hemos realizado avances, metodológicamente, y hemos aprendido mucho, pero todavía tenemos un largo camino por recorrer. Particularmente, convendría que fuésemos con cuidado en lo referente a la relación entre la autoconversación interna y el complejo tema de la escucha de voces. El modelo del discurso interior ha sido criticado en varios terrenos, y qué duda cabe que no ofrece una explicación completa de las alucinaciones auditivas. No menos importante entre esas objeciones es que lo hayan criticado aquellas personas cuyas experiencias se supone que tiene que explicar. «Como sociedad –me dijo Rachel Waddingham–, estamos sesgados hacia los modelos bioquímico y psicológico, y tenemos que esforzarnos mucho para asegurarnos de que se les eche un vistazo a otros modelos más diversos». En tanto que las pruebas científicas deberían de ser el árbitro último de toda investigación científica, cualquier teoría que no suene a cierta para aquellas personas que tienen la experiencia es, en sí misma, una pista de que nos hemos perdido algo importante en su fenomenología y en su importancia para la vida de estas personas. Si la ciencia simplemente ignora esos aspectos de la experiencia,[4] entonces es que no es una buena ciencia.

El modelo del discurso interior tendrá que esforzarse también por explicar otros tipos de percepciones fantasma. Aunque la escucha de voces es el tipo de alucinación dominante en la esquizofrenia, estas personas tienen también alucinaciones de otras modalidades. Las alucinaciones musicales, por ejemplo, son relativamente comunes. Preguntando a personas ordinarias acerca de esto en una encuesta en Internet, de las 200 personas que respondieron, alrededor de 40 describieron sus experiencias como alucinaciones musicales. Una persona dijo, «Es como un iPod interno. Cualquier música que haya escuchado puede reproducirse de pronto». Para otra, la alucinación de «un coro celestial» era «tan clara que pensé que me había dejado puesta la radio del automóvil». Tenemos que explorar si hay una versión del modelo del discurso interior que nos sirva para las alucinaciones musicales. Muchos somos los que experimentamos una especie de «música interior»; de hecho, Susan informó de ello en un momento determinado durante el escáner del que hablaba arriba. Quizás

4. Charles Fernyhough, «Hearing the voice», *The Lancet,* vol. 384, pp. 1090-1091, 2014.

las alucinaciones musicales, o al menos algunas formas de alucinaciones musicales, tienen lugar cuando esa música interior se atribuye erróneamente a una fuente exterior.

Las alucinaciones de otras modalidades serían más difíciles de explicar. El problema estriba en dilucidar, para cualquier canal sensorial concreto, cuál es el equivalente del discurso interior que se supone que actúa ahí. En cada caso, convendrá proponer que existe alguna corriente de experiencia en curso en esa modalidad: un flujo de imágenes visuales, por ejemplo. Aunque la corriente de consciencia se despliega indudablemente a través de múltiples medios de comunicación (yo tuve ciertamente imágenes visuales en aquel momento de hilaridad en el metro), un flujo de imaginería visual interior, análogo al discurso interior, es algo de lo que no se ha tratado casi en la teorización científica. No es fácil ver cómo algo que podríamos llamar «visión interior» pudiera cumplir con los diversos papeles funcionales que tienen nuestras conversaciones internas. Pero aún será más difícil hacer encajar el modelo en el caso de las alucinaciones olfativas o somáticas, como las experiencias de olores espectrales o la sensación de que algo se arrastra por tu piel.

Al mismo tiempo, existen evidencias crecientes que apoyan la idea de que escuchar voces supone algún tipo de confusión entre fuentes de información internas y externas. En un episodio de la comedia televisiva *Father Ted (El padre Ted),* Ted le dibuja a Dougal un diagrama para ayudarle a distinguir lo que emerge de dentro de su propia cabeza (en este caso, el estrafalario sueño de una criatura llamada el Bebé Araña)[5] de lo que está realmente ahí afuera. Todos somos proclives a cometer errores como éste, como tú mismo sabrás si alguna vez has confundido un sueño con algo que realmente ocurrió. Como sería de esperar, la capacidad para distinguir entre acontecimientos internos y externos (denominado técnicamente *monitorización de la realidad)* se cree que juega un papel clave en las alucinaciones.

Los investigadores están comenzando a comprender cómo operan estos procesos en el cerebro. Marie Buda, una alumna de la neurocientífica cognitiva Jon Simons, de la Universidad de Cambridge, demostró que las

5. «Good Luck, Father Ted», *Father Ted,* temporada 1, episodio 1, abril de 1995.

capacidades para la monitorización de la realidad[6] guardan relación con una variación en una estructura existente en el córtex prefrontal medial, concretamente un pliegue de la superficie del cerebro conocido como el surco paracingulado (*véase* figura 3). En torno a la mitad de las personas tiene un surco paracingulado bastante prominente y, según el estudio de Buda, tal característica indica que estas personas se desenvolverán mejor en tareas de monitorización de la realidad. En un estudio reciente, otra de las alumnas de Simons, Jane Garrison, intentó obtener una medida más precisa de este pliegue cerebral, midiendo meticulosamente su longitud en los escáneres estructurales del cerebro de una gran muestra de pacientes esquizofrénicos. Jane demostró que la longitud del pliegue en el hemisferio izquierdo era el mejor indicador de las probabilidades de que un paciente alucinara, y eso que en el análisis se controlaron otros factores, como la cantidad total de pliegues en el cerebro y el volumen del cerebro. De hecho, Jane fue capaz incluso de dar datos precisos: por cada centímetro menos de longitud en el pliegue, las posibilidades de que la persona tuviera alucinaciones se incrementaban en casi un 20 por 100.

Otro detalle crucial aquí es que la relación entre el tamaño del pliegue y la propensión a tener alucinaciones no dependía de la modalidad de experiencia. Las personas que escuchaban voces u otros tipos de alucinaciones no diferían en la longitud de sus surcos. Esta región del cerebro se encarga de distinguir entre los acontecimientos internos y los externos, y parece guardar relación con cierta tendencia general a alucinar, por lo que no sería algo específico de los acontecimientos auditivos. Y, sin embargo, escuchar voces es una experiencia bastante más habitual que las alucinaciones en cualquier otro canal sensorial. Puede ser que el sistema cerebral que genera el discurso interior esté vinculado de una forma especialmente intensa con este sistema prefrontal de monitorización de la realidad, de tal modo que cualquier disrupción en la comunicación entre estos sistemas es muy probable que lleve a escuchar una voz, en lugar de tener una experiencia alucinatoria de cualquier otra modalidad.

6. Marcia K. Johnson, «Memory and reality», *American Psychologist,* vol. 61, pp. 760-771, 2006; Jon S. Simons, Richard N. A. Henson, Sam J. Gilbert y Paul C. Fletcher, «Separable forms of reality monitoring supported by anterior prefrontal cortex», *Journal of Cognitive Neuroscience,* vol. 20, pp. 447-457, 2008.

De hecho, existen ya evidencias potentes de que el cerebro en reposo de las personas que escuchan voces está conectado de un modo diferente al cerebro del resto de la gente, sobre todo entre las regiones temporales implicadas en el discurso interior y las regiones frontales que sustentan la monitorización de la realidad.

Respecto a la pregunta de por qué algunas personas escuchan voces, veríamos por tanto que están implicados cierto número de procesos diferentes. En muchas experiencias de escucha de voces, el discurso interior podría ser el acontecimiento interno cuyo origen se atribuye erróneamente y, por tanto, se percibe como una voz. Pero tales atribuciones no se realizan en el vacío. En el marco de monitorización de la realidad, decidir si un acontecimiento es interno o externo es algo en lo que pueden influir otros muchos factores. La tendencia general a hacer una interpretación determinada en lugar de otra podría estar relacionada con ciertas expectativas sobre de dónde es probable que venga la información. Una persona que haya escuchado voces en el pasado y que se haya visto negativamente afectada por ello podría estar a la expectativa de que volviera a suceder, lo cual sesgaría sus interpretaciones y convertiría su aprensión a la escucha de voces en una profecía autocumplida.

Una clase de alucinaciones auditivas parece ilustrar este tipo de sesgo general. «Cuando una persona se siente amenazada –me dijo en cierta ocasión el psicólogo clínico Guy Dodgson–, la evolución la ha capacitado para estar hipervigilante ante cualquier señal de peligro, lo cual puede llevar a la persona a "oír" erróneamente la amenaza que está anticipando». Tales alucinaciones por hipervigilancia[7] ilustran una distinción clásica en psicología entre los procesos ascendentes, impulsados por los datos que llegan del entorno, y los procesos descendentes,[8] en los cuales las creen-

---

7. Guy Dodgson y Sue Gordon, «Avoiding false negatives: Are some auditory hallucinations an evolved design flaw?», *Behavioural and Cognitive Psychotherapy*, vol. 37, pp. 325-334, 2009; David Smailes, Ben Alderson-Day, Charles Fernyhough, Simon McCarthy-Jones y Guy Dodgson, «Tailoring cognitive behavioural therapy to subtypes of voice-hearing», *Frontiers in Psychology*, vol. 6, artículo 1993, 2015; Guy Dodgson, Jenna Robson, Ben Alderson-Day, Simon McCarthy-Jones y Charles Fernyhough, *Tailoring CBT to Subtypes of Voice-hearing*, manual no publicado, 2014.
8. Kenneth Hugdahl, «"Hearing voices": Auditory hallucinations as failure of top-down control of bottom-up perceptual processes», *Scandinavian Journal of Psychology*, vol. 50, pp. 553-560, 2009. Recientemente, se ha incrementado el interés en

cias y las emociones de las personas son capaces de dar forma a lo que se percibe. Bajo tipos de estrés y expectativas adecuados, la persona puede percibir con facilidad intenciones comunicativas en señales tales como los tonos de llamada de un teléfono móvil o los pitidos de los dispositivos de búsqueda de personas. En un estudio reciente se demostró que, en el caso de madres en época de lactancia, no es nada extraño que escuchen voces y otros sonidos en el ruido que hace el extractor de leche materna,[9] escuchando una y otra vez la alarmante expresión «Snap my arm» (Rómpeme el brazo).

Un ejemplo literario de este tipo de percepción sesgada proviene de la novelista Evelyn Waugh, que trató de la experiencia de la escucha de voces en su novela de 1957, *La prueba de fuego de Gilbert Pinfold.*[10] Bajo la influencia de una mezcla de alcohol y un somnífero, la epónima escritora de mediana edad comienza a tener alucinaciones de voces humanas que proceden de las tuberías de un barco. En su libro *Alucinaciones,*[11] Oliver Sacks trata la prueba de fuego de Pinfold como de un relato estrictamente autobiográfico de Waugh, por un delirio que padeció inducido por toxinas, pero también como una demostración de que las alucinaciones «se conforman a través de los poderes intelectuales, emocionales e imaginativos de la persona, así como por las creencias y el estilo de la cultura en la cual está arraigada la persona».[12] Las creencias culturales ejercerán unos efectos descendentes sobre las experiencias alucinatorias.[13] En una

los enfoques de *procesamiento predictivo* de la percepción, en los cuales la predicción descendente domina la construcción de una representación perceptiva. En el caso de la escucha de voces, la visión del procesamiento predictivo plantea un desequilibrio entre el estado sensorial predicho y la señal que no puede ser explicado en términos de la predicción interna (el «error de predicción»). Véase Sam Wilkinson, «Accounting for the phenomenology and varieties of auditory verbal hallucination within a predictive processing framework», *Consciousness and Cognition,* vol. 30, pp. 142-155, 2014.

9. Christine Cooper-Rompato, «The talking breast pump», *Western Folklore,* vol. 72, pp. 181-209, 2013.
10. Publicado en castellano por Homo Legens. Madrid, 2007. *(N. del T.)*
11. Publicado en castellano por Editorial Anagrama. Barcelona, 2013. *(N. del T.)*
12. Oliver Sacks, *Hallucinations,* Londres: Picador, 2012, p. 197.
13. Frank Larøi *et al.,* «Culture and hallucinations: Overview and future directions», *Schizophrenia Bulletin,* vol. 40, supl. n.º 4, pp. S213-S220, 2014; T. M. Luhrmann, R. Padmavati, H. Tharoor y A. Osei, «Differences in voice-hearing experiences of

reciente revisión de evidencias, mis colegas y yo llegamos a la conclusión de que los antecedentes culturales de la persona (incluidos los antecedentes religiosos) afectarán a la hora de decidir lo que se toma por «realidad», conformarán el modo en el que se experimenta una alucinación e influirán en el significado que se le atribuye. Por ejemplo, en un estudio de Tanya Luhrmann, antropóloga de la Universidad de Stanford, se demostró que los pacientes de Ghana y de la India que escuchaban voces eran más proclives a identificar sus voces con personas a las que conocían y a entablar conversación con ellas que el grupo de comparación, formado por pacientes de California; un hallazgo que es difícil de reconciliar con el punto de vista de que las alucinaciones se puede explicar íntegramente en términos de mecanismos biológicos.

Pero no sólo los procesos descendentes se van a ver influidos por los antecedentes culturales de la persona. Vygotsky pensaba que el discurso interior se conforma a través de los diálogos sociales de los cuales deriva; los cuales, a su vez, están influenciados por las normas culturales que dictan cómo deben interactuar las personas entre sí. Particularmente relevantes serán las interacciones entre los niños y sus cuidadores en el período en el cual se interioriza el discurso interior. Ha habido pocos trabajos interculturales sobre las variaciones en el desarrollo del discurso privado. Abdulrahman Al-Namlah comparó sendas muestras de niños de Inglaterra y de Arabia Saudí,[14] prediciendo que las diferencias interculturales sobre cómo se anima a los niños a participar en las conversaciones de los adultos incidirían en el discurso privado de los niños. En línea con nuestra hipótesis, los niños saudíes no mostraron la habitual diferencia sexual (que los niños hablen más que las niñas) en el uso del discurso privado, cosa que sí se observó en los niños ingleses. Esto podría deberse a que las niñas saudíes tienen más oportunidades para expresarse en grupos sociales compuestos exclusivamente por mujeres, al menos más oportunidades que los niños saudíes, que sí escuchan las discusiones en

people with psychosis in the U.S.A., India and Ghana: Interview-based study», *British Journal of Psychiatry,* vol. 206, pp. 41-44, 2015.

14. Abdulrahman S. Al-Namlah, Charles Fernyhough y Elizabeth Meins, «Sociocultural influences on the development of verbal mediation: Private speech and phonological recoding in Saudi Arabian and British samples», *Developmental Psychology,* vol. 42, pp. 117-131, 2006.

los grupos exclusivamente masculinos, pero sin poder participar activamente en ellos.

Hasta el momento, el limitado interés investigativo en las diferencias culturales del discurso privado no se ha centrado en el estudio de la autoconversación interna. Necesitamos saber mucho más acerca de las propiedades específicas que los distintos idiomas confieren al discurso interior,[15] y también si determinadas lenguas serían capaces de generar patrones de pensamiento que no serían posibles en otros idiomas. Aparte de los relatos personales, como la descripción de Aamer Hussein de las diferencias existentes entre el pensamiento en urdu y en inglés, no existen investigaciones sobre este tema. También convendría saber más sobre los procesos a través de los cuales el contexto social conforma al discurso interior, formulando preguntas más profundas para saber exactamente *cómo* se transforma el lenguaje a medida que se interioriza. Un reto diferente sería el de aprender algo más acerca de los procesos de condensación. Como hemos visto, la transición desde el discurso interior condensado al expandido es probable que sea un punto crítico muy concreto para las atribuciones erróneas que se cree que llevan a la audición de voces. Una pregunta para el futuro es si la naturaleza telegráfica del discurso interior condensado lo pone a salvo de una atribución errónea, de tal manera que sería sólo la forma expandida de la autoconversación interna la que correría el riesgo de ser erróneamente atribuida a otra entidad. Si tal predicción fuera acertada, nos sería muy útil para desgranar el enigma de por qué, a pesar de estos supuestos sesgos de procesamiento general, sólo algunos pronunciamientos del discurso interior se perciben erróneamente como voces externas.

La naturaleza personificada y caracterial de muchas voces precisaría también de alguna explicación. Una posibilidad es que algo funcione

15. Se trata aquí de una idea diferente a la de algunas versiones de la hipótesis de relatividad lingüística. La cuestión no estriba en si los conceptos lingüísticos que tienes a tu disposición dan forma al rango de pensamientos que puedes llegar a tener, sino más bien si determinadas lenguas hacen que determinados tipos de discurso autodirigido sean más potentes o eficientes. Alternativamente, ¿existe una especie de gramática universal del discurso interior que no varíe con las distintas lenguas? A medida que aumenten las evidencias sobre los distintos roles que juega el discurso interior en el pensamiento, esta pregunta podría adquirir más y más relevancia.

mal en los procesos habituales de representación y rastreo de los estados mentales de los demás:[16] ese grupo de capacidades psicológicas conocidas como cognición social o teoría de la mente. En el modelo que Ben Alderson-Day y yo hemos estado desarrollando, estos aberrantes procesos de la teoría de la mente arrojan representaciones sociales que capturan el «espacio vacío» del discurso interior dialógico, situando a un personaje en el diálogo interno que, previamente, no estaba allí.

Gran parte del misterio de las voces guarda relación con cómo la red del discurso interior colabora con otros sistemas cerebrales. Vimos anteriormente que el discurso interior parece «enchufar» con otros sistemas cognitivos, como las denominadas funciones ejecutivas que nos permiten planificar, controlar e inhibir nuestro comportamiento. El sistema cerebral que nos mantiene centrados en las tareas ejecutivas se cree que trabaja en oposición con el modo estándar del cerebro o red de reposo. Dicho burdamente, cuando una red está encendida, la otra está apagada, y viceversa. Pero el discurso interior también puede enchufarse con la red estándar, que se cree que subyace a aquellos aspectos de nuestro pensamiento, como el soñar despiertos o el devaneo mental, que no están centrados en tareas específicas. Aunque estamos en los inicios de esta investigación, es evidente que mucho devaneo mental es de naturaleza verbal,[17] y que grandes partes de él se pueden describir esencialmente como un soñar despierto en el discurso interior. Así pues, la red del discurso interior puede interactuar por separado con los dos sistemas, que según se cree trabajan en oposición mutua. Las palabras de nuestra cabeza pueden controlar y dirigir, pero también pueden forjar fantasías y soñar con otras realidades.

---

16. Ben Alderson-Day y Charles Fernyhough, «Auditory verbal hallucinations: Social but how?», *Journal of Consciousness Studies,* en prensa; Ben Alderson-Day y Charles Fernyhough, «Inner speech: Development, cognitive functions, phenomenology, and neurobiology», *Psychological Bulletin,* vol. 141, pp. 931-965, 2015.

17. Alderson-Day y Fernyhough, «Inner speech»; M. Perrone-Bertolotti, L. Rapin, J.-P. Lachaux, M. Baciu y H. Lœvenbruck, «What is that little voice inside my head? Inner speech phenomenology, its role in cognitive performance, and its relation to self-monitoring», *Behavioural Brain Research,* 261, 220-239, 2014; Pascal Delamillieure *et al.,* «The resting state questionnaire: An introspective questionnaire for evaluation of inner experience during the conscious resting state», *Brain Research Bulletin,* vol. 81, pp. 565-573, 2010.

Pero mientras pensamos en el futuro de la investigación sobre el discurso interior, no deberíamos olvidarnos de las voces del pasado. Quizás el papel más importante de la red estándar se encuentre en la memoria autobiográfica:[18] nuestro incesante tejido de historias acerca de nuestra vida pasada. La interacción entre el sistema del discurso interior y la red estándar podría explicar el hecho de que tantas alucinaciones de voces guarden relación con los procesos de memoria. En lugar de ver la división entre las voces del «discurso interior» y las de la «memoria» como una distinción entre dos sistemas separados, quizás tenga más sentido considerar la red del discurso interior como un canal a través del cual determinadas representaciones durmientes de la memoria, como las de un trauma, se reactivan; en ocasiones, décadas después de los terribles acontecimientos. Una vez más, queda mucho por hacer para entender el proceso a través del cual unos recuerdos horribles pueden volver a la superficie como voces en nuestra cabeza.

Las voces de nuestra consciencia son experiencias poderosas. Hasta el discurso interior ordinario puede tener una prominencia que vaya más allá de la banalidad de lo que a veces se puede oír decir. Posiblemente, a ello se deba parte de la fuerza de la locución cinematográfica, ese comentario verbal que es casi como el discurso interior de una película. En la comedia negra ganadora de un Óscar en 2014, *Birdman o la inesperada virtud de la ignorancia,* la locución es literalmente una voz alucinada: los comentarios del *alter ego* del protagonista, que es un superhéroe. Con anterioridad a la llegada del cine sonoro, los aficionados al cine tenían que esforzarse mucho para darle sentido a las imágenes que veían en la pantalla. Para el teórico literario ruso Boris Eikhenbaum, el discurso interior formaba parte del mecanismo a través del cual el espectador podía dar sentido a las discontinuidades del flujo visual de unas imágenes silenciosas. El sociólogo

---

18. Katherine Nelson y Robyn Fivush, «The emergence of autobiographical memory: A social cultural developmental theory», *Psychological Review,* vol. 111, pp. 486-511, 2004; Abdulrahman S. Al-Namlah, Elizabeth Meins y Charles Fernyhough, «Self-regulatory private speech relates to children's recall and organization of autobiographical memories», *Early Childhodd Research Quarterly,* vol. 27, pp. 441-446, 2012; Viorica Marian y Ulric Neisser, «Language-dependent recall of autobiographical memories», *Journal of Experimental Psychology: General,* vol. 129, pp. 361-368, 2000.

logo Norbert Wiley le ha dado la vuelta a esto, proponiendo que el discurso interior interpreta la corriente de nuestra consciencia ordinaria, del mismo modo que la autoconversación interna de los antiguos aficionados al cine daría sentido a aquellas imágenes parpadeantes en la pantalla. «La vida –escribe Wiley– se parece a una película muda, y el discurso interior hace que todo encaje».[19]

Por muchos motivos, el discurso interior es el modo predominante en el cual nos comunicamos con nosotros mismos, del mismo modo que el discurso externo es nuestro canal estándar para interactuar con los demás. Si algo cambia en ese proceso de comunicación interna, entonces pueden darse experiencias extrañas e, incluso, angustiosas. Para las personas que escuchan voces con algunas formas de la experiencia, ese punto de vista de lo que está sucediendo –que es un ejemplo distorsionado de lo que el yo se había estado comunicando a sí mismo de todos modos– puede ser un pensamiento reconfortante e, incluso, liberador.

¿Qué hemos ganado al considerar el discurso interior como una conversación con el yo? Desde las exhortaciones autorreguladoras de un deportista de élite hasta las revelaciones divinas de una mística inglesa de la Edad Media, he estado sugiriendo que considerar las voces de nuestra cabeza como diálogos interiores podría iluminar algunos de los rincones enigmáticos de nuestra vida mental. He intentado convencerte de que nuestras voces mentales tienen distintas funciones que guardan relación con sus diversas formas, que éstas a su vez se conforman por el modo en que el discurso interior se desarrolla en la infancia, y que la conversación con uno mismo delata a cada instante sus orígenes sociales. Explorar el discurso interior como contraparte de la experiencia de la escucha de voces, que es ciertamente más inusual, nos sitúa en una posición más adecuada. Desde ahí podemos apreciar que la escucha de voces es, a su vez, una experiencia enormemente variada, podemos ver los puntos en común y las diferencias existentes entre ésta y el discurso interior, y podemos entender mejor su importancia personal, cultural y psicológica.

19. Boris Eikhenbaum, «Problems of film stylistics», *Screen,* vol. 15, pp. 7-32, 1974; Norbert Wiley, *Inner speech and the dialogical self,* Filadelfia, Pensilvania: Temple University Press, 2016.

Algunas de las experiencias que he incluido aquí parecen extender ligeramente los límites de lo que podríamos definir como diálogo interno. Los pensamientos creativos de un novelista, por ejemplo, parecen tener más en común con una escucha subrepticia o a hurtadillas que con una conversación recíproca. Los escritores a los que entrevistamos rara vez dijeron comunicarse directamente con sus personajes. Y en cuanto a mi propia faceta como escritor de libros de ficción, siento (quizás de manera supersticiosa) que hablar con mis personajes podría quebrar el hilo de sucesos que amablemente se me está revelando. Probablemente habría que refinar el modelo del espacio vacío para que las voces puedan entrar en la mente (quizás a través de alguna activación anómala de una representación social) sin tener que establecer un diálogo una vez están presentes. Posiblemente, sólo puedes dejar que otras voces entren así en tu cabeza porque tienes esa estructura dialógica de la conversación interior, y eso a su vez está en función del modo en que te desarrollas como ser humano. Simplemente, no lo sabemos. Pero ésta es, al menos, una nueva forma de entender los procesos de la creatividad, que durante tanto tiempo han guardado sus misterios.

También es útil un modelo de discurso interior dialógico para hacernos ver de un modo diferente a las personas que escuchan voces en un contexto espiritual. Aunque sus experiencias son esclarecedoras para comprender la escucha de voces en nuestros tiempos, deberíamos ser cautelosos a la hora de tomar a Margery Kempe y sus afines de un modo excesivamente literal como ejemplos de personas aquejadas de alucinaciones. Existe una intensa necesidad por normalizar tales experiencias y aminorar el estigma social que hay en torno a ellas, pero existe también el riesgo –potencialmente perjudicial para ambos lados– de trivializar fenómenos que son poderosos, profundos y, con frecuencia, terriblemente debilitadores.

Más bien, podemos ver las experiencias de Kempe, y las de otras personas como ella, como parte de un diálogo interno. ¿Estaba Margery rezándole a una deidad, o estaba hablando consigo misma? Tu respuesta dependerá, claro está, de tu propia cosmología. Sin negar la importancia espiritual de sus experiencias, creo que podremos recorrer un largo trecho si tomamos el rumbo del diálogo interior, sobre todo si distinguimos también entre la versión condensada y la expandida. En su discurso interior condensado cotidiano, Margery está teniendo una conversación con Dios, pero en una forma abreviada que se aproxima al estadio de «pensamiento de significados puros» que describió Vygotsky. Cuando ese diálogo interior se expande, la voz de Dios suena en la cabeza de Margery. Si concebimos su estado ordinario de «estar con» su Señor como una forma de diálogo interior condensado, en contraposición a una conversación explícita, nos encontraremos con una forma diferente de entender la psicología de la meditación espiritual.[20]

La adopción de un marco dialógico también nos aproxima al testimonio de las personas que escuchan voces, incluso de aquellas personas que podrían rechazar vigorosamente el modelo del discurso interior estándar. Este marco refleja la idea de muchas personas que escuchan voces de que éstas constituyen una conversación, con frecuencia turbulenta, entre diferentes aspectos del yo. Esas facetas podrían estar desconectadas o incluso ser extrañas, y la persona que escucha las voces tendría que hacer un decidido esfuerzo por reconocerlas como parte de sí misma, pero esta manera de entender las cosas podría ser valiosa para darle sentido a la experiencia. Ver la escucha de voces como una conversación con el yo no nos compromete con un modelo simplista del discurso interior, ni nos obliga a desechar las vibrantes complejidades de la experiencia.

Al mismo tiempo, las personas que escuchan voces pueden distinguir normalmente sus voces de su discurso interior ordinario, y ambos pueden ser bastante diferentes. Jay, por ejemplo, nos dijo que sus voces hablaban de manera más lenta que él. Dado que también nos dijo que su discurso interior era normalmente como su voz externa, habría que concluir que sus voces hablaban con más lentitud que su discurso interior. Adam, en cambio, ve sus voces como parte de sus pensamientos, pero pensamientos que pueden, no obstante, hacer comentarios sobre sí mismos. Cuando estábamos haciendo el MED, por ejemplo, el Capitán intervenía de vez en cuando. «Soy consciente de lo que estás diciendo», comentó en un momento determinado, cuando Adam estaba describiendo un instante de experiencia bastante normal y sin voces. Con el tiempo, Adam ha

20. Corinne Saunders y Charles Fernyhough, «Reading Margery Kempe's inner voices», ponencia presentada en *Medicine Words: Literature, Medicine, and Theology in the Middle Ages,* St. Anne's College, Oxford, septiembre de 2015; Barry Windeatt, «Reading and re-reading *The Book of Margery Kempe*», en John H. Arnold y Katherine J. Lewis, *A Companion to the Book of Margery Kempe,* Cambridge: D. S. Brewer, 2004.

renunciado a distinguir entre los dos tipos de experiencia. «Yo no tengo pensamientos –nos dijo–. Tengo una voz». En la psiquiatría de la vieja escuela, esto significaría que Adam no estaba en realidad escuchando voces, sino que más bien estaba sufriendo una «pseudoalucinación».[21] Este término, que carece casi por completo de sentido, está perdiendo todo favor en círculos académicos, para alivio de muchas personas. Las experiencias de Adam son reales para él, y desecharlas como una versión falsa de una experiencia falsa no ayuda a nadie.

Por tanto, ¿qué conclusión podemos extraer acerca de la importancia de estas conversaciones en nuestra cabeza? Podemos rechazar con bastante facilidad la idea de que los seres humanos precisan del lenguaje para poder ser inteligentes. Existe una literatura filosófica angustiosamente compleja sobre si el pensamiento depende del lenguaje, y mi punto de vista al respecto debería de estar ya claro a estas alturas. Para comenzar, no podemos tener ese debate a menos que estemos dispuestos a ser mucho más claros acerca de lo que entendemos por *pensar.* Para muchas de las actividades que denominamos pensamiento, el uso de un lenguaje autodirigido supone un poderoso impulso, pero en modo alguno es esencial. El discurso interior es la manera en la que muchos seres humanos piensan, pero en modo alguno es la única.

También tendremos que ser más claros en lo relativo a qué entendemos por lenguaje. Para Vygotsky, las palabras son unas herramientas psicológicas capaces de potenciar el rango de cosas que uno puede hacer con sus capacidades mentales. Sin embargo, ese papel puede cumplirlo cualquier sistema de signos suficientemente sofisticado y, ciertamente, no se limita a lo verbal ni a lo auditivo. La sordera afecta al uso del lenguaje de muchas maneras, pero no hay motivos para pensar que las personas sordas no puedan llevar a cabo sus comunicaciones internas en el lenguaje de signos. Muchas personas sordas son bilingües de hecho, y el bilingüismo, en todas sus formas, plantea preguntas profundas acerca de las conversaciones interiores. Uno de mis trucos favoritos cuando estoy dando una charla consiste en preguntar si alguien en la sala habla dos idiomas. Normalmente, unas cuantas personas levantan la mano, momento en el

---

21. G. E. Berrios y T. R. Deining, «Pseudohallucinations: A conceptual history», *Psychological Medicine,* vol. 26, pp. 753-763, 1996.

cual pregunto a una cualquiera de ellas, «¿En qué idioma piensas tú?», la gente responde siempre a esta pregunta de formas variadas pero, para mí, lo interesante de todo esto es que la pregunta tiene sentido. Si el pensamiento no fuera verbal, la gente respondería presumiblemente a esa pregunta con una mirada de desconcierto.

Los ejemplos de pensamiento en ausencia de *todo* lenguaje son un poco más complicados. En los casos de afasia,[22] las personas pierden sus funciones relacionadas con el lenguaje (por causa de una lesión o una enfermedad cerebral) después de haber aprendido a hablar y, por tanto, presumiblemente, después de haber tenido ocasión de aprender a hablar consigo mismas. El estudio de las funciones cognitivas en la afasia no es, por tanto, una prueba decisiva del modelo, porque las estructuras necesarias para el pensamiento dialógico se habrán desarrollado durante el período en el cual el lenguaje estaba intacto.

Los trastornos de desarrollo tales como el autismo son, una vez más, algo diferente. No sabemos mucho acerca del discurso interior en el autismo,[23] en parte porque el trastorno supone problemas con el lenguaje y la comunicación, lo cual significa que va a ser muy difícil que una persona autista nos describa su experiencia interior. Las pocas evidencias que tenemos sugieren que las personas con autismo utilizan el discurso interior, pero que parece que éste no tiene las cualidades dialógicas y autocomunicativas que tiene en las personas neurotípicas. Eso podría estar en función del modo en que el trastorno limita las oportunidades de interacción social de los niños autistas a medida que crecen. Si no participas en diálogos sociales, no vas a poder interiorizarlos.

La pregunta de cómo se ve afectado el pensamiento por los distintos déficits del lenguaje que caracterizan a trastornos como el autismo y la

---

22. Alderson-Day y Fernyhough, «Inner Speech».
23. David Williams, Dermot M. Bowler y Christopher Jarrold, «Inner speech is used to mediate short-term memory, but not planning, among intellectually high-functioning adults with autism spectrum disorder», *Development and Psychopathology*, vol. 24, pp. 225-239, 2012; Russell T. Hurlburt, Francesca Happé y Uta Frith, «Sampling the form of inner experience in three adults with Asperger syndrome», *Psychological Medicine*, vol. 24, pp. 385-395, 1994; Alderson-Day y Fernyhough, «Inner speech»; Charles Fernyhough, «The dialogic mind: A dialogic approach to the higher mental functions», *New Ideas in Psychology*, vol. 14, pp. 47-62, 1996.

afasia nos dice también algo acerca del motivo por el cual podría haber evolucionado el discurso interior. No importa demasiado si ves el lenguaje más como un refinamiento biológico que como una creación cultural; lo que verdaderamente importa es si el uso del lenguaje interior confiere alguna ventaja al organismo. Como ya vimos, un punto de vista es que el discurso interior tiene un papel importante a la hora de coordinar las múltiples y diferentes cosas que hace el cerebro. Un cerebro que ha evolucionado para satisfacer tan variadas funciones precisará de alguna forma de integración de tan diferentes sistemas de procesamiento de la información. Según algunos expertos, el lenguaje se involucró en el pensamiento humano (en última instancia, en forma de voces mentales) porque era capaz de vincular las salidas de los distintos sistemas cerebrales autónomos. Por cambiar la metáfora, veamos el discurso interior como el hilo de un collar. Diferentes experiencias fluyen a través de la consciencia: imágenes visuales, sonidos, música, sentimientos. Pero es el discurso interior el que las enlaza todas, permitiendo que se comuniquen entre sí los distintos sistemas neurales en virtud del modo en que la red de lenguaje interior conecta, de forma flexible y selectiva, con otros sistemas.

Si el discurso interior tiene tal utilidad, entonces estará destinado a ser una bendición. Si tuviera en realidad una función de supervivencia –como sugieren las experiencias de escucha de voces de aquellas personas que se hallan en situaciones de riesgo extremo–, tendríamos todavía más motivos para pensar que está relacionado con la selección natural. Muchas personas que escuchan voces son capaces de vincular sus experiencias con episodios traumáticos concretos. «Mis voces me salvaron la vida –dijo la artista Dolly Sen en una entrevista–. Yo podría haber dicho simplemente, “No vale la pena vivir, mi padre intentó matarme, a nadie le importo, es mejor morir”. Y podría haberme suicidado. Lo que hicieron mis voces fue protegerme [...]. Yo no podía ver la verdad con claridad en aquel momento, y fueron las voces las que impidieron que lo hiciera».[24] El papel dual de las voces, atormentando unas veces, protegiendo otras, lo resumen elocuentemente los fundadores del Movimiento Escuchando Voces, Marius Romme y Sandra Escher. La experiencia, escriben, «es tan-

24. Dolly Sen entrevistada para «Voices in the Dark: An audio story», *Mosaic,* Wellcome Trust, 9 de diciembre de 2014.

to un ataque sobre la identidad personal como un intento por mantenerla intacta».[25] Si insistimos en decirle a la gente que sus voces son basura neural, nos perderemos una parte profunda de la experiencia y una posible ruta para aliviar la angustia que pueda generar.

Nuestras voces interiores nos pueden mantener a salvo. Realizar *en silencio* ese discurso interior tendrá también unos claros beneficios evolutivos. Hablar con uno mismo no será de demasiado provecho si traiciona nuestra posición ante la amenaza de un depredador o un enemigo, motivo por el cual mi pensamiento en el metro de Londres no produjo ninguna pérdida de capital social. Las presiones por mantener encubierta nuestra conversación interior podrían ser tanto sociales como evolutivas. Uno de los motivos por los cuales el discurso privado «se hace subterráneo» a lo largo de la infancia es, probablemente, porque hablar con uno mismo en voz alta rara vez se aprueba en las escuelas occidentales. Sin embargo, cada vez se reconoce más que la autoconversación audible sigue siendo valiosa hasta bien entrada la edad adulta, lo cual es ciertamente un cambio significativo con respecto a cómo se veía el discurso privado en los adultos[26] en tiempos de Piaget. «Por no mencionar el discurso interno –escribió el gran psicólogo evolutivo–, un gran número de personas, tanto de clases trabajadoras como intelectuales distraídos, tienen el hábito de hablar consigo mismas, de mantener un soliloquio audible». Algo bueno tanto para el recogedor de basuras como para la absorta profesora, pero sabemos que Piaget pensaba que conversar con uno mismo no era lo que hace la gente civilizada.

La lista de cosas que puede hacer por nosotros el discurso interior es ya bastante larga, y es probable que siga creciendo a medida que continúen las investigaciones. Por una parte, sospecho que el discurso interior va a tener un papel sustancial en la memoria. Hemos visto que la práctica verbal del material es parte importante del sistema de memoria de trabajo[27] en los seres humanos (piensa en esa lista de la compra que te recitas

25. Marius A. J. Romme y Sandra Escher, *Making Sense of Voices: A guide for professionals working with voice hearers,* Londres: Mind, 2000, p. 64.
26. Jean Piaget, *The Language and Thought of the Child* (Marjorie y Ruth Gabain, trad.), Londres: Kegan Paul, Trench, Trubner & Co., 1959 (obra original publicada en 1926), pp. 1-2.
27. Aunque definido de un modo ligeramente diferente, este constructo ha reemplazado en términos generales al término, más familiar, de «memoria a corto plazo», en par-

a ti mismo mientras das vueltas por el supermercado). En una escala de tiempo mucho mayor, hablar con nosotros mismos podría tener mucho que ver con cómo mantenemos la conexión con el pasado. Se sabe que el desarrollo de la memoria autobiográfica en los niños está influenciado por las conversaciones que mantienen sus progenitores con ellos acerca de acontecimientos del pasado. Si se ven expuestos a charlas en las que los adultos elaboran los detalles, como las emociones y los sentimientos de los protagonistas de los acontecimientos, los niños seguirán produciendo ricas narrativas autobiográficas por sí mismos. En un estudio en el que se utilizó la tarea de la Torre de Londres, Abdulrahman Al-Namlah descubrió que los niños que generaban más discurso privado autorregulador generaban también más narrativas autobiográficas y más sofisticadas. También existen evidencias de que los recuerdos de los adultos están mediados por el discurso interior. A las personas bilingües les resulta más fácil recordar acontecimientos si se les pregunta por ellos en el idioma que estaban hablando en el momento en que tuvo lugar el suceso, en comparación con un idioma que pudieran haber aprendido recientemente. Esto encaja con la hipótesis de que codificamos los recuerdos verbalmente, de manera que son sensibles al idioma con el cual se registró.

Teniendo un papel tan destacado, el lenguaje interno debería tener también probablemente un importante papel en el cómo tomamos conciencia de nosotros mismos. «Al menos –escribe Denise Riley–, el discurso interior nos es fiel. Puede ser tranquilizador o irritante [...]. Nos ofrece la compañía infalible, si bien ambigua, de un huésped que no tiene intención alguna de irse».[28] El psicólogo canadiense Alain Morin ha demostrado que las personas que se hablan a sí mismas con más frecuencia puntúan también más alto en medidas de consciencia de sí mismo y autoevaluación.[29] Dando soporte a la idea de que las narrati-

---

te porque se ha especificado mejor en términos cognitivos y neurocientíficos. Alan Baddeley, «Working memory», *Science,* vol. 255, pp. 556-559, 1992.

28. Riley, «"A voice without a mouth"».

29. Alain Morin, «Possible links between self-awareness and inner speech: Theoretical background, underlying mechanisms, and empirical evidence», *Journal of Consciousness Studies,* vol. 12, pp. 115-134, 2005; Alain Morin, «Self-awareness deficits following loss of inner speech: Dr. Jill Bolte Taylor's case study», *Consciousness and Cognition,* vol. 18, pp. 524-529, 2009; Jill Bolte Taylor, *My Stroke of Insight: A brain scientist's personal journey,* Nueva York: Viking, 2006, pp. 75-76.

vas que tejemos en torno a nosotros cumplen un destacado papel en el anclaje del yo, el estudio de la afasia ha demostrado que este trastorno puede ir acompañado por una disminución del sentido de identidad. La doctora Jill Bolte Taylor, por ejemplo, que perdió la capacidad de habla tras sufrir un derrame cerebral, escribió sobre «el dramático silencio que hizo su morada dentro de mi cabeza», que vino acompañado por una disminución de su sentido de individualidad y de la capacidad para recuperar recuerdos autobiográficos. Cuando perdemos la capacidad para hablar con nosotros mismos, quizás perdamos también algo del sentido de quiénes somos.

Otra área en la cual el discurso interior podría resultar ser importante es en el razonamiento de lo correcto y lo erróneo. En mi propio caso, es más probable que me enzarce en una conversación interna hecha y derecha cuando me debato en un dilema. Apenas hay investigaciones sobre este tema, si bien en un estudio se observó el discurso privado en voz alta de un grupo de niños al enfrentarse a un problema moral.[30] Una niña estadounidense de 8 años describía de este modo sus intentos por controlar a su hermana pequeña cuando los adultos no estaban en casa:

> Bueno, sí, lo hago, porque a veces la abuela, mamá y papá no están en casa, y a ella le gusta ir a sitios donde se supone que no debe ir, y yo digo, «no, eso no está permitido», y después me digo a mí misma, antes de decir «de acuerdo» o «no», entonces sólo le digo... bien, yo me digo a mí misma primero, «bien, no lo sé, tengo que pensar en ello»... y entonces ella se sienta un rato hasta que yo digo algo, y luego digo «no», porque no sé adónde va o algo, ella podría incluso salir a la calle.

Esta conversación interior parece tener una función moral, la de ayudarle a la niña a diferenciar lo correcto de lo incorrecto. Quizás ese ir y venir de perspectivas continúe siendo valioso posteriormente, a lo largo de la vida. En las memorias de Christopher Isherwood, *Christopher y su gente,*[31] el

---

30. Mark B. Tappan, «Language, culture, and moral development: A Vygotskian perspective», *Developmental Review,* vol. 17, pp. 78-100, 1997, p. 88.
31. Publicado en castellano por El Aleph Editores. Barcelona, 1999. *(N. del T.)*

joven Isherwood tiene una colérica conversación consigo mismo[32] acerca de su propia homosexualidad:

> ¿Es que no podrías excitarte también con las formas de las chicas, si te esforzaras? Quizás. ¿Y no podrías inventarte otro mito para incluir a las chicas? ¿Por qué demonios debería hacerlo? Bueno, te resultaría muy conveniente si lo hicieras.

En el trabajo de Russ Hurlburt con el MED, los debates morales son raros, aunque aparecen algunos fragmentos de ellos. En una de las muestras, una mujer estaba leyendo un artículo y pensando en una bronca que había tenido con su marido anteriormente aquel mismo día. Estaba repasando la discusión y preguntándose indignada cómo podía haber dicho él las cosas que había dicho. La mujer comentó que en todos aquellos pensamientos no había palabras claras, sino más bien la sensación de recapitular algo que era doloroso y desagradable. Un caso más concreto de discurso interior fue el de una mujer que estaba discutiendo con su hermana sobre lo correcto y lo erróneo de hacer trampas en sus trabajos de clase de español. En el momento en que sonó el bip, se estaba diciendo internamente a sí misma: «Es fácil».

Quizás los efectos positivos del habla interior mejoren nuestras posibilidades de gestión de los efectos negativos cuando éstos ocurran. Las alucinaciones verbales auditivas no son la única experiencia patológica en la cual se halle implicado el discurso interior. La rumiación es ese estado en el que la persona le da vueltas obsesivamente[33] a las razones de su disgusto o infelicidad, y se ha relacionado con diversos síntomas psiquiátricos, incluidas las alucinaciones. No se ha hecho casi ningún intento por investigar si la rumiación es un fenómeno específicamente verbal, aunque parece probable que lo sea en muchos casos. La modalidad auditiva[34] podría ser un canal particularmente adecuado para regodearse en cosas desdichadas. Tú puedes mantener un diálogo autosostenido con

---

32. Christopher Isherwood, *Christopher and His Kind,* Londres: Methuen, 1977, p. 17.
33. Susan Nolen-Hoeksema, Blair E. Wisco y Sonja Lyubomirsky, «Rethinking rumination», *Perspectives on Psychological Science,* vol. 3, pp. 400-424, 2008.
34. Doy las gracias a David Smailes por señalar esta idea.

una representación auditiva –particularmente, una que tome la forma de un «otro» con carácter y voluntad– de un modo que sería difícil de mantener con una imagen visual. Por tanto, la rumiación verbal podría ser la triste contrapartida del diálogo interior creativo y abierto.

Quizás, incluso, sea ésta una forma de comprender el punto de vista del Movimiento Escuchando Voces de que las voces son un mecanismo de seguridad. Si las emociones negativas se canalizan a través de la modalidad auditiva, es posible que sean ligeramente más fáciles de gestionar. Las voces y las rumiaciones negativas podrían ser desagradables, pero al menos la persona se puede enzarzar con ellas. En cuyo caso, la dominancia del discurso interior podría estar reflejando en última instancia su papel evolutivo, al hacer más resiliente al organismo ante el estrés. De un modo parecido a la terapia del avatar, el hecho de darle al pensamiento problemático una forma material externa puede hacerle más fácil su gestión a la persona, reduciendo así la desdicha que pueda causar.

Ciertamente, este punto de vista se ajusta a algunos de los principios de la terapia cognitiva conductual. Si te prescriben este tipo de terapia para una depresión, te sugerirán que documentes tus pensamientos negativos tomando nota de ellos, por ejemplo, en un diario, para luego someterlos a escrutinio y ver si tienen sentido o no. La terapia cognitiva conductual funciona de un modo parecido en la escucha de voces.[35] En el paquete de medidas que hemos desarrollado en la Universidad de Durham, nos hemos centrado en ayudar al cliente a comprender de dónde viene el discurso interior y por qué tiene las propiedades que tiene. A un paciente se le animó a formarse una idea de los siniestros psicólogos que él creía que le estaban atormentando y a reconformar sus voces en su imaginación, convirtiéndolos en personajes de una comedia que difícilmente nadie podría tomar en serio. «Se trataba simplemente de transformar sus voces para que parecieran menos amenazadoras –explica uno de los creadores del manual de terapia, David Smailes–. El paciente descubrió que era capaz de ejercer cierto control sobre sus voces del mismo modo que podía controlar su discurso interior». El resultado fue que las voces parecían menos autoritarias, lo cual fue clave para hacer que la experiencia fuera menos angustiosa para él.

---

35. Smailes *et al.*, «Tailoring cognitive behavioural therapy to subtypes of voice-hearing»; Dodgson et al., *Tailoring CBT to Subtypes of Voice-hearing.*

Otro aspecto de este trabajo consiste en ayudar a las personas a reconocer que los pensamientos que aparecen en su cabeza –sean verbales o no– pocas veces están bajo su control. El problema no estriba en si los pensamientos intrusivos ocurren, pues inevitablemente van a ocurrir y, en el caso patológico de trastornos como los obsesivo-compulsivos,[36] van a causar una angustia importante. Lo importante es, más bien, cómo responde la persona a estos pensamientos perturbadores cuando emergen. Mi ejemplo favorito del poder de estas interpretaciones es el de un caso histórico. Acosado por sus dudas y aprensiones, el escritor inglés Samuel Johnson fue representado por su biógrafo,[37] James Boswell, como un gladiador luchando con bestias salvajes. Su supervivencia suponía una desesperada lucha por el autocontrol. «Todo poder de la fantasía sobre la razón supone un grado de locura –escribió Johnson–, pero en la medida en que podamos controlar y reprimir este poder, no será visible para los demás, no se tendrá por una depravación de las facultades mentales: una locura no es pronunciada sino cuando se hace ingobernable e influye evidentemente en la palabra o la acción». Johnson estaba profundamente preocupado por su cordura, y cualquier cosa que no procediera de las fuerzas de la racionalidad la consideraba una amenaza para el delicado equilibrio mental que él tanto valoraba.

Boswell, en cambio, se adhirió a lo caótico, lo intrusivo y lo aleatorio. El experto literario Allan Ingram observa que Boswell estaba fascinado con el funcionamiento de su propia mente, y que daba la bienvenida con jubiloso entusiasmo –«Los caprichos que se apoderan de mí y las salidas de mi lujuriosa imaginación»– a aquellos pensamientos revoltosos que Johnson tanto temía:

---

36. Al igual que con la rumiación, no se han hecho demasiados intentos por saber hasta qué punto los pensamientos intrusivos de los trastornos obsesivo-compulsivos son específicamente verbales. Para una reciente revisión sobre investigaciones en este campo, véase David Adams, *The Man Who Couldn't Stop: The truth about OCD,* Londres: Picador, 2014.

37. Allan Ingram, «In two minds: Johnson, Boswell and representations of the self», ponencia presentada en *Le moi/The Self in the Long Eighteenth Century,* Sorbonne Nouvelle, París, diciembre de 2013; Samuel Johnson, *The History of Rasselas, Prince of Abissinia* (Thomas Keymer, ed.), Oxford: Oxford University Press, 2009, p. 93; James Boswell, *Boswell's London Journal 1762-1763* (F. A. Pottle, ed.), Londres: William Heinemann, 1950, p. 187.

> Estoy encantado conmigo mismo; las palabras vienen saltando hacia mí como los corderos en la colina de Moffat; y le doy la vuelta a mis períodos suave e imperceptiblemente, como una hábil tejedora da la vuelta a los topes en el telar. ¡Hay fantasía! ¡Hay símil! En resumen, en este momento soy un genio.

Boswell conocía una «melancolía» parecida a aquélla a la que se enfrentaba Johnson, un asalto similar por parte de las fuerzas del caos mental, pero él respondía a todo esto de un modo diferente. Dos gigantes de la literatura con experiencias muy similares, pero con dos actitudes muy diferentes ante ellas.

Un enfoque más drástico para dominar la conversación interior consiste en intentar abolir el pensamiento por completo. En un episodio de *Los Simpson,* Homer lleva a su hija Lisa a que pruebe un tanque de privación sensorial. En tanto que Homer alcanza un nirvana de cabeza hueca en cuanto se cierra la tapa del tanque, a Lisa le cuesta bastante «apagar» la cabeza. «Es muy difícil apagar mi cerebro. Tengo que dejar de pensar, empezando... YA. ¡Eh! ¡Funcionó! Oh no, esto es pensar».[38] He tenido la ocasión de conversar con personas que practican la meditación que dicen que son capaces de vaciar su mente por completo: nada de palabras, nada de imágenes, nada. En la Iglesia cristiana, la tradición de la oración apofática o *via negativa*[39] insta a sus practicantes a aproximarse a la perfección de Dios alcanzando un verdadero silencio interior, tal como establecía una obra anónima contemporánea de Margery y de Juliana, *La nube del no saber.*[40] Más popular en nuestros días, el *mindfulness,* una meditación basada en las técnicas budistas, no pretende tanto erradicar el pensamiento como llevar al pensador a adoptar nuevas perspectivas sobre él. Cuando llega un pensamiento,[41] el meditador de *mindfulness*

---

38. «Make Room for Lisa», *The Simpsons,* termporada 10, episodio 16, febrero de 1999.
39. Sara Maitland, *A Book of Silence,* Londres: Granta, 2008; Anónimo, *The Cloud of Unknowing* (A. C. Spearing, trad.), Londres: Penguin, 2001.
40. Publicado en castellano por José J. Olañeta Editor. Illes Balears, 2005. *(N. del T.)*
41. El *mindfulness* es otra área en la cual la idea de la «voz interior» se utiliza en ocasiones descuidadamente y sin tomar en consideración sus propiedades sensorio-perceptivas. Véase, por ejemplo, Liora Birnbaum, «Adolescent aggression and differentiation of self: Guided mindfulness meditation in the service of individuation», *The Scientific World Journal,* vol. 5, pp. 478-489, 2005.

permanece aparte de él, de una forma parecida a como una persona que escucha voces sometida a terapia cognitiva conductual aprende a adoptar una distancia crítica con respecto a la voz que la incomoda.

Otra forma de obtener tal distanciamiento consiste en atribuir el origen de la voz a una entidad no física. Entre las personas que escuchan voces, muchas de ellas le dan sentido a sus experiencias más dentro de un marco espiritual[42] que de cualquier otra manera, sea neurocientífica, relacionada con un trauma u otra. Y es que la interpretación espiritual parecería que fluye de forma natural, dado que en la escucha de voces la sensación de agencia comunicativa es central. Yo no soy una persona religiosa, pero debo reconocer que resulta plausible que muchos creyentes consideren que algunos de sus pensamientos ordinarios tienen un origen sobrenatural, sin que necesariamente haya que describirlos como escucha de voces.

Hemos visto ya este espectro de la experiencia –desde las voces perfectamente audibles hasta los pensamientos implantados por la divinidad– en la obra de algunos místicos del siglo XV. En una época posterior, los himnos de John Wesley nos ofrecen muchos ejemplos del anhelo por esa «pequeña voz interior [...] que susurra su perdón a todos mis pecados». Convendrá estar en guardia aquí frente a los usos metafóricos del término *voz,* del mismo modo que pedíamos precaución en la interpretación de la experiencia de escucha de voces de figuras famosas como la de William Blake. Las personas suelen hablar de una «voz» de la conciencia[43] que nos

42. S. Jones, A. Guy y J. A. Ormrod, «A Q-methodological study of hearing voices: A preliminary exploration of voice hearers' understanding of their experiences», *Psychology and Psychotherapy: Theory, Research and Practice,* vol. 76, pp. 189-209, 2003; Sylvia Mohr, Christiane Gillieron, Laurence Borras, Pierre-Yves Brandt y Philippe Huguelet, «The assessment of spirituality and religiousness in schizophrenia», *Journal of Nervous and Mental Disease,* vol. 195, pp. 247-253, 2007.

43. Sigmund Freud, «On Narcissism: An introduction», en *The Standard Edition of the Complete Psychological Works of Sigmund Freud,* vol. 14 (James Strachey, ed.), Londres: The Hogarth Press, 1957. En otro lugar, Freud dice que las alucinaciones procedían del cumplimiento de deseos que no se había mantenido bajo control mediante los procesos de comprobación de la realidad: Sigmund Freud, «A Metapsychological Supplement to the Theory of Dreams», *Standard Edition,* vol. 14. David Velleman sostiene que la «voz» de la conciencia no es una voz real o literal, con propiedades fenomenológicas, sino un modo de autocomunicación. Una vez más, existe una evidente falta de evidencias sobre en qué medida tales experiencias o intuiciones tienen

orienta en nuestras obligaciones morales. Para Sigmund Freud, éstos eran los pronunciamientos del superego, que en determinadas circunstancias podía manifestarse como una alucinación (como, según creía Freud, cuando una persona con esquizofrenia escucha voces que comentan su comportamiento). Tras el triunfo de su partido, el Partido del Congreso, en las elecciones generales de la India del año 2004, Sonia Gandhi anunció que no asumiría el cargo de primera ministra por causa de su «voz interior». Ese uso de la palabra, posiblemente metafórico, contrastaría con el de su homónimo Mahatma Gandhi, cuyo espíritu interior guía tenía una cualidad mucho más sustancial. Debatiéndose en un dilema relativo al ayuno, Gandhi escuchó una voz «bastante cerca», «tan inconfundible como una voz humana que me hablara e irresistible [...]. Yo escuché, di por cierto que se trataba de la Voz, y el debate en mi interior cesó».[44]

Los estudios de la psicología de la oración[45] indican que muchas personas religiosas tienen experiencias vívidas de voces espirituales. En un estudio del antropólogo Simon Dein, se entrevistó en profundidad a veinticinco cristianos pentecostales del noreste de Londres que decían que la voz de Dios respondía a sus plegarias. Quince de las personas afirmaron que en ocasiones habían escuchado la voz de un modo perfectamente audible desde una ubicación externa. Afirmaron distinguir con claridad sus propios pensamientos de las voces divinas, que en ocasiones tenían las cualidades humanas más inesperadas –un miembro de la congregación escuchaba a Dios hablar inglés con acento de Irlanda del Norte–. Muchas

---

o no propiedades específicas similares a una voz. David J. Velleman, «The Voice of Conscience», *Proceedings of the Aritotelian Society*, vol. 99, pp. 57-76, 1999. Véase también Douglas J. Davies, «Inner speech and religious traditions», en James A. Beckford y John Walliss (eds.), *Theorising Religion: Classical and contemporary debates,* Aldershot: Ashgate, 2006.

44. «Gandhi's rejection of power stuns India», *The Times,* 19 de mayo de 2004, p. 11; Richard L. Johnson, ed., *Gandhi's Experiments with Truth: Essential writings by and about Mahatma Gandhi,* Lanham MD: Lexington Books, 2006, p. 139.

45. Simon Dein y Roland Littlewood, «The voice of God», *Anthropology & Medicine,* vol. 14, pp. 213-228, 2007; Simon Dein y Christopher C. H. Cook, «God put a thought into my mind: The charismatic Christian experience of receiving communications from God», *Mental Health, Religion & Culture,* vol. 18, pp. 97-113, 2015; Tanya Luhrmann, *When God Talks Back: Understanding the American Evangelical relationship with God,* Londres: Vintage, 2012, p. 233.

de estas personas dijeron tener conversaciones con sus voces divinas, cuestionándolas y pidiéndoles aclaraciones. «¿Qué dice la palabra de Dios?» preguntó una voz cuando una miembro de la congregación preguntó si tenía que pagar un gran diezmo. Su respuesta fue que la palabra de Dios decía que había que dar un décimo de sus ingresos como contribución a la Iglesia. «Bien, entonces ya sabes lo que hay que hacer», dijo la voz.

Las instrucciones de Dios no siempre se siguen de forma tan obediente como en este caso. En un estudio posterior sobre cristianos evangélicos en Londres, Dein y el teólogo Chris Cook preguntaron a ocho fieles sobre sus experiencias de comunicación con la deidad. Lejos de la conformidad que mostró Margery Kempe cuando Dios le dijo que fuera a ver a Juliana de Norwich, todos los participantes en este estudio dijeron que habían conservado su propia voluntad en estas interacciones, y que podían elegir entre obedecer a la voz o no. La antropóloga Tanya Luhrmann descubrió también que, cuando Dios habla, los seres humanos no siempre actúan. Tanya ha llevado a cabo estudios intensivos sobre la escucha de la voz de Dios en las iglesias de La Viña (una confesión neocarismática evangélica cristiana), y cuenta que una mujer escuchó la voz de Dios dándole una instrucción muy concreta:

—El Señor me habló con toda claridad en abril…, sería como mayo o abril…, para poner en marcha una escuela.

—¿La voz fue audible?

—Sí.

—¿Estaba usted sola?

—Sí, estaba orando. En realidad no estaba rezando nada, sólo pensaba en Dios, y escuché, «Pon en marcha una escuela». Me levanté de inmediato y fue como, «De acuerdo, Señor, ¿dónde?».

Pero no lo hizo. En ningún momento sintió que tuviera que hacerlo.

¿Qué es esa voz en tu cabeza? Esa voz que escuchas cuando estás cortando zanahorias en la cocina, esperando el autobús, revisando tus *emails* o debatiéndote con un dilema. ¿Eres *tú* hablándote a *ti mismo,* o eres *tú* lo que esa conversación hace girar incesantemente? En tal caso, ¿adónde vas tú cuando la voz se detiene? ¿Acaso se detiene? ¿Quién es el «yo» o el «tú» a quien habla en voz alta un niño pequeño, y quién es el que habla, sobre todo en la fase en que el frágil yo aún se está formando? ¿Quién le habla al novelista en su estudio, o al paciente psiquiátrico en su habitación hospitalaria? ¿Quién le habla a la persona religiosa que ora en silencio en el banco de la iglesia, o a la persona que escucha voces, que escucha las transmisiones de un yo fracturado? ¿Qué son esos fragmentos desgarrados y disociados que las alucinaciones verbales auditivas traen, de las cuales nos protegen y nos ayudan a comprender? «Es absolutamente una cuestión de voces –nos recuerda el Innombrable de Beckett–; ninguna otra metáfora es adecuada».[46]

Sentado ante mi ordenador en el estudio, escribo estas palabras. Escucho la siguiente frase que resuena en mi cabeza, y una voz la repite para mí mientras observo hasta que toma forma en la pantalla. Me detengo y escuchó el viento invernal aullando en el exterior. Miro por la ventana el despliegue de esta brillante tarde de febrero. La voz está callada ahora; es una sombra de la urgente cháchara de hace un momento, pero sigue estando ahí. Murmuro audiblemente para mí mismo, haciendo resonar las frases en las que me debato. ¿Estoy en mi cabeza, soy un producto de mi incansable cerebro, o estoy en los ecos de lo que escucho que regresa a mí, parte del proceso por el cual se construye todo esto –mi yo, estas palabras, esta realidad–? Hay un breve silencio; he estado trabajando mucho y estoy muy cansado. Pero sé que se pondrá de nuevo en marcha pronto, con su suave, discreta, íntima y familiar voz. La voz de mi cabeza no me asusta ni me humilla, aunque de vez en cuando me haga algún reproche y me inste a hacer las cosas mejor. Me dirá cosas que no sé. Me sorprenderá y me hará reír; y, por encima de todo, me recordará quién soy. La he oído antes.

46. Samuel Beckett, *The Unnamable*, en *The Beckett Trilogy*, Londres: Picador, 1979, p. 325.

AGRADECIMIENTOS

Son muchas las personas que me han ayudado en la investigación que ha dado lugar a este libro. Estoy especialmente en deuda con varios miembros del equipo de Escuchando la Voz: Jo Atkinson, Ben Alderson-Day, Vaughan Bell, Marco Bernini, Alison Brabban, Matthew Broome, Felicity Callard, Chris Cook, Felicity Dreamer, Guy Dodgson, Paivi Eerola, Amanda Ellison, Peter Garratt, Jane Garrison, Lowri Hadden, Jenny Hodgson, Russell Hurlburt, Renaud Jardri, Nev Jones, Joel Krueger, Simone Kühn, Frank Larøi, Jane Macnaughton, Simon McCarthy-Jones, Peter Moseley, Victoria Patton, Ami Plant, Hilary Powell, Mary Robson, Corinne Saunders, Sophie Scott, Jon Simons, David Smailes, Flavie Waters, Patricia Waugh, Susanne Weis, Sam Wilkinson y Angela Woods. Otros colaboradores implicados en la investigación de los que se habla aquí son Abdulrahman Al-Namlah, Lucy Firth, Emma Fradley, Robin Langdon, Jane Lidstone, Elizabeth Meins, Jenna Robson, Paolo de Sousa y Adam Winsler. Recibí valiosa información y consejos de Micah Allen, Ian Apperly, Paul Carrick, Mary Carruthers, Jules Evans, Usha Goswami, Jeremy Hawthorn, Sara Hollowan, Allan Ingram, Adrew Irving, Phil Johnson-Laird, Laurie Maguire, Sara Maitland, Ron Netsell, Dan O'Connor, Edward Platt, Jonny Smallwood, Joshua Wolf Shenk, Jon Sutton y Norbert Wiley. Tengo una particular deuda de gratitud con dos mentores, colaboradores y amigos. El que fuera director de mi tesis de doctorado, Jim Russell, que fue quien me llevó a leer a Vygotsky, Luria y Piaget, y que ha sido una inspiración intelectual durante más de veinticinco años. Y Richard Bentall, que ha sido inquebrantablemente generoso con su tiempo, ayudándome a comprender las cambiantes verdades de la locura y la cordura.

Las siguientes personas concedieron amablemente su tiempo para ser entrevistadas para este libro: Lisa Blackman, Jacqui Dillon, Sandra Escher, Aamer Hussein, Eleanor Longden, Denise Riley, Marius Romme y Rachel Wasddingham. Estoy especialmente agradecido a todas aquellas personas a las que entrevisté de manera anónima. El libro tomó forma por vez primera cuando era miembro del Instituto de Estudios Avanzados de la Universidad de Durham, y recibí un apoyo y una guía inapreciables en aquel trimestre por parte de Tom McLeish, Veronica Strang, Ash Amin y el Centro de Humanidades Médicas. En el Wellcome Trust, me he beneficiado de la sabiduría y la generosidad de un buen número de personas, particularmente de Chris Chapman, Lauren Couch, Nils Fietje, Chris Hassan, Harriet Martin, Clare Matterson, Dan O'Connor, Bárbara Rodríguez Muñoz y Kirty Topiwala. Mis colegas Hubbub, Felicity Callard, Claudia Hammond, Daniel Margulies, Kim Staines y James Wilkes fueron sumamente pacientes y me dieron todo su apoyo mientras yo estaba envuelto en múltiples proyectos. El libro se ha enriquecido con las aportaciones de Janet Smyth, Roland Gulliver y Nick Barley del Festival Internacional del Libro de Edimburgo; de Jad Abumrad y Pat Walters, de Radiolab; de Sam Guglani, de Medicine Unboxed; y de Claire Armitstead, Marta Bausells y James Kingsland, de *The Guardian.* Estoy agradecido a todas aquellas personas que rellenaron cuestionarios y participaron en los estudios experimentales. Varias personas leyeron y comentaron partes del manuscrito: Marco Bernini, Chris Cook, Jane Garrison, Jenny Hodgson, Russ Hurlburt, Simone Kühn, Corinne Saunders, Jon Simons, Pat Waugh, Sam Wilkinson y Angela Woods. Ben Alderson-Day se leyó todo el manuscrito y me libró de varios errores. No hace falta decir que todos los errores y omisiones son míos.

Estoy agradecido a mis editores, Mike Jones y Nick Sheerin, y a Daniel Crew y Andrew Franklin por haber visto desde un principio el potencial del libro. Sus colegas en Profile Books fueron generosos con su apoyo en cada fase: Penny Daniel, Anna-Marie Fitzgerald, George Lucas, Hannah Ross y Valentina Zanca. Mary Robson preparó los diagramas con talento y con gracia, y Sally Holloway convirtió el proceso de edición de copias en un placer. Mi agente David Grossman ha sido una fuente de inquebrantable apoyo y amistad durante muchos años. A Lizzie, Athena e Isaac: gracias.

Existen distintos recursos *online* a disposición de aquellas personas que busquen información sobre la escucha de voces y otras experiencias inusuales. Véanse las páginas de «FAQs» y «Looking for Support?» de nuestro blog *Hearing the Voice (Escuchando la Voz):* http://hearingthevoice.org.

ÍNDICE ANALÍTICO

B

C

D

E

F

G

H

I

M

N

S

T

U

V

W

Y

ÍNDICE

Este libro ofrece al lector una nueva visión, en alta definición, del corazón energético como centro de inteligencia intuitiva, creativa y unificadora del que podemos aprender a servirnos para obtener los consejos orientativos que necesitemos en cualquier momento.

Como continuación y ampliación de su éxito anterior, los autores nos describen una serie de técnicas y pautas para vivir desde el corazón y conseguir reunir todas las piezas del rompecabezas que constituye nuestra búsqueda del sentido y de la plenitud en la vida.

En este libro encontraremos información y herramientas sencillas para acceder a la intuición de nuestro corazón y optar por las mejores opciones para obtener un máximo de beneficios. Dichas decisiones son de gran importancia en estos tiempos de fuertes cambios y son capaces de aportarnos o malograr nuestra paz, felicidad y sensación de seguridad.

La humanidad necesita ahondar en la inteligencia, coherencia y conexión con el corazón para pasar de la separación a la cooperación y, así, hallar mejores soluciones para nuestros problemas tanto a nivel personal como global.

Un estudio audaz y apasionante de las nuevas investigaciones que replantean un futuro mejor y más prometedor para las personas de mediana edad.

Reimaginar la vida nos enseña que lo que se ha dado en llamar la «crisis de la mediana edad» no existe. Es un mito, una ilusión. Barbara Bradley Hagerty desmiente la teoría de que la madurez es la etapa en la que la vida inicia un declive inexorable.

Con pericia periodística, la autora aborda la cuestión con la que lidian en la actualidad ella y la mayoría de sus amigos y colegas: ¿cómo crecer y avanzar cuando se llega a la edad madura? Al igual que una reportera con un plazo límite de entrega, la autora entrevista a expertos del mundo de la neurociencia, la psicología, la biología, la genética y la sociología. Escucha numerosas historias de personas que se abren paso a través del campo minado de la madurez, personas que han sufrido las pérdidas, los traumas y los trastornos que inevitablemente aparecen en esa etapa, pero que después han resurgido con un mejor propósito de vida.

Reimaginar la vida nos enseña a rediseñar el mapa de la edad madura y a trazar un rumbo dinámico y asertivo enfocado en la comprensión de la salud, las relaciones sentimentales e incluso el futuro.